教育部高等学校信息安全专业教学指导委员会
中国计算机学会教育专业委员会　共同指导

网络空间安全重点规划丛书

信息安全数学基础
——算法、应用与实践（第2版）

任 伟 编著

清华大学出版社
北京

内 容 简 介

本书介绍了信息安全数学的基础内容，包括初等数论、抽象代数、椭圆曲线论等，全书选材合理、难度适中、层次分明、内容系统，书中以大量例题深入浅出地阐述信息安全数学基础各分支的基本概念、基本理论与基本方法，注重将抽象的理论与算法和实践相结合，并强调理论在信息安全特别是密码学中的具体应用实例。本书语言通俗易懂，容易自学。

本书可作为高等院校信息安全、网络空间安全、计算机科学与技术、密码学、通信工程、信息对抗、电子工程等领域的研究生和本科生相关课程的教材，也可作为这些领域的教学、科研和工程技术人员的参考书。

图书在版编目（CIP）数据

信息安全数学基础：算法、应用与实践/任伟编著. —2 版. —北京：清华大学出版社，2018
（2025.5 重印）
（网络空间安全重点规划丛书）
ISBN 978-7-302-51360-5

Ⅰ．①信… Ⅱ．①任… Ⅲ．①信息安全－应用数学 Ⅳ．①TP309 ②O29

中国版本图书馆 CIP 数据核字(2018)第 232193 号

责任编辑：张　民　赵晓宁
封面设计：常雪影
责任校对：李建庄
责任印制：丛怀宇

出版发行：清华大学出版社
　　　　网　　址：https://www.tup.com.cn, https://www.wqxuetang.com
　　　　地　　址：北京清华大学学研大厦 A 座　　　　邮　　编：100084
　　　　社 总 机：010-83470000　　　　　　　　　　邮　　购：010-62786544
　　　　投稿与读者服务：010-62776969，c-service@tup.tsinghua.edu.cn
　　　　质量反馈：010-62772015，zhiliang@tup.tsinghua.edu.cn
　　　　课件下载：https://www.tup.com.cn，010-83470236
印 装 者：三河市人民印务有限公司
经　　销：全国新华书店
开　　本：185mm×260mm　　　印　　张：11　　　字　　数：256 千字
版　　次：2016 年 1 月第 1 版　　2018 年 12 月第 2 版　　印　　次：2025 年 5 月第 11 次印刷
定　　价：29.50 元

产品编号：079209-01

网络空间安全重点规划丛书

编审委员会

出版说明

21世纪是信息时代,信息已成为社会发展的重要战略资源,社会的信息化已成为当今世界发展的潮流和核心,而信息安全在信息社会中将扮演极为重要的角色,它会直接关系到国家安全、企业经营和人们的日常生活。随着信息安全产业的快速发展,全球对信息安全人才的需求量不断增加,但我国目前信息安全人才极度匮乏,远远不能满足金融、商业、公安、军事和政府等部门的需求。要解决供需矛盾,必须加快信息安全人才的培养,以满足社会对信息安全人才的需求。为此,教育部继2001年批准在武汉大学开设信息安全本科专业之后,又批准了多所高等院校设立信息安全本科专业,而且许多高校和科研院所已设立了信息安全方向的具有硕士和博士学位授予权的学科点。

信息安全是计算机、通信、物理、数学等领域的交叉学科,对于这一新兴学科的培养模式和课程设置,各高校普遍缺乏经验,因此中国计算机学会教育专业委员会和清华大学出版社联合主办了"信息安全专业教育教学研讨会"等一系列研讨活动,并成立了"高等院校信息安全专业系列教材"编审委员会,由我国信息安全领域著名专家肖国镇教授担任编委会主任,指导"高等院校信息安全专业系列教材"的编写工作。编委会本着研究先行的指导原则,认真研讨国内外高等院校信息安全专业的教学体系和课程设置,进行了大量前瞻性的研究工作,而且这种研究工作将随着我国信息安全专业的发展不断深入。系列教材的作者都是既在本专业领域有深厚的学术造诣、又在教学第一线有丰富的教学经验的学者、专家。

该系列教材是我国第一套专门针对信息安全专业的教材,其特点是:

① 体系完整、结构合理、内容先进。

② 适应面广:能够满足信息安全、计算机、通信工程等相关专业对信息安全领域课程的教材要求。

③ 立体配套:除主教材外,还配有多媒体电子教案、习题与实验指导等。

④ 版本更新及时,紧跟科学技术的新发展。

在全力做好本版教材,满足学生用书的基础上,还经由专家的推荐和审定,遴选了一批国外信息安全领域优秀的教材加入到系列教材中,以进一步满足大家对外版书的需求。"高等院校信息安全专业系列教材"已于2006年年初正式列入普通高等教育"十一五"国家级教材规划。

2007年6月,教育部高等学校信息安全类专业教学指导委员会成立大会暨第一次会议在北京胜利召开。本次会议由教育部高等学校信息安全类专业教学指导委员会主任单位北京工业大学和北京电子科技学院主办,清华大学出版社协办。教育部高等学校信息安全类专业教学指导委员会的成立对我国信息安全专业的发展起到重要的指导和推动作用。2006 年教育部给武汉大学下达了"信息安全专业指导性专业规范研制"的教学科研项目。2007 年起该项目由教育部高等学校信息安全类专业教学指导委员会组织实施。在高教司和教指委的指导下,项目组团结一致,努力工作,克服困难,历时 5 年,制定出我国第一个信息安全专业指导性专业规范,于 2012 年年底通过经教育部高等教育司理工科教育处授权组织的专家组评审,并且已经得到武汉大学等许多高校的实际使用。2013 年,新一届"教育部高等学校信息安全专业教学指导委员会"成立。经组织审查和研究决定,2014 年以"教育部高等学校信息安全专业教学指导委员会"的名义正式发布《高等学校信息安全专业指导性专业规范》(由清华大学出版社正式出版)。

2015 年 6 月,国务院学位委员会、教育部出台增设"网络空间安全"为一级学科的决定,将高校培养网络空间安全人才提到新的高度。2016 年 6 月,中央网络安全和信息化领导小组办公室(下文简称中央网信办)、国家发展和改革委员会、教育部、科学技术部、工业和信息化部及人力资源和社会保障部六大部门联合发布《关于加强网络安全学科建设和人才培养的意见》(中网办发文[2016]4 号)。为贯彻落实《关于加强网络安全学科建设和人才培养的意见》,进一步深化高等教育教学改革,促进网络安全学科专业建设和人才培养,促进网络空间安全相关核心课程和教材建设,在教育部高等学校信息安全专业教学指导委员会和中央网信办资助的网络空间安全教材建设课题组的指导下,启动了"网络空间安全重点规划丛书"的工作,由教育部高等学校信息安全专业教学指导委员会秘书长封化民校长担任编委会主任。本规划丛书基于"高等院校信息安全专业系列教材"坚实的工作基础和成果、阵容强大的编审委员会和优秀的作者队伍,目前已经有多本图书获得教育部和中央网信办等机构评选的"普通高等教育本科国家级规划教材"、"普通高等教育精品教材"、"中国大学出版社图书奖"和"国家网络安全优秀教材奖"等多个奖项。

"网络空间安全重点规划丛书"将根据《高等学校信息安全专业指导性专业规范》(及后续版本)和相关教材建设课题组的研究成果不断更新和扩展,进一步体现科学性、系统性和新颖性,及时反映教学改革和课程建设的新成果,并随着我国网络空间安全学科的发展不断完善,力争为我国网络空间安全相关学科专业的本科和研究生教材建设、学术出版与人才培养做出更大的贡献。

我们的 E-mail 地址是:zhangm@tup.tsinghua.edu.cn,联系人:张民。

"网络空间安全重点规划丛书"编审委员会

前 言

　　当前信息安全进入公众的视野,它不仅关系到国防军事等重大战略问题以及国计民生等新兴战略产业的发展,而且与每个人日常生活息息相关。目前,我国信息安全所面临的形势十分严峻,信息安全学科的发展已经刻不容缓,国家已经将信息安全学科升级为一级学科。

　　信息安全数学是信息安全学科的理论基础,其内容涉及面较广,如数论与有限域等在信息安全的重要基础课(如密码学)中有大量的应用。信息安全数学基础是信息安全专业一门重要的基础必修课程。此外,信息安全数学在计算机科学、信息与通信工程、网络工程、电子对抗等学科中也都有着重要的应用。

　　信息安全数学方面的书籍难以读懂,这在一定程度上阻碍了信息安全学科以及信息安全知识的普及。目前的大多数教材对抽象的数学知识介绍较多,虽然在一定程度上可以锻炼学生的抽象思维能力,但容易使学生对所学内容产生畏难情绪。另外,单纯的理论知识介绍会导致学生不清楚这些理论如何应用,从而对所学内容不能留下较深刻的印象。一些来自计算机科学、通信工程、网络工程等专业的学生虽然对信息安全方向感兴趣,但是因为信息安全数学知识的抽象和难以普及,导致无法将本专业与信息安全方向结合起来。

　　本书重点强调信息安全数学基础在信息安全中的应用,并通过实践(算法与编程)环节强化对理论的理解。减少了一些在信息安全中应用较少的非重点数学理论,注重从计算机科学(算法)角度介绍而不是从纯数学角度介绍。强调抽象知识的算法解释和形象化,便于读者自学和易于教学。

　　本书在写作过程中特别遵循了以下思路。

　　(1) 体例新颖活泼、语言通俗易懂、精心安排示例。注意到目前市场上"大话×××""×××趣谈""图解×××"等图书深受读者喜爱,本书在保证论述严谨性的情况下,语言尽量形象生动,文风尽量活泼,以激发学习者的兴趣。根据作者对"信息安全数学基础"这一课程多年的教学实践经验,给出一些较为独特的比喻,虽然有些比较浅显,但主要目的是让读者特别是初学者快速理解、印象深刻、阅读轻松。

　　(2) 内容编排独特、循序渐进、由浅入深。注重内容之间的联系和讲解先后次序。内容选取尽量考虑到重要性和必要性。注重给出一些浅显易懂的类比,便于读者建立所学知识与前后内容之间的联系。

（3）以应用为导向，理论联系实际。不单纯讲解数学基础，而是从应用需要的角度出发，着重讲解基础知识点和关键点，突出实用性和可操作性。注重对算法和实践能力的培养，书中重点介绍计算数论（算法数论）中的算法，鼓励读者自主实现这些算法来提高实践能力。

（4）注重启发性和对创新能力的培养。通过在正文中设立"思考"环节，以提高启发性并激发读者思考。在内容组织中潜移默化地强调数学素养的培养，根据数学内容的需要，采用合情猜想、归纳法、演绎法、公理集合论方法等多种论述方法。

（5）尝试和实践探索教育数学与数学教育。教育数学应该注重还原数学定理的发现过程，探索数学发现的规律，启发读者回味数学发现的内在动因。数学教育应该在培养抽象化推理能力的同时，提高对数学的直觉、形象化能力、想象力、触类旁通能力、知识的关联类比性以及对数学内在结构性的总结。

全书共分 12 章。第 1 章整除；第 2 章同余；第 3 章同余式；第 4 章二次同余式和平方剩余；第 5 章原根与指数；第 6 章群；第 7 章环与域；第 8 章素性检测；第 9 章椭圆曲线群；第 10 章大整数分解算法；第 11 章离散对数算法；第 12 章其他高级应用。其中，第 9～12 章为高级部分，高级部分与部分打星号的章节可选学。全书授课学时为 40～64 学时。

本书得到了湖北省高等学校教学研究项目的支持（2015146）和本科教学质量工程项目（2016039）的支持，在此表示感谢。感谢学生肖睿阳的辅助性工作。

由于编者水平和学识有限，书中难免存在不足之处，在此衷心恳请广大读者批评指正。联系方式是 weirencs@cug.edu.cn。

编　者

2018 年 7 月

目录

基 础 篇

第 8 章 素性检测

高 级 篇

第 9 章 椭圆曲线群

第 10 章 大整数分解算法

第 11 章 离散对数算法

基　础　篇

第 1 章

整　　除

在整数集合中,整除是一种重要的二元关系,相关概念和性质包括素数、公因数、欧几里得(Euclid)除法(也称辗转相除法)、算术基本定理等。这些概念和性质又是整数集合中另一种重要的二元关系——同余关系的基础。本章先介绍整除,第 2 章介绍同余。

本章的重点是 Euclid 除法和 Euclid 算法;难点是扩展的 Euclid 算法。

1.1　整除的概念

通常,用 **Z** 表示整数集合,整数即为 $0, \pm 1, \pm 2, \cdots$。

自然数集合是非负整数集合,用 **N** 来表示。

定义 1.1(整除)　设 a, b 是任意两个整数,其中 $b \neq 0$。如果存在一个整数 q,使得等式

$$a = qb$$

成立,则称 b 整除 a 或者 a 被 b 整除,记作 $b \mid a$。b 叫作 a 的因数,a 叫作 b 的倍数。q 写成 a/b 或者 $\dfrac{a}{b}$;否则,称 b 不能整除 a,或 a 不能被 b 整除,记作 $b \nmid a$。

注意:这里整除的定义是通过乘法运算给出的(而不是通过除法运算定义的);通过整数 q 的存在性表述整除性。另外,符号 $b \mid a$ 本身就包含了 $b \neq 0$。

例 1.1　请写出 20 的所有因数。

解答　$\pm 1, \pm 2, \pm 4, \pm 5, \pm 10, \pm 20$。

根据定义,有:

0 是任何非零整数的倍数,即 $a \mid 0$,这里 $a \neq 0, a \in \mathbf{Z}$。

1 是任何整数的因数,即 $1 \mid a, a \in \mathbf{Z}$。

任何非零整数 a 是自己的倍数,也是自己的因数,即 $a \mid a$,这里 $a \neq 0, a \in \mathbf{Z}$。

整除有以下性质。

例 1.2　设 a, b 为整数。若 $b \mid a$,则 $b \mid (-a), (-b) \mid a, (-b) \mid (-a), |b| \mid |a|$。

证明　由 $b \mid a$,于是存在整数 q,使得 $a = qb$。

要证明所需结论,即需要证明存在整数 Q,使得等式 $(-a) = Qb, a = Q(-b), (-a) = Q(-b), |a| = Q|b|$ 成立。

由条件 $a = qb$ 通过简单的推理可以发现,当 Q 分别为 $-q, -q, q, |q|$ 时,上述等式满足。于是可知,相应的整数 Q 存在。　■

由这个例子可知,可将重点放在正整数的整除上来。

上述证明的思路在于:从已知条件和证明目标同时入手,变换转换,中间相遇。具体而言,由整除的概念得到相应等式,由相应等式推出整数 Q 的存在性,由整数 Q 的存在性推出整除性。

由这一思路,可以证明整除的以下性质(请读者自行给出证明并给出实例)。

定理 1.1(传递性) 设 $a\neq0,b\neq0,c$ 是三个整数。若 $a\,|\,b,b\,|\,c$,则 $a\,|\,c$。

定理 1.2 设 $a,b,c\neq0$ 是三个整数。若 $c\,|\,a,c\,|\,b$,则 $c\,|\,a\pm b$。

定理 1.3 设 $a,b,c\neq0$ 是三个整数。若 $c\,|\,a,c\,|\,b$,则对任意整数 s,t 有

$$c\mid sa\pm tb$$

提示:Q 分别为 $q_1q_2,q_1\pm q_2,sq_1\pm tq_2$。

例 1.3 设 $a,b,c\neq0$ 是三个整数,$c\,|\,a,c\,|\,b$,如果存在整数 s,t,使得 $sa+tb=1$,则 $c=\pm1$。

证明 因为 $c\,|\,a,c\,|\,b$,存在整数 s,t,使得 $sa+tb=1$,于是由定理 1.3,有 $c\,|\,sa+tb=1$,于是 $c=\pm1$。 ■

由整除和因数的概念,可以根据因数情况对整数进行分类。

定义 1.2 设整数 $n\neq0,\pm1$,如果除了平凡因数 $\pm1,\pm n$ 外,n 没有其他因数,那么 n 叫作**素数**(或**质数**、**不可约数**);否则 n 叫作**合数**。

当整数 $n\neq0,\pm1$ 时,n 和 $-n$ 同为素数或合数。因此,若没有特别声明,素数总是指正整数,通常写成 p。

思考 1.1 请写出 30 以内的素数。

(答案:$2,3,5,7,11,13,17,19,23,29$)

下面证明每个合数必有素因数。

定理 1.4 设 n 是一个正合数,p 是 n 的一个大于 1 的最小正因数,则 p 一定是素数,且 $p\leqslant\sqrt{n}$。

证明 反证法。若 p 不是素数,则存在整数 $q,1<q<p$,使得 $q\,|\,p$,由条件知 $p\,|\,n$,于是根据定理 1.1,有 $q\,|\,n$,这与 p 是 n 的大于 1 的最小正因数矛盾。所以 p 是素数。

若 $p>\sqrt{n}$ 成立,则 n 的另一个因数 $n/p<n/\sqrt{n}=\sqrt{n}$,于是,n/p 是一个比 p 小的因数,这与 p 是 n 的大于 1 的最小正因数矛盾。证毕。 ■

非正式地说,上述定理说明了两点:素因数可以视为合数的“组成部分”,且这一“组成部分”中必然有一个小于等于 $\sqrt{n}$。

定理 1.4 给出了寻找素数的有效方法。为了求出不超过给定正整数 $x(x>1)$ 的所有素数,只要把从 2 到 x 的所有合数都删去即可。因为不超过 x 的合数 n 必有一个素因子 $p\leqslant\sqrt{n}\leqslant\sqrt{x}$,所以只要先求出 $\sqrt{x}$ 以内的全部素数 $\{p_i,1\leqslant i\leqslant k\}$(其中,$k$ 为 $\sqrt{x}$ 以内的素数个数),然后把不超过 x 的 p_i 的倍数(p_i 本身除外)全部删去,剩下的就正好是不超过 x 的全部素数。这种寻找素数的方法称为 Eratosthenes 筛法。

例 1.4 求出不超过 64 的所有素数。

解答 先求出不超过 $\sqrt{64}=8$ 的所有素数,依次为 $2,3,5,7$,然后从 $2\sim64$ 的所有整

数依次删去除了 2,3,5,7 以外的 2 的倍数、3 的倍数、5 的倍数、7 的倍数,剩下的即为所求。具体过程如下所示:

```
2    3    4    5    6    7    8    9    10   11   12   13   14   15
16   17   18   19   20   21   22   23   24   25   26   27
28   29   30   31   32   33   34   35   36   37   38   39
40   41   42   43   44   45   46   47   48  ㊾  50   51
52   53   54   55   56   57   58   59   60   61   62   63   64
```

可见,没有删去的数是 2,3,5,7,11,13,17,19,23,29,31,37,41,43,47,53,59,61,这些即为不超过 64 的所有素数。

依据上述方法可以编写一个算法,输出不超过输入值的所有素数。

一个很自然会想到的问题就是:素数是否可以穷举?下面的证明说明素数的数量有无穷多个。

定理 1.5 素数有无穷多个。

证明 反证法。假设有有限个素数,则不妨设它们为 $p_1, p_2, \cdots, p_n$。考虑大于 1 的整数

$$N = p_1 p_2 \cdots p_n + 1$$

容易看到, $p_1, p_2, \cdots, p_n$ 都不能整除 N ,于是 N 没有素因数,由定理 1.4 知 N 不是合数,于是 N 为素数。这与有限个素数矛盾。 ■

公元前 3 世纪古希腊大数学家欧几里得(Euclid)在 *The Elements*(中文译名为《几何原本》)一书中给出该证明方法,成为一种经典的"构造矛盾"的反证法[①]。

可以看到,本节论述的过程遵循了数学公理化方法,该方法从基本概念和公理出发,通过证明逐步扩充定理和性质。

下面介绍两类特殊的素数。

定理 1.6 设 $n>1$ 是一个正整数,若 a^n-1 是素数,则 $a=2$,且 n 是素数。

证明 若 $a>2$,则 $a^n-1=(a-1)(a^{n-1}+a^{n-2}+\cdots+a+1)$, $1<a-1<a^n-1$,因此 a^n-1 不是素数。与已知矛盾,因此 $a=2$ 。

$a=2$,若 $n=kl,k>1,l>1$ 则 $2^{kl}-1=(2^k)^l-1=(2^k-1)(2^{k(l-1)}+2^{k(l-2)}+\cdots+2^k+1)$, $1<2^k-1<2^n-1$,因此 2^n-1 不是素数。与已知矛盾,因此, n 是素数。 ■

定义 1.3 设 p 是一个素数,整数 $M_p=2^p-1$ 称为 Mersenne(梅森)素数。

目前寻找梅森素数成为对计算机运算性能的一种测试,后来诞生了"因特网梅森素数寻找程序"GIMPS 项目。该项目是寻找梅森素数的计算机搜索方法,通过分配搜索区间大规模并行搜索,并自动发送搜索报告。通过在 GIMPS 项目主页下载免费程序,就可以参与该项目。

---

① 该命题为《几何原本》第 9 卷第 20 个命题,编号为 IX.20,原命题是:预先给定几个质数,那么有比它们更多的质数。该证明被《来自天书的证明》一书收录为数学史上的经典证明(类似的方法包括 Cantor 的对角线反证法、Turing 的停机问题的不可判定性以及 Godel 的不完备性定理)。欧几里得的《几何原本》是西方数学公理化方法的起源和数学逻辑演绎推导的代表。以《九章算术》为代表的中国数学则是以归纳计算和构造为主要方法。

1.2 Euclid 算法

前面讨论的是整除的情况,如果不能整除时会如何呢?

定理 1.7(Euclid 除法,也称为带余除法) 设 a,b 是两个整数,其中 $b>0$,则存在唯一的整数 q,r,使得

$$a=qb+r \quad 0\leqslant r<b \tag{1.1}$$

证明 先证明存在性。考虑一个整数序列

$$\cdots,-3b,-2b,-b,0,b,2b,3b,\cdots$$

它们将实数轴分成长度为 b 的一系列区间,而 a 必定落在其中的一个区间上。因此,存在一个整数 q,使得

$$qb\leqslant a<(q+1)b$$

令 $r=a-qb$,则有

$$a=qb+r \quad 0\leqslant r<b$$

再证明唯一性。如果分别有 q_1,r_1 和 q_2,r_2 满足式(1.1),则

$$a=q_1b+r_1 \quad 0\leqslant r_1<b$$
$$a=q_2b+r_2 \quad 0\leqslant r_2<b$$

两式相减,有

$$(q_1-q_2)b=-(r_1-r_2)$$

当 $q_1\neq q_2$ 时,左边的绝对值不小于 b,而右边的绝对值小于 b,这是不可能的。于是,$q_1=q_2$,$r_1=r_2$。证毕。 ■

定义 1.4 式(1.1)中的 q 叫作 a 被 b 除所得的不完全商,r 叫作 a 被 b 除所得的余数。

Euclid 除法可以理解成用一个长度为 b 的"尺子"去度量长度 a,度量最后剩下的一段 r 不会大于"尺子"的长度 b。

Euclid 除法的用途是,可以将两个数之间整除关系的判定问题转化为计算问题。判断 a 是否能被非零整数 b 整除的充要条件是 a 被 b 除所得的余数 $r=0$。

通常,$0\leqslant r<b$,这时 r 叫作最小非负余数;但在有些时候通过"平移"(即调整不完全商的大小),可以将 r 调整为 $|r|\leqslant b/2$,这时 r 叫作绝对值最小余数,它在后面介绍的 Euclid 算法中(见例 1.8)能起到算法加速的作用。

思考 1.2 令 $b=7$,则最小非负余数为多少?绝对值最小余数为多少?

解答 $r=0,1,2,3,4,5,6$ 为最小非负余数。

$r=-3,-2,-1,0,1,2,3$ 为绝对值最小余数。

定义 1.5(公因子) 设 $a_1,\cdots,a_n$ 是 $n(n\geqslant 2)$ 个整数。若整数 d 是它们中每一个数的因数,那么 d 就叫作 $a_1,\cdots,a_n$ 的一个公约数(也叫公因数)。

d 是 $a_1,\cdots,a_n$ 的一个公因数的数学表达式为

$$d\mid a_1,\cdots,d\mid a_n$$

如果整数 $a_1,\cdots,a_n$ 不全为零，那么 $a_1,\cdots,a_n$ 的所有公约数中最大的一个公约数叫作最大公约数(greatest common divisor)，记作 $\gcd(a_1,\cdots,a_n)$ 或 $(a_1,\cdots,a_n)$。

特别地，当 $(a_1,\cdots,a_n)=1$，称 $(a_1,\cdots,a_n)$ 互素或互质。

下面给出最大公约数的等价定义。

$d>0$ 是 $a_1,\cdots,a_n$ 的最大公约数的数学表达式可以表述如下：

(1) $d\,|\,a_1,\cdots,d\,|\,a_n$。

(2) 若 $e\,|\,a_1,\cdots,e\,|\,a_n$，则 $e\,|\,d$。

说明：条件(1)表示 d 是公约数；条件(2)表示 d 在公约数中最大。

下面的定理给出了最大公约数的另一个等价定义。

定理 1.8 a,b 是不全为零的整数，a,b 的最大公约数 $d=(a,b)$ 是集合
$$\{sa+tb\mid s,t\in\mathbf{Z}\}$$
中的最小正整数。

证明 令集合 $\{sa+tb\,|\,s,t\in\mathbf{Z}\}$ 中最小的正整数为 m。下面证明 $m=d$，方法是先证明 $d\,|\,m$，再证明 $m\,|\,d$。

一方面，因为 $d=(a,b)$，于是 $d\,|\,a,d\,|\,b$，由定理 1.3 可知，$d\,|\,sa+tb,s,t\in\mathbf{Z}$，于是 $d\,|\,m$。

另一方面，由带余除法知，存在整数 q_1,q_2,r_1,r_2，使得
$$a=q_1m+r_1,b=q_2m+r_2 \quad 0\leqslant r_1,r_2<m$$
易知，$r_1,r_2\in\{sa+tb\,|\,s,t\in\mathbf{Z}\}$，由于 m 是该集合中的最小正整数，故 $r_1=r_2=0$，即 $m\,|\,a,m\,|\,b$，由最大公约数的定义可知 $m\,|\,d$。

综合 $d\,|\,m,m\,|\,d$，且均为正整数，有 $m=d$。证毕。 ◼

定理 1.8 从线性组合的角度来考察最大公因子。如果从几何的角度来观察，这可以视为 $y=x$ 斜线与格子割线中那个最短的线段。例如，图 1.1 中斜线下方 a 上方第一个线段对应的值为 $a-2b$，斜线下方 $2a$ 上方线段对应的值为 $2a-4b$。因此，(a,b) 也可以视为利用长度为 a 和 b 的两把"尺子"可以"丈量"的最小长度(精度)。

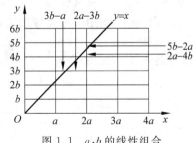

图 1.1 a,b 的线性组合

推论 1.1 a,b 是不全为零的整数，a,b 的最大公约数 $d=(a,b)$，集合
$$\{sa+tb\mid s,t\in\mathbf{Z}\}$$
由 d 的所有倍数组成。

这再一次说明了 d 是长度为 a 和 b 的"尺子"组合起来可以"丈量"的"最小长度单位"。有了这个"单位长度"，则可以"反复"丈量出其他长度。

定理 1.9 设 a,b 为不全为零的整数，则方程 $ax+by=c$ 有整数解，当且仅当 $c\in\{ax+by\,|\,x,y\in\mathbf{Z}\}$，即当且仅当 $(a,b)\,|\,c$。

该定理可用于判定二元一次不定方程 $ax+by=c(a,b,c\in\mathbf{Z})$ 的整数解是否存在。

特别地，若 $(a,b)=1$，则存在整数 x,y，使得 $ax+by=1$。

这一特例也说明只有当 a 和 b 互素时，$ax\equiv1(\bmod\,b)$ 才有解。

定理 1.10 设 $a_1,\cdots,a_n$ 是 n 个不全为零的整数,则

(1) $a_1,\cdots,a_n$ 与 $|a_1|,\cdots,|a_n|$ 的公因数相同。

(2) $(a_1,\cdots,a_n)=(|a_1|,\cdots,|a_n|)$。

这个定理将公因数的讨论转化为在非负数范围内讨论。

定理 1.11 设 b 是任一正整数,则 $(0,b)=b$。

平凡地求两个整数最大公因子的方法是,分别求出两个数的因子,然后挑出它们中最大的公因子。这种方法在两个数比较小的情况下是可行的,但是当两个数比较大时,分解其因子是十分困难的。而且这个方法的效率不高,求两个整数的最大公因子需要寻找更好的办法。

定理 1.12 设 a,b,r 是三个不全为零的整数。如果

$$a=qb+r$$

其中 q 是整数,则 $(a,b)=(b,r)$。

证明 令 $d=(a,b),d'=(b,r),d|a,d|b$,由定理 1.3,得

$$d\mid a+(-q)b=r$$

于是 d 是 b,r 的公因数,从而 $d\leqslant d'$。

同理,d' 是 a,b 的公因数,从而 $d'\leqslant d$。

因此,$d=d'$。

例 1.5 因为 $1573=5\cdot286+143$,所以 $(1573,286)=(286,143)=143$

以上定理的用处是:可以将求两个较大数的公因数转化为求两个较小数的公因数。利用这一思想,可以得到计算求最大公因数的方法。这一算法称为"欧几里得除法",也称为"辗转相除法"。它可能是世界上最著名的也是最早的算法。

从算法递归调用的角度描述定理 1.13,就是 $\gcd(a,b)=\gcd(b,a \bmod b)$。

算法 1.1 Euclid 算法递归形式:计算两个整数的最大公因子。

输入:两个非负整数 a,b,且 $a\geqslant b$(先将待计算的整数取绝对值)。

输出:a,b 的最大公因子。

```
GCD(a,b) {
If b<>0
    Return GCD(b,a mod b);
Else
    Return a;
}
```

递归形式便于理解,但不便于了解算法的实际过程。下面给出非递归形式的 Euclid 算法。在给出非递归形式之前,先看一个例子。

例 1.6 计算 $\gcd(4864,3458)=38$ 的分解步骤。

解答

$$4864=1\cdot3458+1406$$
$$3458=2\cdot1406+646$$

$$1406 = 2 \cdot 646 + 114$$
$$646 = 5 \cdot 114 + 76$$
$$114 = 1 \cdot 76 + 38$$
$$76 = 2 \cdot 38 + 0$$

算法 1.2　Euclid 算法：计算两个整数的最大公因子。

输入：两个非负整数 a, b，且 $a \geqslant b$（先将待计算的整数取绝对值）。

输出：a, b 的最大公因子。

```
GCD(a,b) {
While (b≠0) do {
    r←a mod b;
    a←b;
    b←r;
    }
    Return a;
}
```

思考 1.3　算法 1.2 有可能是死循环吗？

算法 1.2 中的循环会结束（不会是死循环），因为 r 逐步在减小，最终变为 0（从而退出循环）。

例 1.7　用算法 1.2 计算 gcd(169, 121) = 1 的分解步骤。

解答

$$169 = 1 \cdot 121 + 48$$
$$121 = 2 \cdot 48 + 25$$
$$48 = 1 \cdot 25 + 23$$
$$25 = 1 \cdot 23 + 2$$
$$23 = 11 \cdot 2 + 1$$
$$2 = 2 \cdot 1 + 0$$

如果利用绝对值最小余数代替最小非负余数，可以对算法 1.2 进行优化。请看下面的例子。

例 1.8　设 $a = 46480, b = 39423$，计算 (a, b)。

解答　利用 Euclid 除法。

方法 1：使用最小非负余数。

$$46480 = 1 \cdot 39423 + 7057$$
$$39423 = 5 \cdot 7057 + 4138$$
$$7057 = 1 \cdot 4138 + 2919$$
$$4138 = 1 \cdot 2919 + 1219$$
$$2919 = 2 \cdot 1219 + 481$$
$$1219 = 2 \cdot 481 + 257$$
$$481 = 1 \cdot 257 + 224$$

$$257 = 1 \cdot 224 + 33$$
$$224 = 6 \cdot 33 + 26$$
$$33 = 1 \cdot 26 + 7$$
$$26 = 3 \cdot 7 + 5$$
$$7 = 1 \cdot 5 + 2$$
$$5 = 2 \cdot 2 + 1$$
$$2 = 2 \cdot 1 + 0$$

方法 2:使用绝对值最小余数。

$$46480 = 1 \cdot 39423 + 7057$$
$$39423 = 6 \cdot 7057 - 2919$$
$$7057 = 2 \cdot 2919 + 1219$$
$$2919 = 2 \cdot 1219 + 481$$
$$1219 = 3 \cdot 481 - 224$$
$$481 = 2 \cdot 224 + 33$$
$$224 = 7 \cdot 33 - 7$$
$$33 = 5 \cdot 7 - 2$$
$$7 = 3 \cdot 2 + 1$$
$$2 = 2 \cdot 1 + 0$$

所以$(46480, 39423) = 1$。

可以看到,方法 2 要比方法 1 运算次数少,所以绝对值最小余数方法可以加快计算,减少计算时间。

1.3 扩展的 Euclid 算法

下面的推导给出了 Euclid 算法的一个严格证明。

设 a, b 是任意两个正整数。记 $r_{-2} = a, r_{-1} = b$,反复运用带余除法,有

$$
\begin{aligned}
r_{-2} &= q_0 r_{-1} + r_0 & 0 \leqslant r_0 < r_{-1} \\
r_{-1} &= q_1 r_0 + r_1 & 0 \leqslant r_1 < r_0 \\
r_0 &= q_2 r_1 + r_2 & 0 \leqslant r_2 < r_1 \\
&\vdots & \\
r_{n-3} &= q_{n-1} r_{n-2} + r_{n-1} & 0 \leqslant r_{n-1} < r_{n-2} \\
r_{n-2} &= q_n r_{n-1} + r_n & 0 \leqslant r_n < r_{n-1} \\
r_{n-1} &= q_{n+1} r_n + r_{n+1} & r_{n+1} = 0
\end{aligned}
\tag{1.2}
$$

可以看到,随着 n 的增加,r_n 减小,由于 $r_{n+1} \geqslant 0$,因此,$r_{n+1} = 0$。

上述过程即从数列 $r_{-2}, r_{-1}, r_0, r_1, \cdots, r_n$ 前两项依次求出第三项,直到最后一项的过程。有

$$(a,b) = (r_{-2},r_{-1}) = (r_{-1},r_0) = \cdots = (r_{n-1},r_n) = (r_n,r_{n+1}) = (r_n,0) = r_n$$

如果将这一过程反方向写出,有

$$r_n = r_{n-2} - q_n r_{n-1}$$
$$r_{n-1} = r_{n-3} - q_{n-1} r_{n-2}$$
$$\vdots$$
$$r_2 = r_0 - q_2 r_1$$
$$r_1 = r_{-1} - q_1 r_0$$
$$r_0 = r_{-2} - q_0 r_{-1}$$

即 $r_n,r_{n-1},\cdots,r_1,r_0$ 中每一项均可以用后两项表示。于是 r_n 可以用 r_{-2},r_{-1} 表示,即可以找到整数 s,t,使得

$$sa + tb = r_n = (a,b)$$

例 1.9 $a=169,b=121$,求整数 s,t,使得 $sa+tb=(a,b)$。

解答

首先回顾例 1.7 的过程:
$$169 = 1 \cdot 121 + 48$$
$$121 = 2 \cdot 48 + 25$$
$$48 = 1 \cdot 25 + 23$$
$$25 = 1 \cdot 23 + 2$$
$$23 = 11 \cdot 2 + 1$$
$$2 = 2 \cdot 1 + 0$$

将例 1.7 的过程反过来写,有
$$1 = 23 - 11 \cdot 2$$
$$= 23 - 11 \cdot (25 - 1 \cdot 23)$$
$$= -11 \cdot 25 + 12 \cdot 23$$
$$= -11 \cdot 25 + 12 \cdot (48 - 1 \cdot 25)$$
$$= 12 \cdot 48 - 23 \cdot 25$$
$$= 12 \cdot 48 - 23 \cdot (121 - 2 \cdot 48)$$
$$= -23 \cdot 121 + 58 \cdot 48$$
$$= -23 \cdot 121 + 58 \cdot (169 - 1 \cdot 121)$$
$$= 58 \cdot 169 - 81 \cdot 121$$

因此,整数 $s=58,t=-81$,满足 $sa+tb=(a,b)$。

下面推导一个算法,用于在给定 a 和 b 情况下计算 s 和 t,使得 $sa+tb=(a,b)$。该算法具有重要的应用,如当 a,b 互素时,可求出 s 来,满足 $sa+tb=1$,即 $sa=1(\bmod b)$。第 6 章将介绍,s 在 $\mathbf{Z}_b^*$ 的乘法群中称为 a 的乘法逆元。这一算法通常称为"扩展的欧几里得"(Extended Euclid)算法。

在给出具体算法之前,首先观察和分析计算中可能存在的递推关系。从例 1.9 中可以观察到,4 个数列 s,t,r,q 在反复计算,其中 q 由 r 的数列计算得到,以 q 为"纽带",尝试计算 s 和 t 的数列。通过尝试和整理,得到如下定理:

定理 1.13 设 a, b 是任意两个正整数,则

$$s_n a + t_n b = (a, b) \tag{1.3}$$

对于 $j = 0, 1, \cdots, n-1$,这里 s_j, t_j 归纳地定义为

$$s_{-2} = 1, \quad s_{-1} = 0, \quad s_j = s_{j-2} - q_j s_{j-1}$$

$$t_{-2} = 0, \quad t_{-1} = 1, \quad t_j = t_{j-2} - q_j t_{j-1} \quad j = 0, 1, 2, \cdots, n-1, n \tag{1.4}$$

其中 $q_j = [r_{j-2}/r_{j-1}]$ 是式(1.4)中的不完全商。设 $x \in \mathbf{R}$,$[x]$ 表示不超过 x 的最大整数,称为实数 x 的整数部分。

证明 只需证明:对于 $j = -2, -1, 0, 1, \cdots, n-1$

$$s_j a + t_j b = r_j \tag{1.5}$$

其中 $r_j = r_{j-2} - q_j r_{j-1}$ 是式(1.5)中的余数。因为 $(a, b) = r_n$,所以

$$s_n a + t_n b = (a, b)$$

对 j 用数学归纳法来证明式(1.5)。当 $j = -2$ 时,有 $s_{-2} = 1, t_{-2} = 0$ 以及

$$s_{-2} a + t_{-2} b = a = r_{-2}$$

式(1.5)对于 $j = -2$ 成立。

$j = -1$ 时,有 $s_{-1} = 0, t_{-1} = 1$ 以及

$$s_{-1} a + t_{-1} b = b = r_{-1}$$

式(1.5)对于 $j = -1$ 成立。

假设式(1.5)对于 $-2 \leqslant j \leqslant k-1$ 成立,即

$$s_j a + t_j b = r_j$$

对于 $j = k$,有

$$r_k = r_{k-2} - q_k r_{k-1}$$

利用归纳假设,得到

$$r_k = (s_{k-2} a + t_{k-2} b) - q_k (s_{k-1} a + t_{k-1} b)$$
$$= (s_{k-1} - q_k s_{k-1}) a + (t_{k-2} - q_k t_{k-1}) b$$
$$= s_k a + t_k b$$

因此,式(1.5)对于 $j = k$ 成立。

根据数学归纳法,式(1.5)对所有的 $j = -2, -1, 0, 1, \cdots, n-1$ 成立。■

有了关于 s 的递推关系 $s_j = s_{j-2} - q_j s_{j-1}$ 以及关于 t 的递推关系 $t_j = t_{j-2} - q_j t_{j-1}$,便可以求出最终需要的 s 和 t,即 s_n 和 t_n。

下面根据本节上面的证明设计一个算法:假设 a 和 b 是不全为零的非负整数,计算 s, t 使得 $sa + tb = (a, b)$。

首先,令

$$r_{-2} = a \quad r_{-1} = b$$
$$s_{-2} = 1 \quad s_{-1} = 0$$
$$t_{-2} = 0 \quad t_{-1} = 1$$

这是因为 $r_k = s_k a + t_k b$,所以 $r_{-2} = s_{-2} a + t_{-2} b = 1 \cdot a + 0 \cdot b, r_{-1} = s_{-1} a + t_{-1} b = 0 \cdot a + 1 \cdot b$。

(1) 如果 $r_{-1} = 0$,则令

$$s = s_{-2} \quad t = t_{-2}$$

否则,计算

$$q_0 = [r_{-2}/r_{-1}] \quad r_0 = r_{-2} - q_0 r_{-1}$$

(2) 如果 $r_0 = 0$,则令

$$s = s_{-1} \quad t = t_{-1}$$

否则,计算

$$s_0 = s_{-2} - q_0 s_{-1} \quad t_0 = t_{-2} - q_0 t_{-1}$$

以及

$$q_1 = [r_{-1}/r_0] \quad r_0 = r_{-1} - q_1 r_0$$

(3) 如果 $r_1 = 0$,则令

$$s = s_0 \quad t = t_0$$

否则,计算

$$s_1 = s_{-1} - q_1 s_0 \quad t_1 = t_{-1} - q_1 t_0$$

以及

$$q_2 = [r_0/r_1] \quad r_2 = r_0 - q_2 r_1$$

$$\vdots$$

$(j+1)$ 如果 $r_{j-1} = 0 (j \geqslant 3)$,则令

$$s = s_{j-2} \quad t = t_{j-2}$$

否则,计算

$$s_{j-1} = s_{j-3} - q_{j-1} s_{j-2} \quad t_{j-1} = t_{j-3} - q_{j-1} t_{j-2}$$

以及

$$q_j = [r_{j-2}/r_{j-1}] \quad r_j = r_{j-2} - q_j r_{j-1}$$

最后,一定有 $r_{n+1} = 0$。这时,令

$$s = s_n \quad t = t_n$$

总之,可以找到整数 s, t,使得

$$sa + tb = r_n = (a, b)$$

将上述推导过程写成以下算法。

算法 1.3 Extended Euclid 算法。
输入:两个非负整数 a, b,且 $a \geqslant b$。
输出:$\gcd(a, b)$,以及满足 $sa + tb = \gcd(a, b)$ 的整数 s, t。

```
ExtendedEuclid(a,b){
(R,S,T)←(a,1,0);
(R',S',T')←(b,0,1);
While(R'≠0) do {
    q←[R/R'];
    (Temp1,Temp2,Temp3)←(R-qR',S-qS',T-qT');
    (R,S,T)←(R',S',T');
    (R',S',T')←(Temp1,Temp2,Temp3);
}
Return R,S,T;
}
```

算法中的变量与推导中的对应关系写成表格,如表1.1所示。

表 1.1　变量与推导的对应关系

q	R	R'	S	S'	T	T'
q_j	r_j	r_{j+1}	s_{j-1}	s_j	t_{j-1}	t_j

例 1.10　写出 Extended Euclid 算法的计算过程,设 $a=1859$,$b=1573$,计算整数 s, t,使得 $sa+tb=(a,b)$。

解答:将算法写成表1.2,第一列为循环条件判断,第二列为不完全商 q 数列,其余三列为 r,s,t 递推数列。

表 1.2　例 1.9 算法表示

$R'\neq 0$?	q	R	R'	S	S'	T	T'
		$a=1859$	$b=1573$	1	0	0	1
Yes	1	1573	286	0	1	1	−1
Yes	5	286	143	1	−5	−1	6
Yes	2	143	⓪	−5	11	6	−13
No							

返回值

因此,$s=-5$、$t=6$,使得

$$(-5) \cdot 1859 + 6 \cdot 1573 = 143$$

思考 1.4　算法 1.2 和算法 1.3 的区别。

算法 1.3 中引入两个关于 s 和 t 的递推关系。在计算 r 的递推关系求出 (a,b) 的同时,也计算了所需要的 s 和 t,因此称其为"扩展的"Euclid 算法。

需要强调的是,在实际中扩展的 Euclid 算法主要用于求乘法逆元。例如,假设 $b<m$,当 $(m,b)=1$ 时,$sm+tb=(m,b)=1$,因此,$tb \equiv 1 \pmod{m}$。于是找到了 t,这是 b 在 $\mathbf{Z}_m^*$ 的乘法群中的乘法逆元(第 6 章将介绍群的概念)。为了使表达规整,算法 1.4 中重新使用了不同的变量名和编排。

算法 1.4　Extended Euclid 算法求逆元。

输入:两个非负整数 m,b,且 $m>b$。

输出:b 在 $\mathbf{Z}_m^*$ 中的乘法逆元。

```
ExtendedEuclid(m,b) {
1    (A₁,A₂,A₃)←(1,0,m); (B₁,B₂,B₃)←(0,1,b);
2    If B₃=0 Return 'No Inverse';
3    If B₃=1 Return B₂;
4    Q←[A₃/B₃];
5    (Temp1,Temp2,Temp3)←(A₁-QB₁,A₂-QB₂,A₃-QB3)
6    (A₁,A₂,A₃)←(B₁,B₂,B₃)
7    (B₁,B₂,B₃)←(Temp1,Temp2,Temp3)
8    Goto 2
}
```

1.4 算术基本定理

在给出算术基本定理之前,首先简单介绍一下最大公约数和最小公倍数的性质。

定理 1.14 设 a,b 是任意两个不全为零的整数:

(1) 若 m 是任一正整数,则 $(am,bm)=(a,b)m$。

(2) 若非零整数 d 满足 $d\mid a,d\mid b$,则 $(a/d,b/d)=(a,b)/d$。特别地,有
$$(a/(a,b),b/(a,b))=1$$

定理 1.15 设 $a_1,\cdots,a_n$ 是 n 个整数,且 $a_1\neq 0$。令
$$(a_1,a_2)=d_2,(d_2,a_3)=d_3,\cdots,(d_{n-1},a_n)=d_n$$
则 $(a_1,\cdots,a_n)=d_n$。

该定理说明计算多个整数的公约数可以通过逐个计算得到。

定理 1.16 设 a,b,c 是三个整数,$b\neq 0,c\neq 0$,如果 $(a,c)=1$,则
$$(ab,c)=(b,c)$$

定理 1.17 设 p 是素数,若 $p\mid ab$,则 $p\mid a$ 或 $p\mid b$。

定理 1.18 设 $a_1,\cdots,a_n$ 是 n 个整数。如果 $(a_i,c)=1,1\leqslant i\leqslant n$,则
$$(a_1\cdots a_n,c)=1$$

定义 1.6(最小公倍数,least common multiplication) 设 $a_1,\cdots,a_n$ 是 n 个整数。若 m 是这 n 个数的倍数,则 m 叫作这 n 个数的公倍数。$a_1,\cdots,a_n$ 的所有公倍数中的最小正整数叫作最小公倍数,记作 $[a_1,\cdots,a_n]$。

$m=[a_1,\cdots,a_n]$ 的数学描述如下。

(1) $a_1\mid m,\cdots,a_n\mid m$。

(2) 若 $a_1\mid m',\cdots,a_n\mid m'$,则 $m\mid m'$。

定理 1.19 设 a,b 是两个互素的正整数,则

(1) 若 $a\mid m,b\mid m$,则 $ab\mid m$。

(2) $[a,b]=ab$。

定理 1.20 设 a,b 是两个正整数,则

(1) 若 $a\mid m,b\mid m$,则 $[a,b]\mid m$。

(2) $[a,b]=ab/(a,b)$。

定理 1.21 设 $a_1,\cdots,a_n$ 是 n 个整数,且 $a_1\neq 0$。令
$$[a_1,a_2]=m_2,[m_2,a_3]=m_3,\cdots,[m_{n-1},a_n]=m_n$$
则
$$[a_1,\cdots,a_n]=m_n$$

定理 1.22(算术基本定理) 任一整数 $n>1$ 都可以表示成素数的乘积,且在不考虑乘积顺序的情况下,该表达式是唯一的,即
$$n=p_1\cdots p_s,\quad p_1\leqslant\cdots\leqslant p_s$$
其中 p_i 是素数,且若
$$n=q_1\cdots q_t,\quad q_1\leqslant\cdots\leqslant q_t$$

其中 q_j 是素数,则
$$s = t \quad p_i = q_i \quad 1 \leqslant i \leqslant s$$

算术基本定理的"基本"在于将任意整数用素因子乘积进行了表示,从而将任意整数的性质的研究转化为对其素因子的性质进行研究。这为研究整数的性质提供了一个具有效率的做法。

定理 1.23 任一整数 $n > 1$ 可以唯一地表示成
$$n = p_1^{\alpha_1} \cdots p_s^{\alpha_s} \quad \alpha_i > 0 \quad i = 1, \cdots, s$$
其中 $p_i < p_j (i < j)$ 是素数。该式叫作整数 n 的标准分解式。

有了算术基本定理,整除、最大公约数、最小公倍数的求解变得直观了。

定理 1.24 设 n 是一个大于 1 的整数,且有标准分解式
$$n = p_1^{\alpha_1} \cdots p_s^{\alpha_s} \quad \alpha_i > 0 \quad i = 1, \cdots, s$$
则 d 是 n 的正因数当且仅当 d 有因数分解式
$$d = p_1^{\beta_1} \cdots p_s^{\beta_s} \quad \alpha_i \geqslant \beta_i \geqslant 0 \quad i = 1, \cdots, s$$

定理 1.25 设 a, b 是两个正整数,且都有因数分解式
$$a = p_1^{\alpha_1} \cdots p_s^{\alpha_s} \quad \alpha_i \geqslant 0 \quad i = 1, \cdots, s$$
$$b = p_1^{\beta_1} \cdots p_s^{\beta_s} \quad \beta_i \geqslant 0 \quad i = 1, \cdots, s$$
则 a, b 的最大公因数和最小公倍数分别有因数分解式
$$(a, b) = p_1^{\min(\alpha_1, \beta_1)} \cdots p_s^{\min(\alpha_s, \beta_s)}$$
$$[a, b] = p_1^{\max(\alpha_1, \beta_1)} \cdots p_s^{\max(\alpha_s, \beta_s)}$$

推论 1.2 设 a, b 是两个正整数,则
$$[a, b](a, b) = ab$$
因为对任意整数 α, β,有
$$\min(\alpha, \beta) + \max(\alpha, \beta) = \alpha + \beta$$

例 1.11 求解 $(45, 100)$ 和 $[45, 100]$。

解答 易知
$$45 = 2^0 \times 3^2 \times 5^1$$
$$100 = 2^2 \times 3^0 \times 5^2$$

由定理 1.25 可知
$$(45, 100) = 2^0 \times 3^0 \times 5^1 = 5$$
$$[45, 100] = 2^2 \times 3^2 \times 5^2 = 900$$

思 考 题

[1] 证明:若 $2 \mid n, 5 \mid n, 7 \mid n$,那么 $70 \mid n$。

[2] 设 $n \in \mathbf{Z}$,证明:$6 \mid (n^3 - n)$。

[3] 对每一个奇数 n,证明:$8 \mid (n^2 - 1)$。

[4] 利用类似于定理 1.4(反证法)和定理 1.5(构造法)的方法证明:$\sqrt{2}$ 为无理数。

[5] 证明:

(1) 形如 $4k-1$ 的素数有无穷多个。

(2) 形如 $6k-1$ 的素数有无穷多个。

(3) 证明形如 $3k-1,4k-1,6k-1$ 形式的正整数有同样形式的素因子。

[6] 手动方式求最大公因数 $(55,85),(202,282)$。编写程序：用 Euclid 除法算法计算 (a,b)，并进行验证。

[7] 手动方式求 s,t，使得 $sa+tb=(a,b)$，其中 (a,b) 为 $(202,282),(1613,3589)$，编写程序：用扩展的 Euclid 算法求 $sa+tb=(a,b)$，并进行算法验证。

[8] 编写程序：利用 Eratosthenes 筛法产生 10000 以内素数。

[9] 形为 $M_p=2^p-1$ 的素数叫作 Mersenne 素数（梅森素数），这里 p 为素数。给出一个计算机程序求前 5 个梅森素数。

[10] 形为 $F_n=2^{2^n}+1$ 的素数为 Fermat 素数（费马素数），给出一个计算机程序证明 F_1,F_2,F_3,F_4 都是素数。

提示：可下载纽约大学的 NTL 算法库，关注 GIMPS 网址，http://www.mersenne.org/download/freeware.php，截至 2014 年 2 月，已知的梅森素数共有 48 个。从 1997 年至今，所有新的梅森素数都是由互联网梅森素数大搜索（GIMPS）分布式计算项目发现的。http://zh.wikipedia.org/wiki/梅森素数。

[11] 编写程序对孪生素数的猜想在 10 000 以内进行实验验证。

[12] 编写程序对哥德巴赫猜想在 10 000 以内进行实验验证。

[13] 编写程序对 $3x+1$ 猜想在 10 000 以内进行实验验证。

[14] 参考数学实验方面的书籍和期刊（如 *Experimental Mathematics*，http://www.tandfonline.com/loi/uexm20），思考如何通过数学实验提出自己的猜想，或者验证或发现猜想中的特殊定量关系。

第2章　同　余

本章介绍整数的另一个重要的二元关系——同余。

本章重点是同余类、简化剩余系、欧拉函数，难点是同余的应用。

2.1　同余和剩余类

同余的概念是通过整除关系给出的。

定义 2.1　给定一个正整数 m，如果两个整数 a,b 有 $m\mid a-b$，则 a,b 模 m 同余，记作 $a\equiv b(\bmod\ m)$；否则，a,b 模 m 不同余，记作 $a\not\equiv b(\bmod\ m)$。

下面的定理给出了同余关系的等价表达形式，即将同余关系表达成一个等式。

定理 2.1　设 m 是一个正整数，a,b 是两个整数，则

$$a \equiv b \pmod{m}$$

的充要条件是存在一个整数 k，使得 $a=b+km$。

下面的定理说明同余是等价关系。

定理 2.2　设 m 是一个正整数，则模 m 同余是等价关系，即

(1) 自反性，对任一整数 $a,a\equiv a\pmod{m}$。

(2) 对称性，若 $a\equiv b\pmod{m}$，则 $b\equiv a\pmod{m}$。

(3) 传递性，若 $a\equiv b\pmod{m}$，$b\equiv c\pmod{m}$，则 $a\equiv c\pmod{m}$。

定理 2.3　设 m 是给定的一个正整数，a_1,a_2,b_1,b_2 是 4 个整数，如果

$$a_1 \equiv b_1 \pmod{m}$$

$$a_2 \equiv b_2 \pmod{m}$$

则有

$$a_1 + a_2 \equiv b_1 + b_2 \pmod{m}$$

$$a_1 a_2 \equiv b_1 b_2 \pmod{m}$$

该定理说明同余关系对于加法和乘法是"保持"的。

思考 2.1　同余关系对于减法和除法还"保持"吗？

定理 2.4　设 m 是一个正整数，$ad\equiv bd\pmod{m}$，如果 $(d,m)=1$，则

$$a \equiv b \pmod{m}$$

该定理说明了同余关系的"消去"原则是消去值与模互素。

定理 2.5　设 m 是一个正整数，$a \equiv b \pmod{m}$，如果整数 $d \mid (a, b, m)$，则

$$\frac{a}{d} \equiv \frac{b}{d} \left(\bmod \frac{m}{d} \right)$$

定理 2.6　设 m 是一个正整数，$a \equiv b \pmod{m}$，如果整数 $d \mid m$，则

$$a \equiv b \pmod{d}$$

上述定理的证明比较简单，留作练习。

例 2.1　时钟指向 4 点，过了 2015 小时后，时钟指向几点？

解答　$2015 \equiv -1 \pmod{12}$，因此，时钟指向 3 点。

例 2.2　已知 2015 年 5 月 4 日是星期一，问从该天算起，第 2^{2015} 天是星期几？

解答　$2^3 = 8, 8 \equiv 1 \pmod{7}$，因此，第 8 天相当于第 1 天。

$2015 = 3 \times 671 + 2, 2^{2015} = (2^3)^{671} \times 2^2 \equiv 4 \pmod{7}$，即第 2^{2015} 天就相当于第 4 天，为星期五。

因为整数同余关系是一种等价关系，因此全体整数可以按照模 m 是否同余划分成若干两两不相交的集合，使得每一个集合中的任意两个整数模 m 一定同余，而属于不同集合的任意两个整数模 m 不同余。

设 m 是一个正整数，对任意正整数 a，令

$$C_a = \{ c \mid c \in \mathbf{Z}, c \equiv a \pmod{m} \}$$

C_a 是非空集合，因为 $a \in C_a$。

定义 2.2　C_a 叫作模 m 的 a 的剩余类。一个剩余类中的任一数叫作该类的剩余或代表元。若 $r_0, r_1, \cdots, r_{m-1}$ 是 m 个整数，且其中任何两个数都不在同一个剩余类里，则 $r_0, r_1, \cdots, r_{m-1}$ 叫作模 m 的一个完全剩余系。完全剩余系 $0, 1, 2, \cdots, m-1$ 称为最小非负完全剩余系。

模 m 的剩余类通常写成

$$\mathbf{Z}/m\mathbf{Z} = \{ C_0, C_1, \cdots, C_{m-1} \} = \{ C_a \mid 0 \leqslant a \leqslant m-1 \}$$

特别地，当 $m = p$ 为素数时，也写成

$$\mathbf{F}_p = \mathbf{Z}/p\mathbf{Z} = \{ C_0, C_1, \cdots, C_{p-1} \} = \{ C_a \mid 0 \leqslant a \leqslant p-1 \}$$

C_i 也可以记为 $[i]_m$。

例 2.3　取 $m = 7$，则模 m 的剩余类为：

$$C_0 = [0]_7 = \{ \cdots, -14, -7, 0, 7, 14, \cdots \}$$
$$C_1 = [1]_7 = \{ \cdots, -13, -6, 1, 8, 15, \cdots \}$$
$$C_2 = [2]_7 = \{ \cdots, -12, -5, 2, 9, 16, \cdots \}$$
$$C_3 = [3]_7 = \{ \cdots, -11, -4, 3, 10, 17, \cdots \}$$
$$C_4 = [4]_7 = \{ \cdots, -10, -3, 4, 11, 18, \cdots \}$$
$$C_5 = [5]_7 = \{ \cdots, -9, -2, 5, 12, 19, \cdots \}$$
$$C_6 = [6]_7 = \{ \cdots, -8, -1, 6, 13, 20, \cdots \}$$

$-14, -6, 2, 10, 18, 19, 20$ 是模 7 的一组完全剩余系。$0, 1, 2, 3, 4, 5, 6$ 为模 7 的最小非负完全剩余系。

通常情况下，可用 $\mathbf{Z}_m$ 表示 m 的最小非负完全剩余系集合，即 $\mathbf{Z}_m = \{ 0, 1, 2, \cdots, m-1 \}$。

$\mathbf{Z}_m$ 中的加法和乘法都是模 m 意义上的加法和乘法运算。

根据"抽屉原则",可以得到以下完全剩余系的判定方法。

定理 2.7 设 m 是正整数,则 m 个整数 $a_1,a_2,\cdots,a_m$ 为模 m 的一个完全剩余系的充要条件是它们模 m 两两不同余。

下面给出一个完全剩余系的构造方法。

定理 2.8 设 m 是正整数,整数 a 满足 $(a,m)=1$,b 是任意整数。若 x 遍历模 m 的一个完全剩余系,则 $ax+b$ 也遍历模 m 的一个完全剩余系。

证明 设 $a_1,a_2,\cdots,a_m$ 为模 m 的完全剩余系,由完全剩余系的定义,这组整数模 m 两两不同余。需要证明的是,$aa_1+b,aa_2+b,\cdots,aa_m+b$ 也是模 m 的一组完全剩余系。只需要证明这 m 个数模 m 两两不同余即可(这里用到"抽屉原则"或"鸽巢原理")。若存在 a_i 和 a_j,$i\neq j$,使得

$$aa_i+b \equiv aa_j+b \pmod{m}$$

则有 $m|a(a_i-a_j)$,由于 $(a,m)=1$,所以 $a_i\equiv a_j\pmod{m}$。这与 $a_1,a_2,\cdots,a_m$ 模 m 两两不同余矛盾。因此,$aa_1+b,aa_2+b,\cdots,aa_m+b$ 模 m 两两不同余。∎

定理 2.8 中取特例 $b=0$,说明 $aa_1,aa_2,\cdots,aa_m$ 也是模 m 的一组完全剩余系。于是,$aa_i(\bmod m)$ 必然有且仅有一个数为 $1(\bmod m)$。于是可引出如下概念:

定义 2.3 设 m 是一个正整数,a 是一个整数,如果存在整数 a' 使得

$$aa' \equiv 1 \pmod{m}$$

成立,则 a 叫作模 m 的可逆元,a' 叫作 a 的模 m 逆元。

根据定理 2.8,在模 m 的意义下(即 m 的完全剩余系中),a' 是存在且唯一的。

2.2 简化剩余系、欧拉定理与费马小定理

在模 m 的一个剩余类中,如果有一个数与 m 互素,则该剩余类中所有的数均与 m 互素。

定义 2.4 一个模 m 的剩余类叫作简化剩余类,如果该类中存在一个与 m 互素的剩余,模 m 的简化剩余类的全体所组成的集合写成

$$(\mathbf{Z}/m\mathbf{Z})^* = \{C_a \mid 0 \leqslant a \leqslant m-1, (a,m)=1\}$$

特别地,当 $m=p$ 为素数时,也写成

$$\mathbf{F}_p^* = (\mathbf{Z}/p\mathbf{Z})^* = \{C_1,\cdots,C_{p-1}\} = \{C_a \mid 0 \leqslant a \leqslant p-1\} = \mathbf{F}_p \backslash \{C_0\}$$

例 2.4 设 $m=12$,则模 m 的简化剩余类为 $\{C_1,C_5,C_7,C_{11}\}$。

例 2.5 设 $m=7$,则模 m 的简化剩余类为 $\{C_1,C_2,C_3,C_4,C_5,C_6\}$。

定义 2.5 设 m 是一个正整数,在模 m 的所有不同简化剩余类中,从每个类任取一个数组成的整数的集合,叫作模 m 的一个简化剩余系(reduced residue)。有的书籍也称之为既约剩余系、缩剩余系、缩系。

例 2.6 设 $m=12$,则 $1,5,7,11$ 构成模 12 的简化剩余系。

例 2.7 设 $m=7$，则 $1,2,3,4,5,6$ 构成模 7 的简化剩余系。

定义 2.6 设 m 是一个正整数，则 m 个整数 $0,1,\cdots,m-1$ 中与 m 互素的整数的个数，记为 $\varphi(m)$，叫作 Euler 函数。

例如，$\varphi(2)=1$，约定 $\varphi(1)=1$。

显然，模 m 的简化剩余类的个数为 $\varphi(m)$，即 $|(\mathbf{Z}/m\mathbf{Z})^*|=\varphi(m)$。模 m 的简化剩余系的元素个数为 $\varphi(m)$。

与定理 2.7 类似，有以下定理给出简化剩余系的判定方法。

定理 2.9 设 m 是正整数，则 $\varphi(m)$ 个整数 $a_1,a_2,\cdots,a_{\varphi(m)}$ 为模 m 的一个简化剩余系的充要条件是它们与 m 互素，且模 m 两两不同余。

与定理 2.8 类似，有以下定理给出简化剩余系的构造方法。

定理 2.10 设 m 是正整数，整数 a 满足 $(a,m)=1$。若 x 遍历模 m 的一个简化剩余系，则 ax 也遍历模 m 的一个简化剩余系。

证明 因为 $(a,m)=1$，$(x,m)=1$，于是 $(ax,m)=1$。故 ax 为 m 的简化剩余类的剩余。然后只需要证明 $aa_1,aa_2,\cdots,aa_{\varphi(m)}$ 这 $\varphi(m)$ 个数模 m 两两不同余即可。若存在 a_i 和 a_j，$i\neq j$，使得

$$aa_i \equiv aa_j \pmod{m}$$

则有 $m\mid a(a_i-a_j)$，由于 $(a,m)=1$，所以 $a_i\equiv a_j\pmod{m}$。这与 $a_1,a_2,\cdots,a_{\varphi(m)}$ 模 m 两两不同余矛盾。因此，ax 也遍历模 m 的一个简化剩余系。 ◢

例 2.8 设 $m=7$，a 为与 m 互素的数，x 遍历模 m 的简化剩余系，计算 $ax\ (\bmod\ m)$ 可得到表 2.1。

表 2.1 计算 $ax\ (\bmod\ m)$ 的结果

a ＼ x	1	2	3	4	5	6
1	1	2	3	4	5	6
2	2	4	6	1	3	5
3	3	6	2	5	1	4
4	4	1	5	2	6	3
5	5	3	1	6	4	2
6	6	5	4	3	2	1

从表 2.1 可见，ax 也遍历模 m 的一个简化剩余系。

定理 2.10 再一次说明了 a 的逆元是存在且唯一的(第 6 章将会看到，这个表也构成了一个乘法群中的运算表)。

下面考察 Euler 函数的性质。

例 2.9 若 p 为素数，则 $\varphi(p)=p-1$。

例 2.10 若 p 为素数，且整数 $\alpha\geq1$，则 $\varphi(p^\alpha)=p^\alpha-p^{\alpha-1}=p^\alpha(1-1/p)$。

解答 $0,1,2,3,\cdots,p^\alpha-1$ 与 p^α 不互素的数只有 p 的倍数，有 $p^{\alpha-1}$ 个，即 $0,p,2p,3p,\cdots,(p^{\alpha-1}-1)p$。

容易看到，其中不互素的数所占比例为 $1/p$，互素的数所占比例为 $1-1/p$。

例 2.11 若 p,q 为不同的素数，$n=pq$，则 $\varphi(n)=(p-1)(q-1)=\varphi(p)\varphi(q)$。

解答 $0,1,\cdots,n-1$ 中 p 的倍数有 q 个，即 $0,p,2p,\cdots,p(q-1)$；同时，q 的倍数有 p 个，即 $0,q,2q,\cdots,(p-1)q$。这其中有重合的，即为 pq 的倍数有 0。因此，与 n 不互素的数有 $q+p-1$ 个，与 n 互素的数有 $n-(p+q-1)=pq-p-q+1=(p-1)(q-1)=\varphi(p)\varphi(q)$ 个。

例 2.12 $\varphi(77)=\varphi(7)\varphi(11)=6\cdot10=60$。

下面给出一般的情况。

定理 2.11 设正整数 n 的标准分解式为

$$n=\prod_{p\mid n}p^a=p_1^{a_1}p_2^{a_2}\cdots p_k^{a_k}$$

则

$$\varphi(n)=n\prod_{p\mid n}\left(1-\frac{1}{p}\right)=n\left(1-\frac{1}{p_1}\right)\left(1-\frac{1}{p_2}\right)\cdots\left(1-\frac{1}{p_k}\right)$$

证明 当 $n=p^a$ 时，模 n 的完全剩余系 $\{0,1,\cdots,p^a-1\}$ 的 p^a 个整数中，与 p 不互素的只有 p 的倍数，共有 p^{a-1} 个（即 $0,p,2p,\cdots,(p^{a-1}-1)p$），因此，与 p^a 互素的数共有 p^a-p^{a-1} 个数，即

$$\varphi(p^a)=p^a-p^{a-1}=p^a(1-1/p)$$

由定理 2.11，得出

$$\begin{aligned}\varphi(n)&=\varphi(p_1^{a_1})\varphi(p_2^{a_2})\cdots\varphi(p_k^{a_k})=p_1^{a_1}(1-1/p_1)\ p_2^{a_2}(1-1/p_2)\cdots p_k^{a_k}(1-1/p_k)\\&=n(1-1/p_1)(1-1/p_2)\cdots(1-1/p_k)\end{aligned}$$

例 2.13 计算 $\varphi(120)$。

解答 $120=2^3\cdot3\cdot5$，$\varphi(120)=120\cdot(1-1/2)\cdot(1-1/3)\cdot(1-1/5)=32$

推论 2.1 设 m,n 是互素的两个正整数，则

$$\varphi(mn)=\varphi(m)\varphi(n)$$

证明 记 m,n 的标准分解式是

$$m=\prod_{p\mid n}p^a=p_1^{a_1}p_2^{a_2}\cdots p_k^{a_k}$$

$$n=\prod_{q\mid n}q^\beta=q_1^{\beta_1}q_2^{\beta_2}\cdots q_j^{\beta_j}$$

m,n 互素，于是

$$\begin{aligned}\varphi(mn)&=\varphi(p_1^{a_1}p_2^{a_2}\cdots p_k^{a_k}q_1^{\beta_1}q_2^{\beta_2}\cdots q_j^{\beta_j})\\&=mn\left(1-\frac{1}{p_1}\right)\left(1-\frac{1}{p_2}\right)\cdots\left(1-\frac{1}{p_k}\right)\left(1-\frac{1}{q_1}\right)\left(1-\frac{1}{q_2}\right)\cdots\left(1-\frac{1}{q_j}\right)\\&=m\left(1-\frac{1}{p_1}\right)\left(1-\frac{1}{p_2}\right)\cdots\left(1-\frac{1}{p_k}\right)\cdot n\left(1-\frac{1}{q_1}\right)\left(1-\frac{1}{q_2}\right)\cdots\left(1-\frac{1}{q_j}\right)\\&=\varphi(m)\varphi(n)\end{aligned}$$

例 2.14 $\varphi(30)=\varphi(6)\varphi(5)=\varphi(2)\varphi(3)\varphi(5)=1\cdot2\cdot4=8$。

注意：Euler 函数不是严格的乘性函数（$f(xy)=f(x)f(y)$），只有在互素情况下才具有乘性。

例 2.15 $\varphi(2\cdot4)=\varphi(8)=8-4=4\neq\varphi(2)\varphi(4)=2$。

$\varphi(3 \cdot 6) = \varphi(3 \cdot 3 \cdot 2) = (9-3) \cdot 1 = 6 \neq \varphi(3)\varphi(6) = 2 \cdot 2 = 4$。

例 2.16　设 $n = pq, p, q$ 均为素数,则可由 $\varphi(n)$ 和 n 求出 p, q。

解答　$n = pq, \varphi(n) = (p-1)(q-1) = pq - p - q + 1 = n - p - q + 1$。于是 $p + q = n + 1 - \varphi(n)$。

由根与系数关系,p, q 是方程

$$x^2 - (n + 1 - \varphi(n))x + n = 0$$

的两个根,因此可以求出 p 和 q。

下面先考察以下例子,看能否用归纳法得出一般规律。

例 2.17　设 $m = 12, \varphi(12) = 4$。$1, 5, 7, 11$ 构成模 12 的简化剩余系,$(5, 12) = 1$,因此,$5 \cdot 1, 5 \cdot 5, 5 \cdot 7, 5 \cdot 11$ 也构成模 12 的简化剩余系。计算可知

$$5 \cdot 1 \equiv 5 \pmod{12}$$
$$5 \cdot 5 \equiv 1 \pmod{12}$$
$$5 \cdot 7 \equiv 11 \pmod{12}$$
$$5 \cdot 11 \equiv 7 \pmod{12}$$

将上面 4 个式子的左边相乘,由定理 2.3,可得

$$(5 \cdot 1)(5 \cdot 5)(5 \cdot 7)(5 \cdot 11) \equiv 5 \cdot 1 \cdot 11 \cdot 7 \pmod{12}$$

即

$$5^4 \cdot (1 \cdot 5 \cdot 7 \cdot 11) \equiv 5 \cdot 1 \cdot 11 \cdot 7 \pmod{12}$$

由于 $(1 \cdot 5 \cdot 7 \cdot 11, 12) = 1$,因此,由定理 2.4 知,$5^4 \equiv 1 \pmod{12}$,即

$$5^{\varphi(12)} \equiv 1 \pmod{12}$$

思考 2.2　仔细观察上述计算过程,然后尝试给出其他的例子,看能否归纳出一般的结论。

定理 2.12(Euler 定理)　设 m 是大于 1 的整数,如果 a 是满足 $(a, m) = 1$ 的整数,则

$$a^{\varphi(m)} \equiv 1 \pmod{m}$$

证明　设 $r_1, r_2, \cdots, r_{\varphi(m)}$ 是模 m 的一组简化剩余系,根据定理 2.10

$$ar_1, ar_2, \cdots, ar_{\varphi(m)}$$

也是模 m 的一组简化剩余系,因此

$$(ar_1) \cdot (ar_2) \cdot \cdots \cdot (ar_{\varphi(m)}) \equiv r_1 \cdot r_2 \cdot \cdots \cdot r_{\varphi(m)} \pmod{m}$$

即

$$a^{\varphi(m)} \cdot (r_1 \cdot r_2 \cdot \cdots \cdot r_{\varphi(m)}) \equiv r_1 \cdot r_2 \cdot \cdots \cdot r_{\varphi(m)} \pmod{m}$$

又 $(r_1 \cdot r_2 \cdot \cdots \cdot r_{\varphi(m)}, m) = 1$,所以

$$a^{\varphi(m)} \equiv 1 \pmod{m} \qquad ■$$

推论 2.2(Fermat 小定理)　设 p 是一个素数,则对于任意整数 a,均有

$$a^p \equiv a \pmod{p}$$

证明　若 $p \mid a$,则 $a^p \equiv 0 \pmod{p}, a \equiv 0 \pmod{p}$,所以 $a^p \equiv a \pmod{p}$。若 $p \nmid a$,则 $(p, a) = 1$,根据 Euler 定理,有 $a^{\varphi(p)} = a^{p-1} \equiv 1 \pmod{p}$,于是有 $a^p \equiv a \pmod{p}$。　■

推论 2.3　若 p 是素数,a 是整数,且 $p \nmid a$,则 $a \cdot a^{p-2} \equiv 1 \pmod{p}$(即 a^{p-2} 是 a 模 p 的逆元)。

下面先考察以下例子,看能否用归纳法得出一般规律。

例 2.18 设 $p=17$,是一个素数,观察:

$1 \cdot 2 \cdot 3 \cdot 4 \cdot 5 \cdot 6 \cdot 7 \cdot 8 \cdot 9 \cdot 10 \cdot 11 \cdot 12 \cdot 13 \cdot 14 \cdot 15 \cdot 16$

$\equiv (2 \cdot 9) \cdot (3 \cdot 6) \cdot (4 \cdot 13) \cdot (5 \cdot 7) \cdot (8 \cdot 15) \cdot (10 \cdot 12) \cdot (11 \cdot 14) \cdot (1 \cdot 16)$

$\equiv 1 \cdot 1 \cdot 1 \cdot 1 \cdot 1 \cdot 1 \cdot 1 \cdot (-1)$

$\equiv -1 (\bmod 17)$

思考 2.3 仔细观察上述计算过程,然后尝试给出一个类似的例子,看能否归纳出一般情况。

思考 2.4 为什么两两"配对"后最后就剩下了 -1?

理由见下面的定理。

定理 2.13(Wilson 定理) 设 p 是一个素数,则

$$(p-1)! \equiv -1 \pmod{p}$$

证明 若 $p=2$,结论显然成立。

若 $p \geqslant 3$,根据定理 2.10,对于每个整数 $a(1 \leqslant a \leqslant p-1)$,存在唯一的整数 $a'(1 \leqslant a' \leqslant p-1)$,使得

$$aa' \equiv 1 \pmod{p}$$

而 $a=a'$ 的充要条件是 a 满足

$$a^2 \equiv 1 \pmod{p}$$

此时,$a=1$ 或者 $p-1$。

因此,当 $a \in \{2,3,\cdots,p-2\}$ 时,有 $a' \in \{2,3,\cdots,p-2\}$,因此,$\{2,3,\cdots,p-2\}$ 中的 a 和 a' 两两配对。于是,$2 \cdot 3 \cdots \cdot (p-2) \equiv 1 \pmod{p}$。

$$(p-1)! \equiv 1 \cdot 2 \cdot 3 \cdots \cdot (p-2) \cdot (p-1) \equiv 1 \cdot (p-1) = -1 \pmod{p} \quad \blacksquare$$

图 2.1 给出了证明的示意图。

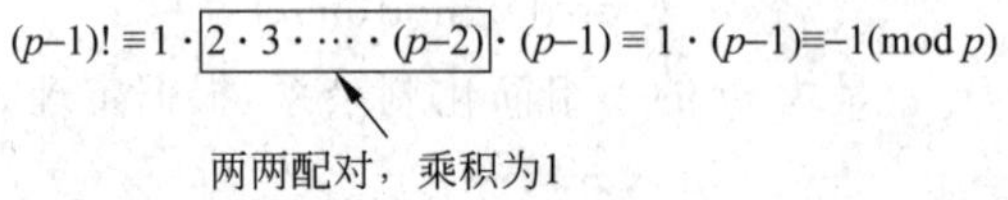

$$(p-1)! \equiv 1 \cdot \boxed{2 \cdot 3 \cdots \cdot (p-2)} \cdot (p-1) \equiv 1 \cdot (p-1) \equiv -1 (\bmod p)$$

两两配对,乘积为1

图 2.1 Wilson 定理证明的示意图

2.3 模运算和同余的应用

2.3.1 密码系统的基本概念模型

信息安全中最重要的基础部分是密码学,密码学的最初目的是保密。图 2.2 给出密码系统的基本概念。

定义 2.7 密码系统(cryptosystem)。

一个密码系统是一个五元组 $<P,C,K,E,D>$,满足:

(1) P 是可能明文的有限集(明文空间)。

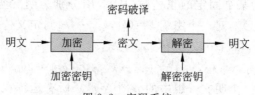

图 2.2　密码系统

（2）C 是可能密文的有限集（密文空间）。

（3）K 是一切可能密钥构成的有限集（密钥空间）。

（4）任意 $k \in K$，有一个加密算法 $e_{k_e} \in E$ 和相应的解密算法 $d_{k_d} \in D$，使得 $e_{k_e}: P \to C$ 和 $d_{k_d}: C \to P$ 分别为加密和解密函数，满足 $d_{k_d}(e_{k_e}(x)) = x$，这里 $x \in P$。

注解：

古典密码体制通常对字符进行运算，26 个英文字符常被抽象为 0～25 间的整数（在计算机发明之后，现代密码体制通常对比特 bit 进行运算）。

如果 $k_d = k_e$，即加密密钥等于解密密钥，则称为对称密钥密码体制；否则，称为非对称密钥密码体制（又叫公钥密码体制）。古典方案都是对称密钥密码体制，公钥密码体制是在 1976 年由 W. Diffie 和 M. Hellman 提出的，它的出现是密码学发展史上的一个里程碑。

对称密码按照明文的类型可分为序列密码（又叫流密码，stream cipher）和分组密码（block cipher）。序列密码对明文按照字符或者比特逐位加密，对密文逐位解密。分组密码将明文按照一定的长度分组（block），加密和解密分组进行。

2.3.2　移位密码

模运算在古典密码中有较多的应用。这是因为古典密码通常对 26 个英文字母进行操作。

将 26 个英文字符从 a～z 依次分别与 0～25 的整数建立一一对应关系。

a	b	c	d	e	f	g	h	i	j	k	l	m	n	o	p	q	r	s	t	u	v	w	x	y	z
0	1	2	3	4	5	6	7	8	9	10	11	12	13	14	15	16	17	18	19	20	21	22	23	24	25

令

$$P = C = K = Z_{26} \quad x \in P, y \in C, k \in K$$

定义加密解密算法，即

$$e_k(x) = x + k \bmod 26$$
$$d_k(y) = y - k \bmod 26$$

例 2.19　Caesar 密码。Caesar 密码是 $k = 3$ 的移位密码，若明文为 please，请写出密文。

解答　密文为 sohdvh。

2.3.3　Vigenere 密码

维吉尼亚密码（Vigenere cipher）于 1858 年由法国密码学家 B. D. Vigenere 提出。

定义 2.8 设 m 为某个固定的正整数，P, C, K 分别为明文空间、密文空间、密钥空间，且 $P = C = K = (Z_{26})^m$，对一个密钥 $k = (k_1, k_2, \cdots, k_m)$，定义

$$e_k(x_1, x_2, \cdots, x_m) = (x_1 + k_1, x_2 + k_2, \cdots, x_m + k_m)$$

$$d_k(y_1, y_2, \cdots, y_m) = (y_1 - k_1, y_2 - k_2, \cdots, y_m - k_m)$$

这里 $(x_1, x_2, \cdots, x_m)$ 为一个明文分组中的 m 个字母。所有运算在 Z_{26} 中进行。密钥长度为 m，故密钥空间为 26^m。明文是按照长度为 m 的分组进行加密的。

Vigenere 密码是典型的多表代换，加密中一个字母可被映射到 m 个可能的字母之一（假定密钥包括 m 个不同的字母），所以分析起来比单表代换更困难。

思考 2.5 设 $m = 5$，密钥字为"hello"，如何加密"university"?

明文分组为 unive, rsity, 明文转化为 Z_{26} 为 20,13,8,21,4 和 17,18,8,19,24。

密钥字实际为 $k = (7, 4, 11, 11, 14)$，Z_{26} 表示的密文为 1,17,19,6,18 和 24,22,19,4,12。密文字母为"brtgs, ywtem"。

2.3.4 Hill 密码

希尔密码(Hill cipher)由数学家 L. Hill 于 1929 年提出。其基本思想是把 m 个连续的明文字母代换成 m 个连续的密文字母，这个代换由密钥决定，这个密钥是一个变换矩阵，解密时只需要对密文做一次逆变换即可。

定义 2.9 设 m 是某个固定的正整数，P, C, K 分别为明文空间、密文空间、密钥空间，且 $P = C = (Z_{26})^m$，设 $K = (k_{ij})_{m \times m}$ 是一个 $m \times m$ 可逆矩阵，即行列式 $\det(K) \neq 0$，且 $\gcd(26, \det(K)) = 1$。对任意密钥 $k \in K$，定义

$$e_k(x) = xK$$

$$d_k(y) = yK^{-1}$$

所有运算均在 Z_{26} 中进行。特别地，当 $m = 1$ 时，Hill 密码退化成单字母仿射密码。

例 2.20 设 $m = 2$，密钥 $K = \begin{bmatrix} 11 & 8 \\ 3 & 7 \end{bmatrix}$，容易计算 $K^{-1} = \begin{bmatrix} 7 & 18 \\ 23 & 11 \end{bmatrix}$，设明文为 hill，相应的明文向量为 $[7, 8]$ 和 $[11, 11]$，于是，相应的密文向量分别为

$$[7, 8]\begin{bmatrix} 11 & 8 \\ 3 & 7 \end{bmatrix} = [77 + 24, 56 + 56] = [23, 8]$$

$$[11, 11]\begin{bmatrix} 11 & 8 \\ 3 & 7 \end{bmatrix} = [121 + 33, 88 + 77] = [24, 9]$$

故密文为 xiyj。

思考 2.6 如果明文长度为 3 如何处理? 安全强度如何?

思 考 题

[1] 2015 年 3 月 1 日是星期日，问第 $2^{20150301}$ 天是星期几?

[2] 计算下列数对于模的逆:

(1) 3 模 11 的逆; (2) 17 模 10 的逆; (3) 23 模 17 的逆; (4) 19 模 29 的逆。

[3] 判断下列结果是否正确？如果正确,请给出证明;如果不正确,请给出反例。

(1) 若 $a\equiv b(\mathrm{mod}\ m)$,$c\equiv d(\mathrm{mod}\ m)$,则 $a-c\equiv b-d(\mathrm{mod}\ m)$。

(2) 若 $a^2\equiv b^2(\mathrm{mod}\ m)$,则 $a\equiv b(\mathrm{mod}\ m)$。

(3) 若 $a^2\equiv b^2(\mathrm{mod}\ m)$,则 $a\equiv b(\mathrm{mod}\ m)$ 或 $a\equiv -b(\mathrm{mod}\ m)$ 至少有一个成立。

(4) 若 $a\equiv b(\mathrm{mod}\ m)$,则 $a^2\equiv b^2(\mathrm{mod}\ m^2)$。

[4] 计算:

(1) 写出模 9 的一个完全剩余系,它的每个数是奇数。

(2) 写出模 9 的一个完全剩余系,它的每个数是偶数。

[5] 计算:

(1) 写出剩余类 7 mod 17 中不超过 100 的正整数。

(2) 写出剩余类 6 mod 15 中绝对值不超过 90 的整数。

[6] 计算欧拉函数值 $\varphi(96)$,$\varphi(143)$,$\varphi(256)$。

[7] 写出 **Z**/7**Z** 中的加法表和乘法表。

[8] 运用 Wilson 定理,求 $8 \cdot 9 \cdot 10 \cdot 11 \cdot 12 \cdot 13\ (\mathrm{mod}\ 7)$。

[9] 证明:$70!\equiv 61!(\mathrm{mod}\ 71)$。

[10] 编写程序实现 Vigenere 密码算法和 Hill 密码算法。

第 3 章

同　余　式

第 2 章引入了同余的概念，本章介绍在模 m 情况下同余式的求解。首先介绍一次同余式的求解，再介绍一次同余式组的求解。

本章的重点是中国剩余定理及其在 RSA 中的应用，难点是模重复平方法。

3.1　一次同余式

3.1.1　一次同余式的求解

定义 3.1　设 m 是一个正整数，$f(x)$ 为多项式且

$$f(x) = a_n x^n + \cdots + a_1 x + a_0$$

其中 a_i 是整数，则

$$f(x) \equiv 0 \pmod{m}$$

称作模 m 同余式。若 $a^n \not\equiv 0 \pmod{m}$，则 n 叫作 $f(x)$ 的次数，记为 $\deg f$。此时叫作模 m 的 n 次同余式。

如果整数 a 使得

$$f(a) \equiv 0 \pmod{m}$$

成立，则 a 叫作同余式的解。

事实上，满足 $x \equiv a \pmod{m}$ 的所有整数都使得该同余式成立。因此，在讨论同余方程的解时，以一个剩余类作为一个解。在模 m 的完全剩余系中，使得同余式成立的剩余的个数叫作同余式的解数。

下面首先考虑一次同余式的求解。

定理 3.1　一次同余方程 $ax \equiv b \pmod{m}$ 有解的充要条件是 $(a,m) \mid b$，且当其有解时，其解数为 (a,m)。

在证明之前，回顾定理 1.8 及其推论 1.1，若同余方程有解，即 b 可以由 a,m 线性表出，于是 $(a,m) \mid b$。

证明　先证明必要性。设同余方程 $ax \equiv b \pmod{m}$ 有解，解为 x_0，则存在整数 k，使得

$$ax_0 = km + b$$

即
$$b = ax_0 - km$$

由于 $(a,m)\mid a,(a,m)\mid m$,因此
$$(a,m)\mid ax_0 - km = b$$

再证明充分性。

设 $a' = \dfrac{a}{(a,m)}, m' = \dfrac{m}{(a,m)}, b' = \dfrac{b}{(a,m)}$,易知,$a',m',b'$ 均为整数。

首先考虑同余方程
$$a'x \equiv 1 \pmod{m'}$$

因为 $\gcd(a',m')=1$,可知 a' 存在模 m' 的乘法逆元 x_0(见定义2.3)。满足 $a'x_0 \equiv 1 \pmod{m'}$,且在模 m' 下,逆元是唯一的,即同余方程 $a'x \equiv 1 \pmod{m'}$ 存在唯一解
$$x \equiv x_0 \pmod{m'}$$

因此,易知同余方程
$$a'x \equiv b' \pmod{m'}$$

也存在唯一解
$$x \equiv x_1 \equiv x_0 b' \pmod{m'}$$

下面证明这个解也是 $ax \equiv b \pmod m$ 的特解。

不妨设 $x = k_1 m' + x_0 b'$, $k_1 \in \mathbf{Z}$
$$ax = ak_1 m' + ax_0 b' = ak_1 \frac{m}{(a,m)} + ax_0 \frac{b}{(a,m)} = a'k_1 m + a'x_0 b$$
$$\equiv a'x_0 b \pmod m$$

由于 $a'x_0 \equiv 1 \pmod{m'}$,不妨设 $a'x_0 = k_2 m' + 1, k_2 \in \mathbf{Z}$
$$a'x_0 b = (k_2 m' + 1)b = k_2 m'b + b = k_2 \frac{m}{(a,m)}b + b = k_2 mb' + b$$
$$\equiv b \pmod m$$

最后,$ax \equiv b \pmod m$ 的全部解为
$$x \equiv x_1 + t\frac{m}{(a,m)} \pmod m \quad t = 0,1,\cdots,(a,m)-1$$

其原因是:如果同时有同余式
$$ax \equiv b \pmod m, \quad ax_1 \equiv b \pmod m$$

成立,两式相减得到
$$a(x - x_1) \equiv 0 \pmod m$$

这等价于
$$x \equiv x_1 \left(\bmod \frac{m}{(a,m)}\right)$$

因此,x 只要与 x_1 关于 $\dfrac{m}{(a,m)}$ 同余,即为 $ax \equiv b \pmod m$ 的解。 ∎

定理3.1的证明过程其实给出了一次同余式求解的过程。

定理 3.2　设 m 是一个正整数,a 是满足 $(a,m)\mid b$ 的整数,则一次同余式

$$ax \equiv b \pmod{m}$$

的全部解为

$$x \equiv \left(\left(\frac{a}{(a,m)} \right)^{-1} \left(\bmod \frac{m}{(a,m)} \right) \right) \frac{b}{(a,m)} + t \frac{m}{(a,m)} \pmod{m} \quad t = 0,1,\cdots,(a,m)-1$$

定理 3.2 其实给出了一次同余式"根与系数的关系"。定理 3.2 是定理 3.1 的充分性证明过程的结果,图 3.1 给出了解的 3 个部分与定理 3.1 的对应关系。为便于记忆,这里将这 3 个部分简称为"模系收缩求逆元""逆元扩大求特解""t 变模扩求全解"。"模系收缩"的目的是使得"系数 a"和"模 m"之间互素,从而可以求"系数 a 的逆元"。有了"逆元"之后就可以扩大"$b' = \dfrac{b}{(a,m)}$"求出特解。最后再由特解求全解。

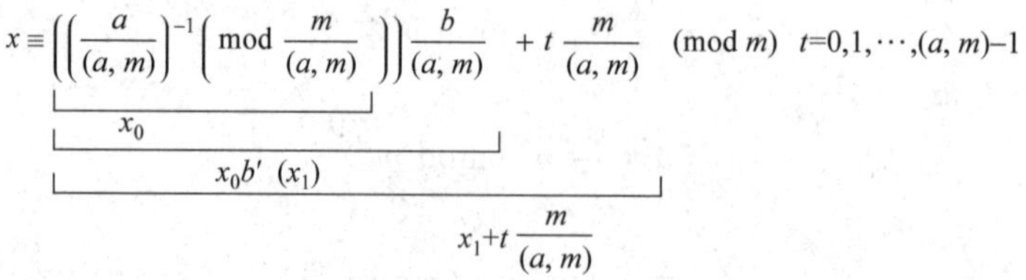

图 3.1 一次同余式"根与系数的关系"示意图

由定理 3.2 可以给出一个求解一次同余式的算法。

例 3.1 求解同余方程 $6x \equiv 5 \pmod{8}$。

解答 $(6,8) \nmid 5$,由定理 3.1 知,同余方程无解。

例 3.2 求解同余方程 $3x \equiv 5 \pmod{8}$。

解答 $(3,8) \mid 5$,所以同余方程有解。

先解同余方程 $3x \equiv 1 \pmod{8}$,此方程解唯一,易知其解为 $x \equiv 3 \pmod{8}$,则同余方程

$$3x \equiv 5 \pmod{8}$$

也存在唯一解

$$x \equiv 3 \cdot 5 \equiv 7 \pmod{8}$$

即为原方程的解。

例 3.3 求解同余方程 $6x \equiv 2 \pmod{8}$。

解答 先判断 $(6,8) \mid 2$,所以同余方程有解。

先解同余方程 $3x \equiv 1 \pmod{4}$,此方程解唯一,易知其解为

$$x \equiv 3 \pmod{4}$$

取 $x_1 = 3$,则

$$x = x_1 + \frac{8}{2}t = 3 + 4t, \quad (t = 0,1) \pmod{8}$$

为原方程的解。原方程的所有解为

$$x \equiv 3 \pmod{8}$$
$$x \equiv 3 + 4 \equiv 7 \pmod{8}$$

例 3.4　求解同余方程 $6x \equiv 4 \pmod 8$。

解答　先判断 $(6,8) \mid 4$，所以同余方程有解。

先解同余方程 $3x \equiv 1 \pmod 4$，此方程解唯一，易知其解为

$$x \equiv 3 \pmod 4$$

同余方程

$$3x \equiv 2 \pmod 4$$

也存在唯一解

$$x \equiv x_1 \equiv 2 \cdot 3 \equiv 2 \pmod 4$$

取 $x_1 = 2$，则

$$x = x_1 + \frac{8}{2}t = 2 + 4t \quad (t = 0,1) \pmod 8$$

为原方程的解。原方程的所有解为

$$x \equiv 2 \pmod 8$$
$$x \equiv 6 \pmod 8$$

3.1.2　一次同余式在仿射加密中的应用

仿射密码是一种古典密码，其算法设计时用到的数学基础是模运算和同余方程。上一章曾经介绍过移位密码，由于移位密码的密钥量太小，且移位密码在加密代换后字母的先后次序其实没有改变。仿射密码可以改进上述两个弱点。

定义明文空间 $P = \mathbf{Z}_{26}$、密文空间 $C = \mathbf{Z}_{26}$、密钥空间为

$$K = \{(a,b) \in \mathbf{Z}_{26} \cdot \mathbf{Z}_{26} : \gcd(a,26) = 1\}$$

对于

$$x \in P, y \in C, k = (a,b) \in K$$

定义加密函数

$$e_k(x) = ax + b \bmod 26$$

定义解密函数

$$d_k(y) = a^{-1}(y - b) \bmod 26$$

例 3.5　利用仿射加密，$a = 3, b = 5$，模为 26。

解答　易知，加密函数为 $e(x) = 3x + 5 \pmod{26}$。

加密明文 hello，其在 $\mathbf{Z}_{26}$ 表示为 $7, 4, 11, 11, 14$。

加密密文用 $\mathbf{Z}_{26}$ 表示为 $0, 17, 12, 12, 21$，即密文为 armmv。

思考 3.1　仿射密码中 a 是否有要求。

根据定理 3.1，这里要求 $(a,26) = 1$；否则，加密函数就不是一个单射函数。

例如，当 $k = (6,1)$ 时，$(a,26) = (6,26) = 2$ 时，对 $x \in \mathbf{Z}_{26}$，有

$$6(x + 13) + 1 = 6x + 1 \bmod 26$$

于是 $x, x+13$ 都是 $6x+1$ 的明文。

思考 3.2　证明 $(a,26) = 1$ 时，仿射密码的解唯一。

证明　设存在 $x_1, x_2 \in \mathbf{Z}_{26}$，使得 $e_k(x) = ax_1 + b \equiv ax_2 + b \bmod 26$，于是 $ax_1 \equiv ax_2$

mod 26,有 $26 \mid a(x_1 - x_2)$,又因为$(a,26)=1$,所以 $26 \mid (x_1 - x_2)$,由于 $x_1,x_2 \in \mathbf{Z}_{26}$,得到 $x_1 = x_2$。 ∎

思考 3.3 仿射密码的密钥空间大小,即密钥的数量有多少。

a 的可能性为 12,因为 $a \in \mathbf{Z}_{26}$,$\gcd(a,26)=1$,即

$$a = \varphi(26) = \varphi(2 \cdot 13) = \varphi(2) \cdot \varphi(13) = 1 \cdot 12 = 12$$

$b \in \mathbf{Z}_{26}$,b 的可能性为 26。

故整个密钥空间大小为 $12 \times 26 = 312$。

如果密钥空间太小,容易导致穷举所有可能的密钥,然后看能否解密密文的攻击。

另外,当 $a=1$ 时,仿射密码就退化为移位密码。

3.2 中国剩余定理

在研究了一次同余式之后,下面考虑一次同余式组。

中国剩余定理(Chinese remainder theorem,CRT),又称孙子定理,最早见于公元 5—6 世纪,我国南北朝的一部经典数学著作《孙子算经》中的"物不知数"问题:

"今有物不知其数,三三数之剩二,五五数之剩三,七七数之剩二,问物几何?"

这其实是求解一个一次同余方程式组,即

$$\begin{cases} x \equiv 2 \bmod 3 \\ x \equiv 3 \bmod 5 \\ x \equiv 2 \bmod 7 \end{cases}$$

《孙子算经》中给出了解法,但这只是一个孤立的例子。南宋数学家秦九韶创立的"大衍求一术"一般性地解决了一次同余方程组的求解问题,中国古代这一成果统称为"孙子定理",在外国文献中常被称为"中国剩余定理"。它可能是最著名的由中国人给出的算法。

在给出 CRT 算法之前,先给出一个逐步尝试(或局部调整)的算法体会一下,可以得到结果,但其时间效率不高。方法是:在模 3 余 2 的数最小为 5,不断增加 3,保持模 3 余 2,使其能够模 5 余 3,刚好是 $5+3=8$,然后在保持模 2 余 3 和模 5 余 3 的情况下,不断增加 15(即不改变模 3 和模 5 的余数),使得模 7 余 2,刚好是 $8+15=23$。

在给出正式的算法之前,请先思考以下同余式组,即

$$\begin{cases} x \equiv 2 \bmod 3 \\ x \equiv 2 \bmod 5 \\ x \equiv 2 \bmod 7 \end{cases}$$

容易知道,这个容易解决,即 $x \equiv 2 \pmod{105}$,于是 $x = 3 \cdot 5 \cdot 7K + 2$,$K \in \mathbf{Z}$。

问题是,如果余数不再相等,则问题就有点麻烦了,再来看同余式组,即

$$\begin{cases} x \equiv 2 \bmod 3 \\ x \equiv 3 \bmod 5 \\ x \equiv 4 \bmod 7 \end{cases}$$

设法从 $3K_1+2,5K_2+3,7K_3+4(K_1,K_2,K_3\in \mathbf{Z})$ 中找到同一个数看上去是不容易的。也就是说,找到一个数同时满足这 3 个条件是不容易的。于是,能否换个思路,即能否把 x "想象"成由 3 个部分组成。为便于对 CRT 求解过程的理解,下面专门给出一个特别的表述和解释。

写成 3 个部分的好处是:每个部分的条件将"更容易"满足。

令 $x=A+B+C$,若 A,B,C 满足以下条件,则为解。这里 $[a]_m$ 表示模 m 与 a 同余。

$$A=[2]_3,B=[0]_3,C=[0]_3$$
$$A=[0]_5,B=[3]_5,C=[0]_5$$
$$A=[0]_7,B=[0]_7,C=[2]_7$$

看最左边一列,A 为 $5\cdot 7$ 的倍数,且模 3 余 2,这样 A 就比较容易求解了。A 可用以下方法计算。

$A=(5\cdot 7)\cdot (5\cdot 7)^{-1}\cdot 2$。因为这个表达式中有 $(5\cdot 7)$,因此是 5 和 7 的倍数。同时这个表达式模 3 余 2。原因是:$(5\cdot 7)=35$。$(5\cdot 7)^{-1}$ 表示 $(5\cdot 7)$ 模 3 的逆元。35 模 3 的逆元是 2。两者相乘必然模 3 余 1。因此,再乘以 2 后必然模 3 余 2。即 $A=35\cdot 2\cdot 2=140$ 模 3 余 2,且为 5 和 7 的倍数。

同理,B 为 $3\cdot 7$ 的倍数,且模 5 余 3,于是,可用以下方法计算:$B=(3\cdot 7)\cdot (3\cdot 7)^{-1}\cdot 3$,这里 $(3\cdot 7)^{-1}$ 表示 $(3\cdot 7)$ 模 5 的逆元。$3\cdot 7=21,21$ 模 5 的逆元是 1。因此,$B=21\cdot 1\cdot 3=63$。

同理,C 为 $3\cdot 5$ 的倍数,且模 7 余 2,于是,可用以下方法计算:$B=(3\cdot 5)\cdot (3\cdot 5)^{-1}\cdot 2$,这里 $(3\cdot 5)^{-1}$ 表示 $(3\cdot 5)$ 模 7 的逆元。$3\cdot 5=15,15$ 模 7 的逆元是 1。因此,$C=15\cdot 1\cdot 2=30$。

于是 $x=A+B+C=140+63+30=233$。又 $233\bmod 105=23$。因此,所有解为 $105K+23$。

在程大位著的《算法统要》(1593 年),用 4 句诗给出了上述解答过程的中几个关键数字:

三人同行古来稀,五数梅花廿一枝;

七子团圆正月半,除百零五便得之。

这几个关键的数字是:与模 3 对应的是 70("古来稀"),即 $35\cdot 2$;与模 5 对应的是 21("廿一枝"),即 $21\cdot 1$;与模 7 对应的是 $15\cdot 1=15$("正月半")。有了这三个关键数字,只要给出 x 模 3,5,7 的余数 a_1,a_2,a_3,即可以计算出结果 $x=a_1\cdot 70+a_2\cdot 21+a_3\cdot 15\ (\bmod 105)$。结果除去 $105=3\cdot 5\cdot 7$ 的倍数("除百零五")即可以得到答案。

一般地,如果 m_1,m_2,m_3 是两两互素的正整数,对于同余方程组

$$\begin{cases} x\equiv a_1\ \bmod m_1 \\ x\equiv a_2\ \bmod m_2 \\ x\equiv a_3\ \bmod m_3 \end{cases}$$

令 $m=\prod_{i=1}^{3}m_i$,$M_i=m/m_i$,则解为

$$x \equiv \sum_{i=1}^{3} M_i \cdot M_i^{-1} \cdot a_i (\bmod\ m)$$

当然,上述解法可以推广到一般情况。

例 3.6 韩信点兵问题:有兵一队,若列成五行纵队,则末行一人,若列成六行纵队,则末行五人;若列成七行纵队,则末行四人;若列成十一行纵队,则末行十人。求兵数。

解答 转化为同余式组

$$\begin{cases} x \equiv 1 \bmod 5 \\ x \equiv 5 \bmod 6 \\ x \equiv 4 \bmod 7 \\ x \equiv 10 \bmod 11 \end{cases}$$

应用 CRT,$m = 5 \cdot 6 \cdot 7 \cdot 11 = 2310$

$$M_1 = 2310/5 = 462, M_1^{-1} \equiv 3\ (\bmod\ 5)$$
$$M_2 = 2310/6 = 385, M_2^{-1} \equiv 1\ (\bmod\ 6)$$
$$M_3 = 2310/7 = 330, M_3^{-1} \equiv 1\ (\bmod\ 7)$$
$$M_4 = 2310/11 = 210, M_4^{-1} \equiv 1\ (\bmod\ 11)$$
$$x \equiv 462 \cdot 3 \cdot 1 + 385 \cdot 1 \cdot 5 + 330 \cdot 1 \cdot 4 + 210 \cdot 1 \cdot 10$$
$$\equiv 6731 \equiv 2111\ (\bmod\ 2310)$$

下面给出 CRT 的严格证明。

定理 3.3(中国剩余定理) 设 $m_1, m_2, \cdots, m_k$ 是 k 个两两互素的正整数,令 $m = \prod_{i=1}^{k} m_i$,$M_i = m/m_i (i = 1, 2, \cdots, k)$,则对任意的整数 $a_1, a_2, \cdots, a_k$,同余式组

$$\begin{cases} x \equiv a_1 \bmod m_1 \\ x \equiv a_2 \bmod m_2 \\ \vdots \\ x \equiv a_k \bmod m_k \end{cases} \tag{3.1}$$

有唯一解,即

$$x \equiv \sum_{i=1}^{k} M_i \cdot M_i^{-1} \cdot a_i\ (\bmod\ m) \tag{3.2}$$

其中:

$$M_i M_i^{-1} \equiv 1\ (\bmod\ m_i)$$

证明 由于 $(m_i, m_j) = 1, i \neq j$,即得 $(M_i, m_i) = 1$,由定义 2.3 和定理 2.8 知,对每一个 M_i,有一个 M_i^{-1} 存在,使得 $M_i M_i^{-1} \equiv 1 (\bmod\ m_i)$。另外,由于 $m = m_i M_i$,因此,$m_j | M_i$,$i \neq j$,故

$$\sum_{i=1}^{k} M_i \cdot M_i^{-1} \cdot a_i \equiv M_i \cdot M_i^{-1} \cdot a_i \equiv a_i (\bmod\ m_i)\quad i = 1, 2, \cdots, k$$

即式(3.1)为式(3.2)的解。

若 x_1, x_2 是满足式(3.2)的任意两个整数,则 $x_1 \equiv x_2 (\bmod\ m_i)(i = 1, 2, \cdots, k)$,因为 $(m_i, m_j) = 1, i \neq j$,于是 $x_1 \equiv x_2 (\bmod\ m)$,故式(3.1)仅有解式(3.2)。

根据 CRT,可以给出一个求解一次同余式组的算法。

3.3　同余式的应用

3.3.1　RSA 公钥密码系统

一个公钥密码系统的示意如图 3.2 所示,具体的描述如下。

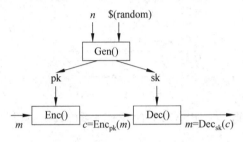

图 3.2　公钥加密体制的示意图

定义 3.2　一个公钥加密体制是这样的一个 6 元组 $(M, C, K, \text{Gen}(), \text{Enc}_{pk}(), \text{Dec}_{sk}())$,满足以下条件。

(1) M 是可能消息的集合。

(2) C 是可能密文的集合。

(3) 密钥空间 K 是一个可能密钥的有限集。

(4) 密钥生成算法 Gen():输入安全参数,输出公钥 pk 和私钥 sk。

(5) 加密算法 $\text{Enc}_{pk}()$:根据输入的公钥 pk 和明文 m,输出密文 $c = \text{Enc}_{pk}(m)$。

(6) 解密算法 $\text{Dec}_{sk}()$:根据输入的私钥 sk 和密文 c,输出明文 $m = \text{Dec}_{sk}(c)$。

注解:

(1) 与对称加密体制的一个最大不同是,加密密钥和解密密钥是不同的,且加密密钥可以公开,解密密钥需要保密。

(2) 密钥生成算法在对称加密体制中是没有的(或者说是平凡的),而在公钥密码体制中却是不平凡的。密钥生成算法可能是随机生成的密钥。

(3) 随机性。加密算法可能是随机的,即在算法中可以使用一个随机数,输出的密文与该随机数有关,这种算法叫作概率加密(如 5.4 节的 ElGamal 加密)。

(4) 确定性。解密算法一定是确定的。

(5) 安全性(单向性)。在已知密文 c 和公钥 pk 的情况下,推出明文 m 在计算上是不可行的。对于任意的 $k \in K$,在已知 $\text{Enc}_{pk}()$ 的情况下推出 $\text{Dec}_{sk}()$ 是计算不可行的。对于任意的 $k \in K$,在已知 pk 的情况下,推出 sk 是计算不可行的。

(6) 有效性(实用性)。公钥和私钥的产生,即密钥生成是容易的。即 Gen() 是多项式时间内可计算的。已知公钥 pk 和明文 m,计算密文 $c = \text{Enc}_{pk}(m)$ 也是多项式时间可计算的。

(7) 一致性。对每一个 $k=(\mathrm{pk},\mathrm{sk})\in K$，都对应一个加密算法 $\mathrm{Enc}_{\mathrm{pk}}:M{\rightarrow}C$ 和解密算法 $\mathrm{Dec}_{\mathrm{sk}}():C{\rightarrow}M$，满足对于任意的 $m\in M$，若 $c=\mathrm{Enc}_{\mathrm{pk}}(m)$，则 $\mathrm{Dec}_{\mathrm{sk}}(c)=m$。

(8) 陷门性。若已知私钥 sk，存在多项式时间算法可以由密文 c 计算出明文 m，满足 $c=\mathrm{Enc}_{\mathrm{pk}}(m)$，其中私钥 sk 称为陷门信息(trapdoor information)。

1977 年 MIT 的 Ronald L. Rivest、Adi Shamir、Leonard Adleman 在 MIT 的技术报告中提出 RSA 方案，正式发表于 1978 年的 Communications of ACM。[①]

RSA 利用了单向陷门函数的原理，其示意图如图 3.3 所示，陷门信息是解密密钥即私钥 d(与之类似的陷门是 n 的分解，因为如果知道 n 的分解 p 和 q，就可以从公钥求出私钥 d)。

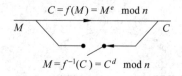

图 3.3　RSA 利用单向陷门函数的原理示意图

RSA 公钥密码方案描述如下。

(1) 密钥生成：
① 选取两个大素数 p 和 q(如长度都接近 512bit)。
② 计算乘积 $n=p\cdot q,\varphi(n)=(p-1)(q-1)$，其中 $\varphi(n)$ 为 n 的欧拉函数。
③ 随机选择整数 $e(1<e<\varphi(n))$，要求满足 $\gcd(e,\varphi(n))=1$，即 e 与 $\varphi(n)$ 互素。
④ 用扩展的 Euclidean 算法计算私钥 d，以满足 $d\cdot e\equiv 1 \bmod (\varphi(n))$，即 $d\equiv e^{-1} \bmod (\varphi(n))$。

公钥为 e 和 n，d 是私钥(两个素数 p 和 q，可销毁，不能泄露)。

(2) 加密过程：
明文先转换为比特串分组，使每个分组对应的十进制数小于 n，即分组长度小于 $\log_2 n$，然后对每个明文分组 m_i 作加密运算，具体过程如下。
① 获得接收公钥 (e,n)。
② 把消息 M 分组长度为 $(L<\log_2 n)$ 的消息分组 $M=m_1 m_2 \cdots m_t$。
③ 使用加密算法 $c_i=m_i^e \bmod n (1\leqslant i \leqslant t)$，计算出密文 $c=c_1 c_2 \cdots c_t$。

(3) 解密过程：
① 将密文 c 按长度 L 分组得 $c=c_1 c_2 \cdots c_t$。
② 使用私钥 d 和解密算法 $m_i=c_i^d \bmod n (1\leqslant i \leqslant t)$ 计算 m_i。
③ 得明文消息 $M=m_1 m_2 \cdots m_t$。

---

① RSA 是第一个实用的公钥密码系统，是目前应用最广泛的公钥密码系统。后来，三位发明者在 2002 年获得了计算机领域的最高奖项——ACM 图灵奖。文献见 R. Rivest, A. Shamir, L. Adleman (1978). A Method for Obtaining Digital Signatures and Public-Key Cryptosystems. Communications of the ACM 21(2)：120-126。

解密算法的正确性证明如下。

$$c_i^d \bmod n \equiv m_i^{ed} \bmod n \equiv m_i^{k\varphi(n)+1} \bmod n$$

分以下两种情况讨论。

(1) $\gcd(m_i, n) = 1$。由 Euler 定理,得

$$m_i^{\varphi(n)} \equiv 1 \bmod n,\ m_i^{k\varphi(n)} \equiv 1 \bmod n,\ m_i^{k\varphi(n)+1} \equiv m_i \bmod n$$

于是 $c_i^d \bmod n \equiv m_i \bmod n$。

(2) $\gcd(m_i, n) \neq 1$。由于 $n = p \cdot q$, $\gcd(m_i, n) | n$,所以 $\gcd(m_i, n) = p$ 或 q。

不妨设 $\gcd(n, m_i) = p$, $p | m_i$,令 $m_i = sp$, $1 \leqslant s < q$。

① $\gcd(m_i, q) = 1$,由 Fermat 定理可得 $m_i^{q-1} \equiv 1 \bmod q$,于是 $(m_i^{q-1})^{k(p-1)} \equiv 1 \bmod q$,即 $m_i^{k\varphi(n)} \equiv 1 \bmod q$。

② 另外,由 $p | m_i$,得 $m_i^{ed} \equiv 0 \equiv m_i \bmod p$,故 $m_i^{ed} \equiv m_i \bmod p$。

由①、②,且 $\gcd(p, q) = 1$;由中国剩余定理,$m_i^{ed} \equiv m_i \bmod n$,于是 $c_i^d \bmod n \equiv m_i \bmod n$。

综合(1)和(2),有 $c_i^d \bmod n \equiv m_i \bmod n$。又 $m_i < n$,故 $m_i \bmod n = m_i$。∎

例 3.7　取 $p = 11$, $q = 13$,那么 $n = p \cdot q = 11 \cdot 13 = 143$, $\varphi(n) = (p-1)(q-1) = 120$,选取 $e = 17$,满足 $\gcd(e, \varphi(n)) = \gcd(17, 120) = 1$。

使用扩展的 Euclid 算法计算 $d = e^{-1} = 113 \bmod 120$,所以公钥为 $(n, e) = (143, 17)$,私钥为 $d = 113$。

假设对明文 $m = 24$ 进行加密,密文为 $c \equiv m^e \equiv 24^{17} \equiv 7 \bmod 143$。密文 $c = 7$ 经公开信道发送到接收方后,接收方用私钥 $d = 113$ 对密文解密:$m \equiv c^d \equiv 7^{113} \equiv 24 \bmod 143$,从而恢复明文。

3.3.2　CRT 在 RSA 中的应用

1. 利用 CRT 进行运算加速

解密者在计算 $m = c^d \pmod{n}$ 的过程中,可以分别计算 $m = c^d \pmod{p}$ 和 $m = c^d \pmod{q}$。然后利用 CRT 计算出 m。

例 3.8　计算 $312^{13} \pmod{667}$。

解答　令 $x = 312^{13}$ 解密者知道 $667 = 23 \cdot 29$,所以计算等价于求解同余式组

$$\begin{cases} x \equiv a_1 \bmod 23 \\ x \equiv a_2 \bmod 29 \end{cases}$$

利用模重复平方方法(将在 3.3.3 小节介绍),得到 $a_1 = 312^{13} \pmod{23} = 8$, $a_2 = 312^{13} \pmod{29} = 4$。再利用 CRT,有

$$M_1 = 29, M_1^{-1} = 4 \pmod{23}, M_2 = 23, M_2^{-1} = -5 \pmod{29}。$$

$$x \equiv 4 \cdot 29 \cdot 8 + (-5) \cdot 23 \cdot 4 = 468 \pmod{667}$$

思考 3.4　为什么 CRT 只能对解密加速,不能对加密加速。

解密需要知道 n 的分解,即需要知道 p, q,有 $n = pq$。只有解密者知道 p, q。

另外,因为解密可以加速,并且加密的速度对用户体验的影响可能更大,所以很多情形下 RSA 加密密钥 e 较解密密钥 d 小。

2. 利用 CRT 进行低加密指数攻击

如果加密密钥中加密指数 e 很小,如 $e=3$,设明文为 m,密文 $c\equiv m^3 \bmod n$,如果 m 较小,则 c 有可能小于 n,则 $\bmod n$ 操作未起作用,故可对 c 直接开 3 次方得到 m。如果 m 较大,$\bmod n$ 操作起了作用,虽然不能直接开方,仍然有可能得到 m。假设有 3 个用户接收 m,模数分别为 n_1, n_2, n_3。设明文为 m,密文分别是

$$c_1 \equiv m^3 \bmod n_1$$
$$c_2 \equiv m^3 \bmod n_2$$
$$c_3 \equiv m^3 \bmod n_3$$

一般地,$\gcd(n_i, n_j) \neq 1, i \neq j, i, j \in \{1, 2, 3\}$;否则可通过 $\gcd(n_i, n_j)$ 得到 n_i, n_j 的分解(从而泄露了 p, q),于是由中国剩余定理,可从三个密文同余式求出 $m^3 \bmod n_1 n_2 n_3$。由于此时 $0 < m^3 \leqslant n_1 n_2 n_3$,可直接对 m^3 开立方得到 m。

推而广之,若加密指数为 e,则得到相同明文的 e 个密文即可由该攻击方法恢复出明文。因此,同一消息加密后发送给多个实体时(若此时的加密指数相同),不要使用小的加密指数。

3.3.3 模重复平方算法

RSA 加密和解密时都需要计算模幂。平凡的求模幂方法在幂指数较大时耗时非常大。因此,寻求快速求模幂的算法对于 RSA 的加密解密效率至关重要。模重复平方(也称为平方乘)算法可以加快计算模幂的速度。下面介绍该算法。

要计算 $c = m^e \bmod n$,不妨设 e 的二进制表示为

$$e = e_{k-1} 2^{k-1} + e_{k-2} 2^{k-2} + \cdots + e_1 2^1 + e_0$$
$$= 2(2(\cdots(2(2(e_{k-1}) + e_{k-2}) +)\cdots) + e_1) + e_0$$

于是

$$c \equiv m^e \bmod n$$
$$\equiv m^{e_{k-1} 2^{k-1} + e_{k-2} 2^{k-2} + \cdots + e_1 2^1 + e_0} \bmod n$$
$$\equiv ((\cdots \underbrace{((m^{e_{k-1}})^2 m^{e_{k-2}})^2 \cdots m^{e_2})^2 m^{e_1})^2}_{} m^{e_0} \bmod n$$

从表达式可以看到,如果 $e_i = 1$,则 m 即模将需要平方,并且反复进行,因而称为"模重复平方法"。

思考 3.5 $e = 9, 13, m^e \bmod n$ 如何计算。

$$\begin{aligned} m^9 &= m^{(1001)_2} \\ &= m^{1 \cdot 2^3 + 0 \cdot 2^2 + 0 \cdot 2^1 + 1} \\ &= (((m^{1 \cdot 2^3}) m^{0 \cdot 2^2}) m^{0 \cdot 2^1}) m^1 \\ &= (((m^1)^2 m^0)^2 m^0)^2 m^1 \end{aligned} \qquad \begin{aligned} m^{13} &= m^{(1101)_2} \\ &= m^{1 \cdot 2^3 + 1 \cdot 2^2 + 0 \cdot 2^1 + 1} \\ &= (((m^{1 \cdot 2^3}) m^{1 \cdot 2^2}) m^{0 \cdot 2^1}) m^1 \\ &= (((m^1)^2 m^1)^2 m^0)^2 m^1 \end{aligned}$$

根据这一表达式,可以设计计算模幂的快速算法。

算法 3.1　模重复平方(平方乘)算法,计算 c,这里 $c=m^e \bmod n$。

输入:m,幂次 e,模 n。

输出:模幂的结果 c。

```
Square-and-Multiply(m,e,n)
{
c=1;
for i=k-1 to 0
{
    c=c² mod n;
    If(eᵢ==1) c ← c·m mod n;
}
Return c
}
```

可以看到,在算法中,当 $i=k-1$ 时,即首次进入循环时,总满足条件 $e_{k-1}=1$,$c=1 \cdot m \bmod n$。然后,每次进入循环后先平方,从 e 的高位向低位考察,若该位为 1,则乘上 m;否则不乘。最后一次进入循环,$i=0$ 时,若 $e_0=1$,则乘上 m;否则不乘。

例 3.9　计算 $9726^{3533} \bmod 11413$。

解答　$3533=(110111001101)_2$,$m=9726$,表 3.1 给出了计算过程。

表 3.1　模重复平方方法的计算过程

i	e_i	c
11	1	$1^2 \times 9726=9726 \ (\bmod\ 11413)$
10	1	$9726^2 \times 9726=2659 \ (\bmod\ 11413)$
9	0	$2659^2=5634 \ (\bmod\ 11413)$
8	1	$5634^2 \times 9726=9167 \ (\bmod\ 11413)$
7	1	$9167^2 \times 9726=4958 \ (\bmod\ 11413)$
6	1	$4958^2 \times 9726=7783 \ (\bmod\ 11413)$
5	0	$7783^2=6298 \ (\bmod\ 11413)$
4	0	$6298^2=4629 \ (\bmod\ 11413)$
3	1	$4629^2 \times 9726=10185 \ (\bmod\ 11413)$
2	1	$10185^2 \times 9726=105 \ (\bmod\ 11413)$
1	0	$105^2=11025 \ (\bmod\ 11413)$
0	1	$11025^2 \times 9726=5761 \ (\bmod\ 11413)$

思考 3.6　计算过程中有几次平方?几次乘法?

模平方运算有 12 次,模乘法运算有 8 次。平均而言,有 $\log_2 e$ 次模平方运算和约 $0.5\log_2 e$ 次,模平方和模乘法均视为模乘法运算,则总计算次数约为 $1.5\log_2 e$ 次模乘法,

最多不超过 $2\log_2 e$ 次模乘法运算。

算法的效率决定了 RSA 加密和解密是否实用。下面给出一个较严格的算法分析。首先来看几个基本模运算的效率,即在 $\mathbf{Z}_n$ 中的运算,假定 n 为一个 l 比特的整数($l = \log_2 n$),$0 \leqslant m_1, m_2 \leqslant n-1$。设 c 为一个正整数,结果如表 3.2 所示。

表 3.2　基本模运算的时间复杂度

运　　算	时间复杂度	运　　算	时间复杂度
$(m_1 + m_2) \bmod n$	$O(l)$	$(m_1 m_2) \bmod n$	$O(l^2)$
$(m_1 - m_2) \bmod n$	$O(l)$	$(m_1)^{-1} \bmod n$	$O(l^2)$

下面分析模重复平方算法(算法 3.1)的效率,有 k 次循环(即指数 e 的二进制位数),每次循环中总要执行一次平方运算(视为模乘),或者加上一次的模乘,故一次循环执行两次模乘或一次模乘。k 次循环最多 $2k$ 次模乘。根据表 3.2 所示模乘的时间复杂度为 $O(l^2)$,l 为模 n 的长度(即 $l = \log_2 n$),故总时间复杂度为 $O(kl^2)$。另外,通常 $e < n$,故 $k < l$,于是时间复杂度为 $O(l^3) = O((\log_2 n)^3)$。因此,RSA 的加密(或解密)都是在关于明文(或密文)的比特长度的多项式内完成。

另外,由于模重复平方算法的循环中模乘的次数等于加密密钥 e 的二进制表示中"1"的个数,故选择二进制表示中"1"较少的那种加密密钥 e 将会加快 RSA 加密的速度。例如,$e = 2^{16} + 1$,循环中只有 2 次模乘。

思　考　题

[1] 求解同余方程:

(1) $17x \equiv 14 \pmod{21}$ (2) $128x \equiv 833 \pmod{1001}$

(3) $24x \equiv 42 \pmod{30}$ (4) $57x \equiv 87 \pmod{105}$

(5) $90x \equiv 21 \pmod{429}$ (6) $987x \equiv 610 \pmod{1597}$

[2] 求解 $2^x \equiv x^2 \pmod 3$。

[3] 写出一般 (k, b) $((k, 26) = 1)$ 的仿射密码加密解密公式,并对明文 cipher 进行加密解密。

[4] 编写程序实现对明文 cipher 的 $k = 7, b = 6$ 的仿射加密和解密。

[5] 计算 $2^{1000000} \pmod{1309}$(提示:CRT+Euler 定理)。

[6] 求解同余方程组:

(1) $\begin{cases} x \equiv 1 \pmod 4 \\ x \equiv 2 \pmod 3 \\ x \equiv 3 \pmod 5 \end{cases}$ (2) $\begin{cases} 3x \equiv 1 \pmod{11} \\ 5x \equiv 7 \pmod{13} \end{cases}$

(3) $\begin{cases} x \equiv 2 \pmod 5 \\ x \equiv 1 \pmod 6 \\ x \equiv 3 \pmod 7 \\ x \equiv 0 \pmod{11} \end{cases}$ (4) $\begin{cases} 21x \equiv 35 \pmod{37} \\ 19x \equiv 15 \pmod{29} \\ 13x \equiv 25 \pmod{63} \\ 23x \equiv 31 \pmod{87} \end{cases}$

[7] 编写程序实现中国剩余定理(CRT),以韩信点兵为例(韩信带 1500 名兵士打仗,战死 400～500 人,站 3 人一排,多出 2 人;站 5 人一排,多出 4 人;站 7 人一排,多出 6 人。韩信马上说出人数为 1049。

[8] 写出计算 $2^{32}(\bmod 47)$,$2^{43}(\bmod 71)$ 的过程,并编写模重复平方法程序,输入为 x,n,m,输出为 $x^n(\bmod m)$。利用该程序对手动计算的结果进行验证。

[9] RSA 加密公钥为 $e=53$,$n=31\times37$,计算私钥,计算明文 $m=(1101)_2=13$ 的密文。

[10] 编写程序实现 310 十进制位(约 102bit)RSA 公钥密码系统(可使用纽约大学的函数库 NTL)。

第4章　二次同余式和平方剩余

第 3 章讨论了一次同余式，本章讨论二次同余式。

本章重点是平方剩余的判定，Legendre 符号及其计算方法。难点是 Rabin 公钥密码系统。

4.1　二次同余式和平方剩余

二次同余式的一般形式为

$$ax^2 + bx + c \equiv 0 \pmod{m}$$

其中：

$$a \not\equiv 0 \pmod{m}$$

因为正整数 m 有素因子分解式 $m = p_1^{a_1} p_2^{a_2} \cdots p_k^{a_k}$，所以二次同余式等价于同余式组

$$\begin{cases} ax^2 + bx + c \equiv 0 \pmod{p_1^{a_1}} \\ \vdots \\ ax^2 + bx + c \equiv 0 \pmod{p_k^{a_k}} \end{cases}$$

因此，只需要讨论模为素数幂 p^a 的同余式

$$ax^2 + bx + c \equiv 0 \pmod{p^a}, \quad p \nmid a$$

通过配方，可以进一步变形为

$$(2ax + b)^2 \equiv b^2 - 4ac \pmod{p^a}$$

令 $y = 2ax + b$，有

$$y^2 \equiv b^2 - 4ac \pmod{p^a}$$

因此，重点关注以下形式的二次同余式，即

$$x^2 \equiv a \pmod{p^a}$$

定义 4.1　设 m 为正整数，若同余式

$$x^2 \equiv a \pmod{m}, (a, m) = 1$$

有解，则称 a 为模 m 的平方剩余（quadratic residue，也叫作二次剩余）；否则称 a 为模 m 的平方非剩余（quadratic non-residue，二次非剩余）。

思考 4.1　对于 $m = 2$，判断某个数是否为模 2 的平方剩余是平凡的。

下面主要考虑模奇素数 p 的平方剩余。

例 4.1　求模 7 的平方剩余。

解答　通过穷举法，可计算出

$$1^2 \equiv 1 \pmod{7} \quad 2^2 \equiv 4 \pmod{7} \quad 3^2 \equiv 2 \pmod{7}$$

$$4^2 \equiv 2 \ (\text{mod } 7) \quad 5^2 \equiv 4 \ (\text{mod } 7) \quad 6^2 \equiv 1 \ (\text{mod } 7)$$

于是,1,2,4 是模 7 的平方剩余,3,5,6 是模 7 的平方非剩余。

通过观察,发现在计算时可以"成对"计算,即只需要计算一半即 $(p-1)/2$ 个数即可。

$$1^2 \equiv 1 \ (\text{mod } 7); \qquad 2^2 \equiv 4 \ (\text{mod } 7); \qquad 3^2 \equiv 2 \ (\text{mod } 7);$$
$$6^2 \equiv (-1)^2 \equiv 1 \ (\text{mod } 7); \quad 5^2 \equiv (-2)^2 \equiv 4 \ (\text{mod } 7); \quad 4^2 \equiv (-3)^2 \equiv 2 \ (\text{mod } 7).$$

例 4.2　求模 17 的平方剩余。

解答　结果见表 4.1。

表 4.1　例 4.2 用表

x	1,16	2,15	3,14	4,13	5,12	6,11	7,10	8,9
$a \equiv x^2 (\text{mod } 17)$	1	4	9	16	8	2	15	13

模 17 的平方剩余为 1,2,4,8,9,13,15,16;平方非剩余为 3,5,6,7,10,11,12,14。

通过观察可以发现,平方剩余的个数是简化剩余系元素个数的一半。

一般地,有以下结论:

定理 4.1　在素数模 p 的一个简化剩余系中,恰有 $(p-1)/2$ 个模 p 的平方剩余,$(p-1)/2$ 个平方非剩余。

在给出证明之前,先看定理示意图(图 4.1),左边为简化剩余系,右边为平方。可以看到,由于简化剩余系"成对"计算,计算出的平方剩余个数刚好为简化剩余系元素个数的一半。注意,图 4.1 只是示意图,映射后的具体位置是分散的,这里主要强调数量为一半。

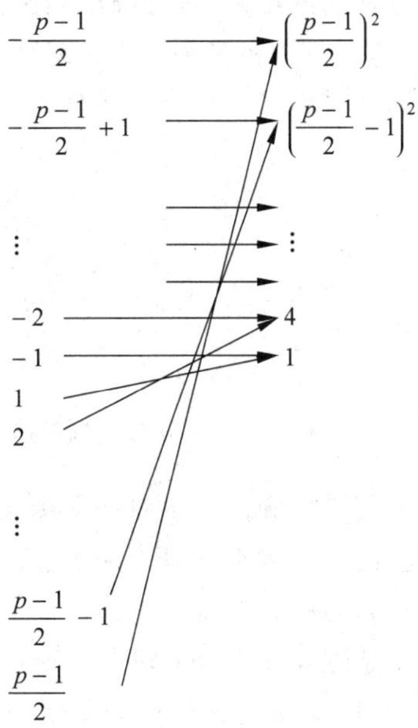

证明　取模 p 的最小简化剩余系,这里成对放置

$$-\frac{p-1}{2}, -\frac{p-1}{2}+1, \cdots, -2, -1$$

$$\frac{p-1}{2}, \frac{p-1}{2}-1, \cdots, +2, +1$$

图 4.1　定理 4.1 的示意图

则 a 是模 p 的平方剩余,当且仅当

$$a \equiv \left(-\frac{p-1}{2}\right)^2, \left(-\frac{p-1}{2}+1\right)^2, \cdots, -2, -1,$$
$$\left(\frac{p-1}{2}\right)^2, \left(\frac{p-1}{2}-1\right)^2, \cdots, 2, 1, (\text{mod } p)$$

由于 $(-i)^2 \equiv i^2 (\text{mod } p)$,所以 a 模 p 的平方剩余当且仅当

$$a \equiv 1^2, 2^2, \cdots, \left(\frac{p-1}{2}-1\right)^2, \left(\frac{p-1}{2}\right)^2 (\text{mod } p)$$

又当 $i \neq j, 1 \leqslant i, j \leqslant (p-1)/2$ 时,$i^2 \not\equiv j^2 (\text{mod } p)$,所以模 p 的平方剩余个数为 $(p-1)/2$,模 p 的平方非剩余的个数为 $p-1-(p-1)/2 = (p-1)/2$。∎

根据定理 4.1,可以给出一个算法输出奇素数 p 的平方剩余和平方非剩余。

思考 4.2 如何根据定理 4.1 给出一个算法计算输出奇素数 p 的平方剩余和平方非剩余。

例 4.3 求方程 $E: y^2 \equiv x^3 + x + 2 \pmod 7$ 的 x, y 坐标在 $[0,6]$ 区间的点。

解答 方程 E 其实是一个椭圆曲线方程。由于模为 7,对 $x = 0, 1, 2, 3, 4, 5, 6$,分别求 y。

$$x = 0, y^2 \equiv 2 \pmod 7, \quad y = 3, 4 \pmod 7$$
$$x = 1, y^2 \equiv 4 \pmod 7, \quad y = 2, 5 \pmod 7$$
$$x = 2, y^2 \equiv 5 \pmod 7, \quad \text{无解}$$
$$x = 3, y^2 \equiv 4 \pmod 7, \quad y = 2, 5 \pmod 7$$
$$x = 4, y^2 \equiv 0 \pmod 7, \quad y = 0 \pmod 7$$
$$x = 5, y^2 \equiv 6 \pmod 7, \quad \text{无解}$$
$$x = 6, y^2 \equiv 0 \pmod 7, \quad y = 0 \pmod 7$$

根据该结果,可以画出椭圆曲线图(图 4.2),这个看上去像个“围棋盘”的图中,如果 $y \neq 0$,则 y 坐标是关于 7/2 对称的(关于椭圆曲线密码的详述请见第 9 章)。思考一下,超过这个“棋盘”的点会是什么样子?

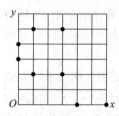

图 4.2   椭圆曲线方程 $E: y^2 \equiv x^3 + x + 2 \pmod 7$ 上所有的点

例 4.1 和例 4.2 对平方剩余的判定主要依靠穷举法,下面给出 Euler 判定法则,从理论上给出了判别 a 是否为模 p 的平方剩余的方法。该方法将平方剩余的判定问题转化成计算问题。

定理 4.2(Euler 判定法则)   设 p 是奇素数,$(a, p) = 1$,则

(1) a 是模 p 的平方剩余的充要条件是

$$a^{\frac{p-1}{2}} \equiv 1 \pmod p$$

(2) a 是模 p 的非平方剩余的充要条件是

$$a^{\frac{p-1}{2}} \equiv -1 \pmod p$$

当且仅当 a 是模 p 的平方剩余时,二次同余式

$$x^2 \equiv a \pmod p, \quad (a, p) = 1$$

有两个解。

证明 先证明(1)。先证明必要性。假定 $a \equiv y^2 \bmod p, a > 0$,故 $y \neq 0 \bmod p$。于是根据 Fermat 定理,$(y^2)^{(p-1)/2} \equiv y^{p-1} \equiv 1 \bmod p$。

再证充分性。假定 $a^{(p-1)/2} \equiv 1 \bmod p$,设 b 为一个模 p 的原根(见第 5 章),于是 $a \equiv b^i \bmod p$,对于某个正整数 i 成立。有 $a^{(p-1)/2} \equiv b^{i(p-1)/2} \equiv b^{i(p-1)/2} \bmod p$,由于 b 的阶(见

第 5 章)为 $p-1$,因此必有 $(p-1)\mid(i(p-1)/2)$。因此,i 是偶数,于是 a 的平方根为 $\pm b^{i/2} \bmod p$。

下面证明(2)。由于 $a^{p-1}\equiv1\ (\bmod\ p)$。$a^{\frac{p-1}{2}}\equiv1\ (\bmod\ p)$ 或者 $a^{\frac{p-1}{2}}\equiv-1\ (\bmod\ p)$。由(1)可知(2)成立。■

例 4.4　8 是不是模 17 的平方剩余?

解答　$8^{(17-1)/2}\equiv8^8\equiv1\ (\bmod\ 17)$,因此,8 是模 17 的平方剩余。

例 4.5　137 是不是模 227 的平方剩余?

解答　计算 $137^{(227-1)/2}\equiv137^{113}\ (\bmod\ 227)$,利用模重复平方法,得到该值为 -1,因此,137 是模 227 平方非剩余。

推论 4.1　设 p 是奇素数,$(a_1,p)=1$,$(a_2,p)=1$,则

(1) 如果 a_1,a_2 都是模 p 的平方剩余,则 a_1a_2 是模 p 的平方剩余。

(2) 如果 a_1,a_2 都是模 p 的平方非剩余,则 a_1a_2 是模 p 的平方剩余。

(3) 如果 a_1 是模 p 的平方剩余,a_2 是模 p 的平方非剩余,则 a_1a_2 是模 p 的平方非剩余。

显然,定理 4.2 可以转换成一个算法。虽然该算法是简单的,但是有利于加深对概念的理解。

算法 4.1　Euler 判定方法计算 a 是否为模 p 的平方剩余。

输入:整数 a,$(a,p)=1$,奇素数 p。

输出:a 是平方剩余或者 a 是平方非剩余。

```
int Euler(a,p)
{
  int ex=Square-and-Multiply(a,(p-1)/2,p);    //调用模重复平方子函数
  if(ex==1)
  {
    printf("a是平方剩余");
    Return 1;
  }
  else
  {
    printf("a是平方非剩余");
    Return -1;
  }
}
```

4.2　Legendre 符号及其计算方法

当 p 不太大时,可以利用算法 4.1 判定某个数是否为平方剩余。但是,当 p 比较大时,该方法的计算量较大,就不实用了。下面引入 Legendre(勒让德)符号,给出一种判定模 p 平方剩余的更有效方法。

定义 4.2 设 p 是素数,a 是整数,Legendre 符号定义为

$$\left(\frac{a}{p}\right) = \begin{cases} 1, & \text{若 } a \text{ 是模 } p \text{ 的平方剩余} \\ -1, & \text{若 } a \text{ 是模 } p \text{ 的平方非剩余} \\ 0, & \text{若 } p \mid a \end{cases}$$

Legendre 符号可理解成一个判定函数,函数的返回值为 $1,-1,0$。通过引入 Legendre 符号,然后研究其计算规则,就类似于得到了一些子函数可以调用,从而使整个判定过程简化。

算法 4.2 的 Legendre 函数计算 Legendre 符号的结果,这一计算过程直接从定义给出,是平凡的,主要目的是帮助初学者加深对 Legendre 符号这一概念的理解。

算法 4.2 Legendre 函数计算 Legendre 符号的结果。

输入:整数 a,素数 p。

输出:Legendre 符号的值。

```
int Legendre(int a, int p)
{
    if (a%p==0)                    //p|a
        Return 0;
    else
    {
        if (Euler(a,p)==1)         //调用 Euler 判定函数
            Return 1;
        else
            Return -1;
    }
}
```

其实,如果不要求定理 4.2 中的 $(a,p)=1$,并且将 Legendre 符号引入,定理 4.2 可以叙述如下。

定理 4.3(Euler 判定法则) 设 p 是奇素数,则对任意整数 a,有

$$\left(\frac{a}{p}\right) = a^{\frac{p-1}{2}} \pmod{p}$$

定理 4.3 有两个好处:将 Legendre 符号的计算转变成模幂计算问题;同时这一计算结果可用来判断 a 是否为模 p 的平方剩余。

算法 4.3 计算 Legendre 符号(由定义给出,通过模幂计算的平凡方法)。

输入:整数 a,奇素数 p。

输出:Legendre 符号的值。

```
int L(int a, int p)
{
    Return Square-and-Multiply(a,(p-1)/2,p);      //调用模重复平方函数
}
```

下面讨论如何给出 Legendre 符号的快速计算方法。

由定理 4.3,可得到以下推论(这些推论有利于 Legendre 符号的快速计算)。

推论 4.2　设 p 是奇素数,则

(1) $\left(\dfrac{1}{p}\right)=1$;　　　　(2) $\left(\dfrac{-1}{p}\right)=(-1)^{\frac{p-1}{2}}$。

由推论 4.2 可以给出以下计算子函数的定义,帮助初学者理解。

```
int L_ONE(const int a=1, int p)
{
    Return 1;
}
```

```
int L_MinusOne(const int a=-1, int p)
{
    Return(-1)^{\frac{p-1}{2}};
}
```

推论 4.3　设 p 是奇素数,那么

$$\left(\frac{-1}{p}\right)=\begin{cases}1, & \text{若 } p\equiv 1\ (\mathrm{mod}\ 4)\\ -1, & \text{若 } p\equiv 3\ (\mathrm{mod}\ 4)\end{cases}$$

证明　根据 Euler 判别法则,有

$$\left(\frac{-1}{p}\right)=(-1)^{\frac{p-1}{2}}$$

若 $p\equiv 1\ (\mathrm{mod}\ 4)$,则存在正整数 k,使得 $p=4k+1$,于是 $(p-1)/2=2k$。从而

$$\left(\frac{-1}{p}\right)=(-1)^{2k}=(-1)^{2k}=1$$

若 $p\equiv 3\ (\mathrm{mod}\ 4)$,则存在正整数 k,使得 $p=4k+3$,于是 $(p-1)/2=2k+1$。从而

$$\left(\frac{-1}{p}\right)=(-1)^{2k+1}=(-1)^{2k+1}=-1$$

定理 4.4　设 p 是奇素数,则

(1) $\left(\dfrac{a}{p}\right)=\left(\dfrac{a+p}{p}\right)$。

(2) $\left(\dfrac{ab}{p}\right)=\left(\dfrac{a}{p}\right)\left(\dfrac{b}{p}\right)$。

(3) 若 $(a,p)=1$,则 $\left(\dfrac{a^2}{p}\right)=1$。

思考 4.3　读者能否给出一些例子说明上述定理。

(1) 是因为 $a\equiv a+p\ (\mathrm{mod}\ p)$。

(2) 可根据定义得到。

(3) 很明显,$x^2\equiv a^2\ (\mathrm{mod}\ p)$ 有解。

47

定理 4.5(高斯引理) 设 p 为奇素数,$p \nmid n$,设 $\frac{1}{2}(p-1)$ 个数 $n, 2n, \cdots, \frac{1}{2}(p-1)n$,模 p 的最小正余数中有 m 个大于 $\frac{p}{2}$,则 $\left(\frac{n}{p}\right) = (-1)^m$。

证明 设 $a_1, a_2, \cdots, a_l \left(l = \frac{1}{2}(p-1) - m\right)$ 表示 $n, 2n, \cdots, \frac{1}{2}(p-1)n$ 中小于 $\frac{p}{2}$ 的所有最小正余数,$b_1, b_2, \cdots, b_m$ 表示 $n, 2n, \cdots, \frac{1}{2}(p-1)n$ 中大于 $\frac{p}{2}$ 的所有最小正余数。因此,$a_1, a_2, \cdots, a_l, p-b_1, p-b_2, \cdots, p-b_m$ 都在 $1 \sim \frac{1}{2}(p-1)$ 之间,它们是两两互不相等的。这是因为,若 $a_i = p - b_j$,则 $a_i + b_j = p$,即存在整数 $x, y, 1 \leqslant x, y \leqslant \frac{1}{2}(p-1)$,使 $xn + yn \equiv 0 \pmod{p}$。由于 $p \nmid n$,故 $p \mid x+y$,这是不可能的。所以

$$\prod_{i=1}^{l} a_i \cdot \prod_{j=1}^{m} p - b_j = \left(\frac{p-1}{2}\right)!$$

而

$$\prod_{i=1}^{l} a_i \cdot \prod_{j=1}^{m} p - b_j \equiv (-1)^m \prod_{k=1}^{\frac{(p-1)}{2}} kn \pmod{p} \equiv (-1)^m \left(\frac{p-1}{2}\right)! n^{\frac{p-1}{2}} \pmod{p}$$

故 $n^{\frac{p-1}{2}} \equiv (-1)^m \pmod{p}$。因此,$\left(\frac{n}{p}\right) = (-1)^m$。 ∎

例 4.6 当 $p=5, n=8$ 时,因 $1 \cdot 8 \equiv 3 \pmod 5$,$2 \cdot 8 \equiv 1 \pmod 5$,故 $m=1$,所以 $\left(\frac{8}{5}\right) = (-1)^1 = -1$。

当 $p=7, n=2$ 时,因 $1 \cdot 2 \equiv 2 \pmod 7$,$2 \cdot 2 \equiv 4 \pmod 7$,$3 \cdot 2 \equiv 6 \pmod 7$,故 $m=2$,所以 $\left(\frac{2}{7}\right) = (-1)^2 = -1$。

定理 4.6 设 p 是奇素数,则

$$\left(\frac{2}{p}\right) = (-1)^{\frac{p^2-1}{8}}$$

证明 当 $n=2$ 时,下述 $\frac{1}{2}(p-1)$ 个数 $2, 2 \cdot 2, 2 \cdot 3, \cdots, 2 \cdot \frac{p-1}{2}$ 落在 $1 \sim p$ 之间,若 $\frac{p}{2} < 2k < p$,则 $\frac{p}{4} < k < \frac{p}{2}$,所以 $m = \left[\frac{p}{2}\right] - \left[\frac{p}{4}\right]$。

设 $p = 8a + r, r = 1, 3, 5, 7$,则 $m = 2a + \left[\frac{r}{2}\right] - \left[\frac{r}{4}\right] \equiv 0, 1, 1, 0 \pmod 2$,即当 $p \equiv \pm 1 \pmod 8$ 时,$\left(\frac{2}{p}\right) = (-1)^m = 1 = (-1)^{\frac{1}{8}(p^2-1)}$;当 $p \equiv \pm 3 \pmod 8$ 时,$\left(\frac{2}{p}\right) = (-1)^m = -1 = (-1)^{\frac{1}{8}(p^2-1)}$。 ∎

例 4.7 证明 2 是模 17 的平方剩余。

证明 根据定理 4.5,有

$$\left(\frac{2}{17}\right) = (-1)^{\frac{17^2-1}{8}} = (-1)^{2 \cdot 18} = 1$$

因此，2 是模 17 的平方剩余。

由定理 4.5 可以得到以下子函数（虽然简单，以加深理解）。

```
int L_TWO(const int a=2, int p)
{
    Return(-1)^{\frac{p^2-1}{8}};
}
```

定理 4.7（二次互反律）　设 p,q 是互素的奇素数，则

$$\left(\frac{p}{q}\right)=(-1)^{\frac{p-1}{2}\cdot\frac{q-1}{2}}\left(\frac{q}{p}\right)$$

证明　设 $a_i(i=1,2,\cdots,l),b_j(j=1,2,\cdots,m)$ 如定理 4.5 证明中所示，令 $a=\sum\limits_{i=1}^{l}a_i$，

$b=\sum\limits_{j=1}^{m}b_j$，设 $kq=q_kp+r_k$，$q_k=\left[\dfrac{kq}{p}\right]$，$0\leqslant r_k\leqslant p\left(k=1,2,\cdots,\dfrac{p-1}{2}\right)$，则 $\sum\limits_{k=1}^{\frac{p-1}{2}}r_k=a+b$。

由高斯引理的证明知 $a_i,p-b_j$ 遍历 $1,2,\cdots,\dfrac{1}{2}(p-1)$，故

$$\frac{1}{8}(p^2-1)=1+2+\cdots+\frac{1}{2}(p-1)=\sum_{s=1}^{l}a_s+\sum_{t=1}^{m}(p-b_j)=a+mp-b$$

又

$$\frac{p^2-1}{8}q=\sum_{k=1}^{(p-1)/2}kq=p\sum_{k=1}^{(p-1)/2}q_k+\sum_{k=1}^{(p-1)/2}r_k=p\sum_{k=1}^{(p-1)/2}q_k+a+b$$

两式相减得

$$\frac{p^2-1}{8}(q-1)=p\sum_{k=1}^{(p-1)/2}q_k-mp+2b$$

由于 $\dfrac{1}{8}(p^2-1)$ 是整数，$q-1$ 是偶数（$q>2$），所以由上式可得

$$m\equiv\sum_{k=1}^{(p-1)/2}q_k=\sum_{k=1}^{(p-1)/2}\left[\frac{qk}{p}\right](\mathrm{mod}\ 2)$$

故

$$\left(\frac{q}{p}\right)=(-1)^m=(-1)^{\sum\limits_{k=1}^{(p-1)/2}\left[\frac{qk}{p}\right]}$$

同理，$\left(\dfrac{p}{q}\right)=(-1)^{\sum\limits_{l=1}^{(q-1)/2}\left[\frac{pl}{q}\right]}$，于是，$\left(\dfrac{q}{p}\right)\left(\dfrac{p}{q}\right)=(-1)^m=(-1)^{\sum\limits_{k=1}^{(p-1)/2}\left[\frac{qk}{p}\right]+\sum\limits_{s=1}^{(q-1)/2}\left[\frac{pl}{q}\right]}$。

下面证明 $\sum\limits_{k=1}^{(p-1)/2}\left[\dfrac{qk}{p}\right]+\sum\limits_{l=1}^{(q-1)/2}\left[\dfrac{pl}{q}\right]=\dfrac{p-1}{2}\cdot\dfrac{q-1}{2}$。

事实上，如图 4.3 所示，平面内以 $(0,0)$，$\left(0,\dfrac{q}{2}\right)$，$\left(\dfrac{p}{2},0\right)$，

$\left(\dfrac{p}{2},\dfrac{q}{2}\right)$ 为顶点的矩形内整点（两坐标都为整数）个数为 $\dfrac{p-1}{2}\cdot$

$\dfrac{q-1}{2}$，而从点 $(0,0)$ 到点 $\left(\dfrac{p}{2},\dfrac{q}{2}\right)$ 的对角线 $y=\dfrac{xq}{p}$ 下方的三角

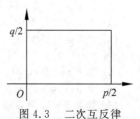

图 4.3　二次互反律

形内整点的个数为 $\sum\limits_{k=1}^{(p-1)/2}\left[\dfrac{qk}{p}\right]$,对角线上方的三角形内整点个数为 $\sum\limits_{l=1}^{(q-1)/2}\left[\dfrac{pl}{q}\right]$。故上式成立,从而定理得证。 ∎

将二次互反律写成一个子函数,可以得到:

```
int L_MutualInverse(p,q)
{
    Return (-1)^{\frac{p-1}{2}·\frac{q-1}{2}} L_FAST(q,p);
}
```

二次互反律提供了 Legendre 符号的递归计算方式。这里调用的 $L\_FAST(q,p)$ 是一种快速计算 Legendre 符号的方法,将在下面介绍。

例 4.8 证明 3 是模 17 的平方非剩余。

证明

$$\left(\frac{3}{17}\right)=(-1)^{\frac{3-1}{2}·\frac{17-1}{2}}\left(\frac{17}{3}\right)=\left(\frac{-1}{3}\right)=(-1)^{\frac{3-1}{2}}=-1$$

因此,3 是模 17 的平方非剩余。 ∎

例 4.9 判断同余式 $x^2\equiv 137\ (\bmod\ 227)$ 是否有解。

解答 因为 227 是奇素数,根据定理 4.4,有

$$\left(\frac{137}{227}\right)=\left(\frac{-90}{227}\right)=\left(\frac{-1}{227}\right)\left(\frac{2·3^2·5}{227}\right)=-\left(\frac{2}{227}\right)\left(\frac{5}{227}\right)$$

$$\left(\frac{2}{227}\right)=(-1)^{\frac{227^2-1}{8}}=(-1)^{\frac{226·228}{8}}=-1$$

$$\left(\frac{5}{227}\right)=(-1)^{\frac{5-1}{2}\frac{227-1}{2}}\left(\frac{227}{5}\right)=\left(\frac{2}{5}\right)=(-1)^{\frac{5^2-1}{8}}=-1$$

因此,$\left(\dfrac{137}{227}\right)=-1$。

故同余式 $x^2\equiv 137\ (\bmod\ 227)$ 无解。

由上述的定理和推论,可以得到以下计算 Legendre 符号的快速算法 4.4。

算法 4.4 Legendre 符号的快速计算方法。

输入:奇素数 $p\geqslant 3$,整数 a,且 $0\leqslant a < p$。

输出:勒让德符号 $\left(\dfrac{a}{p}\right)$。

```
int L_FAST(int a, int p)
```
(1) 如果 $a=0$,则返回 0。
(2) 如果 $a=1$,则返回 1。
(3) 令 $a=2^e a_1$,其中,a_1 为奇数(为简化,假设 a_1 为奇素数,否则算法做相应修改即可)。
(4) 如果 e 是偶数,则令 s←1;否则,如果 $p=1$ 或 7 (mod 8),则令 s←1;如果 $p=3$ 或者 5 (mod 8),则令 s←-1。
(5) 如果 $p=3(\bmod\ 4)$,$a_1=3(\bmod\ 4)$,则令 s←-s。
(6) 令 p_1 ← $p\bmod a_1$。
(7) 如果 $a_1=1$,则返回 s;否则返回 s·L_FAST(p_1,a_1)。

思考 4.4

(1) 算法 4.4 中步骤(1)说明了什么情况？(提示：$p \mid a$)

(2) 步骤(4)当 e 为奇数时,为什么当 p 为模 8 余 1 或 7 时,$s=1$？(提示：定理 4.5)

(3) 步骤(5)中为什么要变符号？(提示：定理 4.6 若 $p=4k+3$,$(p-1)/2=2k+1$)

(4) 步骤(7)中返回值说明该算法递归的？($s \cdot \left(\dfrac{p_1}{a_1}\right)$)

例 4.10　判断下面的同余式是否有解？

$$x^2 \equiv -1 \,(\mathrm{mod}\ 365)$$

解答　365 可分解成两个素数的乘积,即 $365 = 5 \cdot 73$,原同余式等价于

$$\begin{cases} x^2 \equiv -1 \,(\mathrm{mod}\ 5) \\ x^2 \equiv -1 \,(\mathrm{mod}\ 73) \end{cases}$$

因为

$$\left(\frac{-1}{5}\right) = \left(\frac{-1}{73}\right) = 1$$

故同余式组有解,根据 CRT,同余式组中的每个同余式均有两个解,两个同余式的两个解分别配对,于是产生 4 个同余式组,4 个同余式组的解即为原同余式的解。因此,原同余式的解数为 4。

4.3　**Rabin 公钥密码系统**

本章前面两节讨论了二次同余式以及平方剩余的判定,它们在密码学中的一个典型应用就是 Rabin 公钥密码系统[①]。

该公钥密码体制基于一个困难问题,称为平方根问题。

定义 4.3(平方根问题,也称为 SQROOT 问题)　给定一个合数 n 和 $a \in Q_n$(模 n 的平方剩余集合),找 a 模 n 的平方根;即找到一个整数 x,使得 $x^2 = a \bmod n$。

但是,如果知道 n 的因子 p 和 q,那么 SQROOT 问题就很容易求解。方法是先求解 a 模 p 和模 q 的解,然后利用中国剩余定理得到 a 模 n 的平方根。

于是,可考虑将 n 作为公钥,将 p 和 q 为私钥。

图 4.4 给出了这一困难问题的示意图。

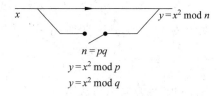

图 4.4　Rabin 利用单向陷门函数的原理示意图

---

① Rabin 公钥密码体制是 1979 年由 MIT 的 M. O. Rabin 在其论文 *Digitalized Signatures and Public-Key Functions as Intractable as Factorization* 中提出的。

Rabin 公钥密码系统的描述:

> (1) 密钥的产生:随机生成两个大的素数 p 和 q,满足 $p \equiv q \equiv 3 \bmod 4$,计算 $n = pq$。n 为公钥,p,q 作为私钥。
>
> (2) 加密:$c \equiv m^2 \bmod n$。
>
> (3) 解密:就是求 c 模 n 的平方根,即解 $x^2 \equiv c \bmod n$,该方程等价于方程组
>
> $$\begin{cases} x^2 \equiv c \pmod p \\ x^2 \equiv c \pmod q \end{cases}$$
>
> 由于 $p \equiv q \equiv 3 \bmod 4$,可容易地求出 c 在模 p 下的两个方程根,即
>
> $$m \equiv c^{(p+1)/4} \bmod p; \quad m \equiv p - c^{(p+1)/4} \bmod p$$
>
> 和 c 在模 q 下的两个方程根,即
>
> $$m \equiv c^{(q+1)/4} \bmod q; \quad m \equiv q - c^{(q+1)/4} \bmod q$$
>
> 两两组合联立,可得 4 个方程组,即
>
> $$\begin{cases} m \equiv c^{(p+1)/4} \bmod p \\ m \equiv c^{(q+1)/4} \bmod q \end{cases} \qquad \begin{cases} m \equiv p - c^{(p+1)/4} \bmod p \\ m \equiv c^{(q+1)/4} \bmod q \end{cases}$$
>
> $$\begin{cases} m \equiv c^{(p+1)/4} \bmod p \\ m \equiv q - c^{(q+1)/4} \bmod q \end{cases} \qquad \begin{cases} m \equiv p - c^{(p+1)/4} \bmod p \\ m \equiv q - c^{(q+1)/4} \bmod q \end{cases}$$
>
> 利用中国剩余定理求得 4 个 m,其中必有一个 m 为明文。通常可以通过在明文中事先引入某些特征(如发送者的身份证号、日期等事先约定的特征)来区分。

对该密码方案的解释如下。

思考 4.5 为什么取 $p \equiv q \equiv 3 \bmod 4$?

目的是为了能快速地求出平方根。$p \equiv 3 \bmod 4$ 时,$x^2 \equiv c \bmod p$ 的平方根容易求出。

由 $p \equiv 3 \bmod 4$,得 $p + 1 = 4k$,即 $(p+1)/4$ 是一个整数。设 $x^2 \equiv c \bmod p$ 的根为 y,即 $y^2 \equiv c \bmod p$。

因 c 是模 p 的二次剩余,故 $c^{(p-1)/2} \equiv (y^2)^{(p-1)/2} \equiv y^{p-1} \equiv 1 \bmod p$。

于是,有

$$(c^{\frac{p+1}{4}})^2 \equiv (y^{\frac{p+1}{2}})^2 \equiv c^{\frac{p+1}{2}} \equiv c^{(p-1)/2} \cdot c \equiv c \bmod p$$

故 $c^{(p+1)/4}$ 和 $p - c^{(p+1)/4}$ 是方程 $x^2 \equiv c \bmod p$ 的两个根。同理,$c^{(q+1)/4}$ 和 $q - c^{(q+1)/4}$ 是方程 $x^2 \equiv c \bmod q$ 的两个根。

思考 4.6 为什么解 $x^2 \equiv c \bmod n$ 方程等价于解方程组 $\begin{cases} x^2 \equiv c \pmod p \\ x^2 \equiv c \pmod q \end{cases}$。

下面证明一个一般的结论:当 p,q 是素数,$n = pq$ 时,$a \equiv b \bmod n$ 等价于方程组

$$\begin{cases} a \equiv b \pmod p \\ a \equiv b \pmod q \end{cases}$$

证明　若 $\begin{cases} a \equiv b \pmod{p} \\ a \equiv b \pmod{q} \end{cases}$，则 $p \mid (a-b), q \mid (a-b)$，而 $\gcd(p,q)=1$，所以 $pq \mid (a-b)$，即 $a \equiv b \bmod pq$。

反之，若 $a \equiv b \bmod n$，则 $n \mid (a-b)$，由 $p \mid n, q \mid n$，得 $p \mid (a-b), q \mid (a-b)$，即

$$\begin{cases} a \equiv b \pmod{p} \\ a \equiv b \pmod{q} \end{cases}$$

■

例 4.11　Rabin 方案的举例。假设私钥为 $p=7, q=11$（p, q 模 4 余 3），公钥为 $n = pq = 77$，明文 $m = 32$，则密文为 $c = m^2 \bmod n = 32^2 \bmod 77 = 23$。下面分析解密密文 23 的过程。$m \equiv \sqrt{c} \bmod 77$。分别求模 p, q 的平方根。

$$23^{(7+1)/4} \equiv 2^2 \equiv 4 \bmod 7$$
$$23^{(11+1)/4} \equiv 1^2 \equiv 1 \bmod 11$$

23 模 7 和模 11 的平方根是 ± 4 和 ± 1，然后利用中国剩余定理，计算得到 23 模 77 的 4 个平方根，即 $\pm 10, \pm 32 \pmod{77}$，4 个可能的明文是 $10, 32, 45, 67$。在实际中，通过预先在明文中加入识别特征（例如，约定添加特殊标识符号到明文的末尾，或者将明文重复一次再连接后作为新的明文，即 $m' = m \parallel m$），可以从 4 个可能的明文中选出正确的明文。

由于 Rabin 加密算法十分简单，下面重点解释解密算法。

定理 4.8　设 p, q 是形为 $4k+3$ 的不同素数，如果整数 a 满足

$$\left(\frac{a}{p}\right) = \left(\frac{a}{q}\right) = 1$$

则同余式 $x^2 \equiv a \pmod{pq}$ 有解，即

$$x = \pm (a^{(p+1)/4} (\bmod p)) \cdot (q^{-1} (\bmod p)) \cdot q$$
$$\pm (a^{(q+1)/4} (\bmod q)) \cdot (p^{-1} (\bmod q)) \cdot p \pmod{pq}$$

证明　二次同余式 $x^2 \equiv a \pmod{pq}$ 等价于同余式组，即

$$\begin{cases} x^2 \equiv a \pmod{p} \\ x^2 \equiv a \pmod{q} \end{cases}$$

因为 $\left(\dfrac{a}{p}\right) = \left(\dfrac{a}{q}\right) = 1$，所以由思考 4.5，同余式 $x^2 \equiv a \pmod{p}$ 有解，其解为

$$x = \pm a^{(p+1)/4} \pmod{p}$$

同样地，同余式 $x^2 \equiv a \pmod{q}$ 有解，其解为

$$x = \pm a^{(q+1)/4} \pmod{q}$$

根据中国剩余定理，同余式组的解为

$$x = \pm (a^{(p+1)/4} (\bmod p)) \cdot (q^{-1} (\bmod p)) \cdot q$$
$$\pm (a^{(q+1)/4} (\bmod q)) \cdot (p^{-1} (\bmod q)) \cdot p \pmod{pq}$$

这即为同余式 $x^2 \equiv a \pmod{pq}$ 的解。

■

根据定理 4.8 给出 Rabin 解密的算法如下。

算法 4.5 Rabin 解密算法。

输入：密文 c，私钥 $p,q(p,q$ 均为 $4k+3$ 的素数，$n=pq)$。

输出：明文 m。

```
RabinDecrypt(c,p,q){
(1) 利用扩展的欧几里得除法，求整数 s, t, 使得 sp+tq=1。
(2) 计算 u←c^(p+1)/4 mod p。
(3) 计算 v←c^(q+1)/4 mod q。
(4) 计算 m₁←(utq+vsp) mod n     //t 即定理 4.8 中 q⁻¹(mod p), s 即 p⁻¹(mod q)。
(5) 计算 m₂←(utq-vsp) mod n。
(6) 同余式 m²≡ c (mod n) 的 4 个根是 m₁, n-m₁,m₂, n-m₂, 确定其中哪一个根为明文。
}
```

思考 4.7 Rabin 加密可否视为 RSA 加密的特例？

其实，Rabin 加密不是 RSA 加密的特例。因为 RSA 加密中的私钥 e 必须有 $\gcd(e,\varphi(n))=1$，而 $\varphi(n)=(p-1)(q-1)$ 为偶数，故 e 必为奇数。但是，Rabin 加密中使用的幂次是 2，为偶数。

思 考 题

[1] 求模 $p=13,23,31,37,47$ 的平方剩余和平方非剩余。

[2] (1) 分别求解以 $n=-2,n=-3$ 和 $n=5$ 为二次剩余的素数 p 的一般表达式。

(2) 分别求解以 $n=-2,n=-3$ 和 $n=5$ 为二次非剩余的素数 p 的一般表达式。

[3] (1) 求以 3 为其二次剩余，以 -3 为其二次非剩余的全体素数。

(2) 求以 -3 为其二次剩余，以 3 为其二次非剩余的全体素数。

(3) 求以 2 为其二次剩余、以 3 为其二次非剩余的全体素数。

[4] 求满足方程 $E:y^2\equiv x^3-3x+1\pmod 7$ 的所有点。

[5] 计算 Legendre 符号 $\left(\frac{17}{37}\right),\left(\frac{151}{373}\right),\left(\frac{191}{397}\right),\left(\frac{911}{2003}\right)$。

[6] 编写程序 Legendre 符号，验证题目[3]的结果。

[7] 计算下列同余式的解和解数。

(1) $x^5-3x^2+2\equiv0\pmod 7$。

(2) $4x^2+21x-32\equiv0\pmod{141}$。

(3) $x^2+8x-13\equiv0\pmod{28}$。

(4) $3x^2+18x-25\equiv0\pmod{28}$。

(5) $3x^4-x^3+2x^2-26x+1\equiv0\pmod{11}$。

(6) $3x^2-12x-19\equiv0\pmod{28}$。

[8] 判断同余式是否有解。
$$x^2\equiv 7\pmod{227},\quad x^2=2\pmod{401\cdot281}$$

[9] 证明：设 p 是一个素数，对于任意整数 a，均有 $a^p\equiv a\pmod p$。

[10] 编写程序实现 2^{200} 位的 Rabin 公钥密码系统。

第 5 章

原根与指数

在研究了平方（二次）剩余之后，下面讨论 n 次剩余。

讨论使得同余式

$$a^n \equiv 1 \pmod{m}$$

成立的整数 n。

这里主要关心最小的正整数 e，因为找到了 e，则 e 的倍数均为上式的解。另外，由 Euler 定理可知，当 $(a, m) = 1$ 时，有 $a^{\varphi(m)} \equiv 1 \pmod{m}$。于是，关心一个问题，就是这个最小的正整数 e 会不会就是 $\varphi(m)$？什么情况下就是 $\varphi(m)$？

本章的重点是原根、阶及其计算方法；难点是 DH 密钥协商和 ElGamal 公钥密码系统。

5.1 原根和阶的概念

定义 5.1 设 $m > 1$ 是整数，a 是正整数，$(a, m) = 1$，则使得

$$a^x \equiv 1 \pmod{m}$$

成立的最小正整数 x 叫作 a 模 m 的阶（order）。记为 $\mathrm{ord}_m(a)$。

例 5.1 设整数 $m = 7$，计算 $a = 1, 2, 3, 4, 5, 6$ 的阶。

解答 $1^1 \equiv 1 \pmod 7$; $2^3 \equiv 1 \pmod 7$; $3^3 \equiv 1 \pmod 7$;

$4^3 \equiv (-3)^3 \equiv 1 \pmod 7$; $5^3 \equiv (-2)^3 \equiv 1 \pmod 7$; $6^2 \equiv (-1)^2 \equiv 1 \pmod 7$。

计算结果见表 5.1。

表 5.1 例 5.1 计算结果

a	1	2	3	4	5	6
$\mathrm{ord}_m(a)$	1	3	6	3	6	2

容易看到，由于 $\varphi(m) = \varphi(7) = 6$，于是，$\mathrm{ord}_m(a)$ 中最大为 6。

定义 5.2（原根，primitive root） 如果 $\mathrm{ord}_m(a) = \varphi(m)$，则 a 叫作 m 的原根。

思考 5.1 原根的英文可能初学者觉得很难理解，如果称为"生成元（generator）"可能更容易理解这个"本原（primitive）"的含义，即可以生成群中其他所有元素的"本原"元。

容易看到例 5.1 中，因为 3 和 5 的阶为 $\varphi(7)$，所以 3 和 5 为原根。

从生成元的角度更加容易理解,但需要群的概念。群 $(\mathbf{Z}/7\mathbf{Z})^{*}$ 中元素的个数为 $\varphi(7)=6$,因为 3 和 5 的阶为 $\varphi(7)$,故 3 和 5 可以生成群 $(\mathbf{Z}/7\mathbf{Z})^{*}$ 中的任意元素(即 $1\sim 6$)。

下面首先考察 3(图 5.1)。

$$3^{1} \equiv 3 \ (\mathrm{mod} \ 7) \qquad 3^{2} \equiv 2 \ (\mathrm{mod} \ 7) \qquad 3^{3} \equiv 6 \ (\mathrm{mod} \ 7)$$
$$3^{4} \equiv 4 \ (\mathrm{mod} \ 7) \qquad 3^{5} \equiv 5 \ (\mathrm{mod} \ 7) \qquad 3^{6} \equiv 1 \ (\mathrm{mod} \ 7)$$

容易看到这是一个循环群,3 可以生成群中的元素 $1\sim 6$。

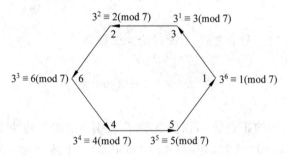

图 5.1 3 作为生成元生成 $(\mathbf{Z}/7\mathbf{Z})^{*}$ 中所有元素

再来考察 5。

$$5^{1} \equiv 5 \ (\mathrm{mod} \ 7) \qquad 5^{2} \equiv 4 \ (\mathrm{mod} \ 7) \qquad 5^{3} \equiv 6 \ (\mathrm{mod} \ 7)$$
$$5^{4} \equiv 2 \ (\mathrm{mod} \ 7) \qquad 5^{5} \equiv 3 \ (\mathrm{mod} \ 7) \qquad 5^{6} \equiv 1 \ (\mathrm{mod} \ 7)$$

除了 3 和 5 外,其他都不是原根,因为其阶均小于 $\varphi(7)$,即无法生成“所有”元素,“回到原点”1 的过程过快,导致只能生成群中的“部分”元素。

考察 2(图 5.2)。

$$2^{1} \equiv 2 \ (\mathrm{mod} \ 7) \qquad 2^{2} \equiv 4 \ (\mathrm{mod} \ 7) \qquad 2^{3} \equiv 1 \ (\mathrm{mod} \ 7)$$

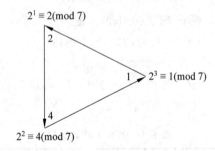

图 5.2 2 只能生成 $(Z/7Z)^{*}$ 中 3 个元素

容易看到,2 无法生成 3,5,6。

看图 5.1 和图 5.2,就容易理解为什么原根的阶为 $\varphi(m)$ 了。

下面看一个 m 不为素数的例子。

例 5.2 设整数 $m=14$,计算 $a=1,3,5,9,11,13$ 的阶,指出其中的原根。

解答 $1^{1} \equiv 1 \ (\mathrm{mod} \ 14) \qquad 3^{3} \equiv -1 \ (\mathrm{mod} \ 14) \qquad 5^{3} \equiv -1 \ (\mathrm{mod} \ 14)$

$9^{3} \equiv 1 \ (\mathrm{mod} \ 14) \qquad 11^{3} \equiv 1 \ (\mathrm{mod} \ 14) \qquad 13^{2} \equiv 1 \ (\mathrm{mod} \ 14)$

计算结果见表 5.2。

表 5.2　例 5.2 计算结果

a	1	3	5	9	11	13
$\mathrm{ord}_m(a)$	1	6	6	3	3	2

由于 $\varphi(14)=\varphi(2)\cdot\varphi(7)=\varphi(7)=6$，因此原根为 3 和 5。

下面的定理给出了计算阶的一个算法依据。

定理 5.1　设 $m>1$ 是整数，a 为整数，$(a,m)=1$，则整数 d 使得

$$a^d \equiv 1 \ (\mathrm{mod}\ m)$$

成立的充要条件是

$$\mathrm{ord}_m(a)\mid d$$

证明　先证明充分性。如果 $\mathrm{ord}_m(a)\mid d$，则存在整数 k，使得 $d=k\cdot\mathrm{ord}_m(a)$。因此，有

$$a^d=(a^{\mathrm{ord}_m(a)})^k \equiv 1 \ (\mathrm{mod}\ m)$$

再证明必要性。如果 $\mathrm{ord}_m(a)\mid d$ 不成立，则存在整数 q,r 使得

$$d=\mathrm{ord}_m(a)\cdot q+r \quad 0<r<\mathrm{ord}_m(a)$$

从而，有

$$a^d=a^r(a^{\mathrm{ord}_m(a)})^q \equiv a^r (\mathrm{mod}\ m)$$

又因为

$$a^d \equiv 1 \ (\mathrm{mod}\ m)$$

于是有

$$a^r \equiv 1 \ (\mathrm{mod}\ m)$$

这与 $\mathrm{ord}_m(a)$ 的最小性矛盾。于是有 $\mathrm{ord}_m(a)\mid d$。

推论 5.1　设 $m>1$ 是整数，a 为整数，$(a,m)=1$，则 $\mathrm{ord}_m(a)\mid\varphi(m)$。

证明　根据 Euler 定理，有

$$a^{\varphi(m)} \equiv 1 \ (\mathrm{mod}\ m)$$

由定理 5.1，于是 $\mathrm{ord}_m(a)\mid\varphi(m)$。

由推论 5.1 可知，可以从 $\varphi(m)$ 中寻找 $\mathrm{ord}_m(a)$。

例 5.3　求整数 5 模 17 的阶 $\mathrm{ord}_{17}(5)$。

解答　因为 $\varphi(17)=16$，只需要对 16 的因数 $d=1,2,4,8,16$ 计算 $5^d(\mathrm{mod}\ 17)$，看是否等于 1。因为

$$5^1 \equiv 5 \ (\mathrm{mod}\ 17)$$
$$5^2 \equiv 8 \ (\mathrm{mod}\ 17)$$
$$5^4 \equiv 64 \equiv 13 \equiv -4 \ (\mathrm{mod}\ 17)$$
$$5^8 \equiv (-4)^2 \equiv 16 \equiv -1 \ (\mathrm{mod}\ 17)$$
$$5^{16} \equiv (-1)^2 \equiv 1 \ (\mathrm{mod}\ 17)$$

所以 5 是模 17 的原根。

有了原根的概念后，可以给出指数（index）的概念。

定义 5.3 设 g 是正整数 m 的原根,若 $\gcd(a,m)=1$,则称同余式

$$g^x \equiv a \pmod{m}$$

的唯一整数解 $x(1 \leqslant x \leqslant \varphi(m))$ 为 a 模 m 以 g 为底的指数,也称为指标或离散对数,记为 $\mathrm{Ind}_{g,m}(a)$,或简记为 $\mathrm{Ind}_g a$。[①]

离散对数问题是一个计算上困难的问题,目前还没有找到有效的算法。5.3 节和 5.4 节会给出基于该困难问题构造密码系统。第 11 章会讲解离散对数算法。

例 5.4 设 $m=7$,由例 5.1 知,3 为原根。计算指数表。

解答 计算指数表见表 5.3。

表 5.3　例 5.4 计算结果

a	1	2	3	4	5	6
$\mathrm{Ind}_3 a$	6	2	1	4	5	3

思考 5.2 "阶"和"指数"的主要区别是什么?

容易看到,阶与模 m 和整数 a 有关,指数则与模 m,整数 a 及底(原根 g)有关。阶可以用来判断原根,指数主要用来计算元素相对于原根的离散对数。

定理 5.2(指数定理) 若 g 是模 m 的一个原根,则 $g^x \equiv g^y \pmod{m}$ 当且仅当 $x \equiv y \pmod{\varphi(m)}$。

证明 假设 $x \equiv y \pmod{\varphi(m)}$,则 $x = y + k\varphi(m)$,$k \in \mathbf{Z}$,所以

$$g^x \equiv g^{y+k\varphi(m)} \pmod{m}$$
$$\equiv g^y (g^{\varphi(m)})^k \pmod{m}$$
$$\equiv g^y 1^k \pmod{m}$$
$$\equiv g^y \pmod{m}$$

必要性留作练习。

这个证明和 RSA 的解密过程有相似之处。

定理 5.3 设 g 是模素数 p 的一个原根,且 $\gcd(a,p)=1$,则 $g^k \equiv a \pmod{p}$ 当且仅当

$$k \equiv \mathrm{ind}_g a \pmod{p-1}$$

定理 5.4 设 m 是有原根 g 的正整数,a 与 b 是与 m 相互素的整数,则

(1) 若 $b \equiv a \pmod{m}$,则 $\mathrm{ind}_g b \equiv \mathrm{ind}_g a \pmod{\varphi(m)}$。

(2) $\mathrm{ind}_g 1 \equiv 0 \pmod{\varphi(m)}$。

(3) $\mathrm{ind}_g (a \cdot b) \equiv \mathrm{ind}_g a + \mathrm{ind}_g b \pmod{\varphi(m)}$。

(4) $\mathrm{ind}_g a^k \equiv k \cdot \mathrm{ind}_g a \pmod{\varphi(m)}$,$k$ 是一个正整数。

定义 5.4 设 m 是大于 1 的整数,a 是与 m 互素的整数,如果 n 次同余式

$$x^n \equiv a \pmod{m}$$

有解,则 a 叫作模 m 的 n 次剩余;否则,a 称为模 m 的 n 次非剩余。

---

① 有些书籍在英译方面把 ord 译为"指数",而用"指标"表示离散对数。本书倾向于 ord 译为"阶"的缩写,"指数"和"指标"与离散对数等同,缩写为 ind。

定理 5.5　设 m 是大于 1 的整数，g 是模 m 的原根，a 是与 m 互素的整数，则同余式

$$x^n \equiv a \pmod{m}$$

有解的充要条件是

$$(n, \varphi(m)) \mid \mathrm{ind}_g a$$

且在有解的条件下，解数为 $(n, \varphi(m))$。

证明　由同余式 $x^n \equiv a \pmod m$ 和 $(a, m) = 1$，可得 $(x, m) = 1$，于是以 g 为底的 x 的对模 m 的指数存在，设为 y，即 $x \equiv g^y \pmod m$，同余式可转化为

$$g^{ny} \equiv a \pmod m$$

由定理 5.4 知

$$ny \equiv \mathrm{ind}_g a \pmod{\varphi(m)}$$

这是关于 y 的一次同余式，根据定理 3.1，其有解的充要条件是 $(n, \varphi(m)) \mid \mathrm{ind}_g a$，且解数为 $(n, \varphi(m))$。　∎

例 5.5　求解同余式 $4^x \equiv 16 \pmod{17}$ 所有解。

解答　两边取底为 5 模 17 的指数，得到

$$\mathrm{ind}_5(4^x) \equiv \mathrm{ind}_5 16 \equiv 8 \pmod{16}$$

即

$$\mathrm{ind}_5(4^x) \equiv x \cdot \mathrm{ind}_5 4 \equiv 12x \equiv 8 \pmod{16}$$

因此

$$12x \equiv 8 \pmod{16}$$

利用一次同余式的解法（定理 3.1），因为 $(12, 16) = 4$，因此 $12x \equiv 8 \pmod{16}$ 有 4 个不同余的解，为

$$x \equiv 14, 2, 6, 10 \pmod{16}$$

这即为同余式 $4^x \equiv 16 \pmod{17}$ 的所有解。

5.2　原根与阶的计算

不是所有的模 n 都有原根，下面的定理给出存在原根的条件。

定理 5.6　模 m 的原根存在的充要条件是 $m = 2, 4, p^\alpha, 2p^\alpha$，其中 p 是奇素数，α 是一个正整数。

定理的证明包括以下几项。

（1）每个素数都有原根。

（2）奇素数的幂都有原根。

（3）2 的幂次中，只有 2 和 4 有原根。

（4）被两个或者更多素数整除的整数中，只有那些奇素数的幂次的 2 倍的整数才有原根。

定理 5.7　设 $m > 1$，$\varphi(m)$ 的所有不同素因子是 $q_1, q_2, \cdots, q_k$，则 g 是模 m 的一个原根的充要条件是

$$g^{\varphi(m)/q_i} \not\equiv 1 \pmod{m} \quad i = 1, \cdots, k$$

证明 先证明必要性。设 g 是模 m 的一个原根，则 g 模 m 的阶是 $\varphi(m)$。但是

$$0 < \varphi(m)/q_i < \varphi(m) \quad i = 1, \cdots, k$$

由原根的定义知

$$g^{\varphi(m)/q_i} \not\equiv 1 \pmod{m} \quad i = 1, \cdots, k$$

再证明充分性。

若 g 模 m 的阶 $e < \varphi(m)$，则根据定理 5.1 的推论，有 $e \mid \varphi(m)$，于是存在一个素数 q，使得 $q \mid (\varphi(m)/e)$。于是，根据整除的定义，存在一个整数 u，有

$$qu = \frac{\varphi(m)}{e}$$

即

$$eu = \frac{\varphi(m)}{q}$$

于是

$$g^{\varphi(m)/q} = (g^e)^u \equiv 1 \pmod{m}$$

这与假设矛盾。

上述定理给出了求原根算法的基础。

例 5.6 求 41 的一个原根。

解答 $\varphi(41) = 40 = 2^3 \cdot 5$，素因子为 2 和 5。$\varphi(41)/2 = 20$，$\varphi(41)/5 = 8$。因此，只需要验证 g^8, g^{20} 模 m 是否同余于 1。对于 $2, 3, \cdots$ 逐个验算：

$$2^8 \equiv 10 \pmod{41} \qquad 2^{20} \equiv 1 \pmod{41} \qquad 3^8 \equiv 1 \pmod{41}$$

$$4^8 \equiv 18 \pmod{41} \qquad 4^{20} \equiv 1 \pmod{41} \qquad 5^8 \equiv 18 \pmod{41}$$

$$5^{20} \equiv 1 \pmod{41} \qquad 6^8 \equiv 10 \pmod{41} \qquad 6^{20} \equiv 40 \pmod{41}$$

因此，6 是模 41 的原根。

定理 5.8 设 $m > 1$ 的整数，a 为整数且 $(a, m) = 1$，$d \geqslant 0$ 为整数，则

$$a^d \equiv a^k \pmod{m}$$

的充要条件是

$$d \equiv k \pmod{\operatorname{ord}_m(a)}$$

证明 根据 Euclid 除法，存在整数 q, r 和 q', r' 有

$$d = \operatorname{ord}_m(a)q + r \quad 0 \leqslant r < \operatorname{ord}_m(a)$$

$$k = \operatorname{ord}_m(a)q' + r' \quad 0 \leqslant r' < \operatorname{ord}_m(a)$$

又 $a^{\operatorname{ord}_m(a)} \equiv 1 \pmod{m}$，于是

$$a^d \equiv a^{\operatorname{ord}_m(a)q}a^r \equiv a^r \pmod{m}$$

$$a^k \equiv a^{\operatorname{ord}_m(a)q'}a^{r'} \equiv a^{r'} \pmod{m}$$

必要性。若 $a^d \equiv a^k \pmod{m}$，则 $a^r \equiv a^{r'} \pmod{m}$，于是 $r = r'$，有 $d \equiv k \pmod{\operatorname{ord}_m(a)}$。以上步步可逆，知充分性。

例 5.7 因为整数 2 模 7 的阶为 $\operatorname{ord}_7(2) = 3$，$2015 \equiv 2 \pmod{3}$，因此，

$$2^{2015} \equiv 2^2 \pmod{7}$$

在 2.1 节中例 2.2 曾经给出一个实际的应用例子。

定理 5.9　设 $m>1$ 的整数，a 为整数且 $(a,m)=1$，$d \geqslant 0$ 为整数，则

$$\mathrm{ord}_m(a^d) = \frac{\mathrm{ord}_m(a)}{(\mathrm{ord}_m(a),d)}$$

思考 5.3　如何利用图 5.1 和图 5.2 给出一个对上述定理的直观解释。

如图 5.3 所示，通俗地说，以原根 3 为度量，$2 \equiv 3^2 \pmod 7$，视为 2"行走"1 步相当于 3"行走"2 步，于是对于 2 而言，"行走"一周 6 步就需要 $6/2=3$ 步，即 $\mathrm{ord}_7(2)=3$。

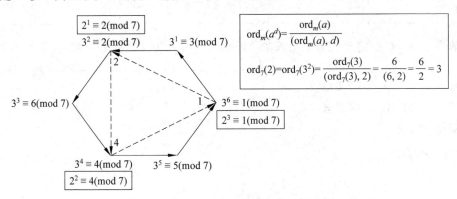

图 5.3　帮助初学者理解定理的直观解释

推论 5.2　设 $m>1$ 是整数，g 是模 m 的原根，$d \geqslant 0$ 为整数，则 g^d 是模 m 的原根当且仅当 $(d, \varphi(m))=1$。

推论 5.3　设 $m>1$ 是整数，m 有 $\varphi(\varphi(m))$ 个不同的原根。

例如，设素数 $p=47$，则存在 $\varphi(47-1)=22$ 个模 47 的原根。

目前还没有一种方法可以预知一个给定素数 p 的最小原根，对 $\varphi(p-1)$ 个原根在模 p 的最小剩余系中的分布也知之甚少。

定理 5.9 给出了从一个原根求其他原根的算法基础。

例 5.8　已知 5.9 是 41 的原根，求 41 的所有原根。

解答　由定理 5.9 知，$(d, \varphi(41))=1$ 时，$\mathrm{ord}_{41}(g^d)=\mathrm{ord}_{41}(g)$，因此，当 d 遍历模 $\varphi(41)=40$ 的简化剩余系，即

$$1,3,7,9,11,13,17,19,21,23,27,29,31,33,37,39$$

共 $\varphi(\varphi(41))=16$ 个数时，6^d 遍历 41 的所有原根，即

$6^1 \equiv 6 \pmod{41}$　　$6^3 \equiv 11 \pmod{41}$　　$6^7 \equiv 29 \pmod{41}$　　$6^9 \equiv 19 \pmod{41}$

$6^{11} \equiv 28 \pmod{41}$　　$6^{13} \equiv 24 \pmod{41}$　　$6^{17} \equiv 26 \pmod{41}$　　$6^{19} \equiv 34 \pmod{41}$

$6^{21} \equiv 35 \pmod{41}$　　$6^{23} \equiv 30 \pmod{41}$　　$6^{27} \equiv 12 \pmod{41}$　　$6^{29} \equiv 22 \pmod{41}$

$6^{31} \equiv 13 \pmod{41}$　　$6^{33} \equiv 17 \pmod{41}$　　$6^{37} \equiv 15 \pmod{41}$　　$6^{39} \equiv 7 \pmod{41}$

综合定理 5.7 和定理 5.9，构成了求原根的算法基础。

算法 5.1　原根算法，输出给定素数的所有原根。

输入：素数模 m 以及 $m-1$ 的素因子分解 $m-1=p_1^{e_1} p_2^{e_2} \cdots p_k^{e_k}$。

输出：m 的所有原根。

```
GetPrimitiveRoot()
{
(1) 随机选择一个数 a,2≤a≤m-1
(2) 对 i 从 1 到 k 执行以下计算:
    计算 b←a^(m-1)/p_i (mod m);
    如果 b=1 则转到步骤(1);
(3) 对 d 从 1 到 m-1,执行以下计算:
    若 gcd(d, m-1)=1,则输出 a^d (mod m);
}
```

思考 5.4 根据定理 5.9 给出求阶表的算法。输入为素数模和原根,输出为阶表。

算法 5.2 输出阶表的算法。

输入:素数模 m,原根 a。

输出:阶表。

```
GetOrder()
{
对 i 从 1 到 m-1 执行以下计算:
    Return a^i(mod m), (m-1)/gcd(m-1,i);
}
```

定理 5.10 设 $m>1$ 是整数,a 为整数且 $(a,m)=1$,则:

(1) 设 a^{-1} 使得 $a^{-1}a\equiv1\ (\mathrm{mod}\ m)$,则 $\mathrm{ord}_m(a^{-1})=\mathrm{ord}_m(a)$。

(2) 若 $b\equiv a\ (\mathrm{mod}\ m)$,则 $\mathrm{ord}_m(b)=\mathrm{ord}_m(a)$。

证明 (1) 因为 $(a^{-1})^{\mathrm{ord}_m(a)}\equiv(a^{\mathrm{ord}_m(a)})^{-1}\equiv1(\mathrm{mod}\ m)$

因此,$\mathrm{ord}_m(a^{-1})\mid\mathrm{ord}_m(a)$。

同理可证 $\mathrm{ord}_m(a)\mid\mathrm{ord}_m(a^{-1})$,于是有 $\mathrm{ord}_m(a^{-1})=\mathrm{ord}_m(a)$。

(2) 若 $b\equiv a\ (\mathrm{mod}\ m)$,则

$$b^{\mathrm{ord}_m(a)}\equiv a^{\mathrm{ord}_m(a)}\equiv1(\mathrm{mod}\ m)$$

于是 $\mathrm{ord}_m(b)\mid\mathrm{ord}_m(a)$。同理可证 $\mathrm{ord}_m(a)\mid\mathrm{ord}_m(b)$,于是 $\mathrm{ord}_m(b)=\mathrm{ord}_m(a)$。∎

该定理结论(1)也可以从图 5.3 中有直观地解释,3 和 5 互为逆元,5 相当于"反着走"了一圈(图 5.4)。因为 5"走"一步到 5,5"走"两步到 4,依此类推,5"走"6 步到 1。所以,5 的阶为 6。

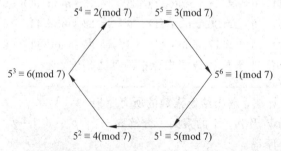

图 5.4　帮助初学者理解的对定理 5.10 的直观解释

同理,2 和 4 互为逆元。读者也可以画个类似的示意图。

下面的定理将原根、阶以及简化剩余系等概念联系到一起。

定理 5.11 设 $m>1$ 是整数,a 为整数且 $(a,m)=1$,则

$$1=a^0,a^1,\cdots,a^{\mathrm{ord}_m(a)-1}$$

模 m 两两不同余。特别地,当 a 是模 m 的原根,即 $\mathrm{ord}_m(a)=\varphi(m)$ 时,这 $\varphi(m)$ 个数组成模 m 的简化剩余系。

证明 反证法。如果 $\mathrm{ord}_m(a)$ 个数中有两个数模 m 同余,则存在整数 $0\leqslant k,l\leqslant \mathrm{ord}_m(a)$ 使得

$$a^k\equiv a^l(\mathrm{mod}\ m)$$

不妨设 $k>l$,则由 $(a,m)=1$ 和定理 2.4,得到

$$a^{k-l}\equiv 1\ (\mathrm{mod}\ m)$$

但是 $0\leqslant k,l\leqslant\mathrm{ord}_m(a)$,这与 $\mathrm{ord}_m(a)$ 的最小性矛盾。因此,原结论成立。

当 a 为原根时,即 $\mathrm{ord}_m(a)=\varphi(m)$ 时,共有 $\varphi(m)$ 个数

$$1=a^0,a^1,\cdots,a^{\varphi(m)-1}$$

且模 m 两两不同余,由定理 2.8 知,这 $\varphi(m)$ 个数组成模 m 的简化剩余系。■

在下一章将看到,模 m 的简化剩余系构成一个乘法群,其生成元为 a,a 生成了该群中的所有元素。这个群其实还是一个循环群。

5.3　Diffie-Hellman 密钥协商

原根和指数,尤其是循环群的原根,在密码学中有重要的应用。例如,基于离散对数问题的 Diffie-Hellman 密钥协商协议,以及基于 DH 密钥协商协议的 ElGamal 公钥加密系统。

问题的提出:

在定义 2.7 的注解中曾经指出对称密码中加密密钥和解密密钥是相同的,因此,对称密码的困难之处有以下两点。

(1) 密钥的管理。对称加密中加密解密双方使用相同的密钥,因此每一对加密方和解密方就需要一个密钥。而且,密钥必须保密,因此对密钥的存储和管理难度增大。

(2) 当加密方和解密方在不同地理位置时,通信双方如何确定一个秘密的密钥,或者是通信发送方如何将密钥传递给通信接收方,都不是很容易的事情。

思考 5.5 对于共有 n 个通信方的两两通信,需要多少密钥?

对称密码需要的密钥数量:对单个个体而言,需要保存 $n-1$ 个秘密密钥;对总体而言,需要保存 $n(n-1)/2$ 个秘密密钥。

定义 3.2 曾经指出,公钥密码使用公开的公钥进行加密和保密的私钥进行解密。需要的密钥数量:对单个而言,需要保存 n 个公钥和一个私钥,对总体而言,需要保存 n 个公钥和 n 个私钥。所需密钥的数量减少,而且需要秘密保存的密钥数量大量减少。

因此,需要解决的一个安全问题是:在公开信道上如何协商一个秘密密钥,用于后续

的对称密码加密通信。

W. Diffie 与 M. Hellman 利用离散对数问题的困难性，在 1976 年提出了 Diffie-Hellman 密钥协商协议。

首先看离散对数问题中的某种单向性(图 5.5)。

设 G 是生成元为 g 的 n 阶循环群，则

(1) 给定整数 a，计算元素 $g^a = y$ 是容易的。

(2) 给定 G 中元素 y，计算整数 $x(1 \leqslant x \leqslant n)$，使得 $g^x = y$ 通常被认为是困难的(is believed to be hard)。

"被认为是困难的"是指目前公认是困难的，也就是说，目前没有高效率(如多项式时间复杂性)的算法来解决这一问题，但没有人能够证明其就是困难的。

下面给出一个较严格的定义(需要用到第 6 章中群的概念)。

定义 5.5 乘法群 $\mathbf{Z}_p^*$ 上的离散对数问题(discrete logarithm problem, DLP)：给定一个素数 p，乘法群 $\mathbf{Z}_p^*$ 上的生成元 g，以及 $\mathbf{Z}_p^*$ 上的随机选取的元素 y，寻找整数 $x(2 \leqslant x \leqslant p-2)$，使得 $y = g^x \bmod p$。这个整数 x 记为 $\log_g y$，称为离散对数。易知，$\mathbf{Z}_p^*$ 中元素的个数为 $p-1$，即 $\{1, 2, \cdots, p-1\}$。

Diffie-Hellman 密钥协商协议是 2 轮协议，即共有两个消息在信道中传递。每个通信方发送一个消息，并接收一个消息。协议的描述如下，如图 5.6 所示。

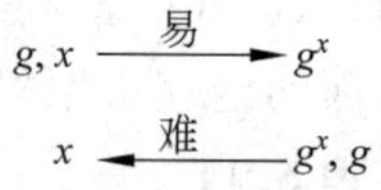

图 5.5 离散对数问题的单向性示意图

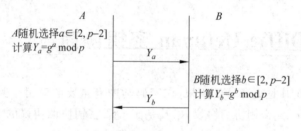

图 5.6 Diffie-Hellman 密钥协商过程

(1) A 随机选择 $a \in [2, p-2]$，计算 $Y_a = g^a \bmod p$，将 Y_a 发送给 B。

(2) B 随机选择 $b \in [2, p-2]$，计算 $Y_b = g^b \bmod p$，将 Y_b 发送给 A。

协议交互完成后，A 方以 $Y_b^a \bmod p$ 为密钥，B 方以 $Y_a^b \bmod p$ 为密钥。A 方和 B 方之间的后续通信可以使用这个密钥进行加密。

例 5.9 $p = 41$ 是一个素数，$(\mathbf{Z}/41\mathbf{Z})^*$ 是一个乘法循环群，生成元为 6。

实体 A 生成随机整数 $a = 6$，计算 $Y_a = 6^6 \bmod 41 = 39$，将 Y_a 发送给 B。

实体 B 生成随机整数 $b = 29$，计算 $Y_b = 6^{29} \bmod 41 = 22$，将 Y_b 发送给 A。

A 用自己的 a 和收到的 Y_b 计算：$22^6 \pmod{41} = 21$。

B 用自己的 b 和收到的 Y_a 计算：$39^{29} \pmod{41} = 21$。

协商后的秘密密钥是 21。

为了对这个例子有更直观的理解，图 5.7 给出一个使用计算机代数系统软件 PARI 作为演示。

思考 5.6 为什么 A 方和 B 方可以公开地协商出一个秘密的密钥？

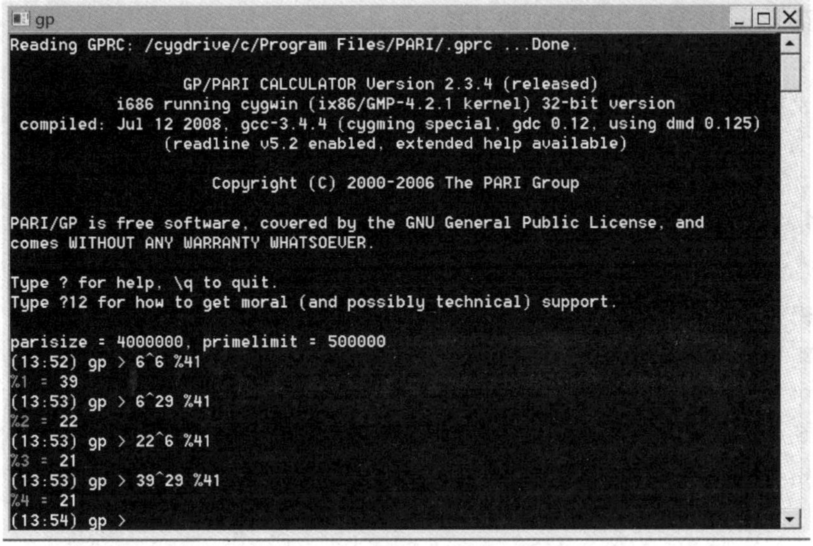

图 5.7 对 Diffie-Hellman 密钥协商(例 5.9)中计算过程的演示

A 方计算的 $Y_{b^a} \bmod p$ 等于 $Y_{a^b} \bmod p$。这是因为

$$Y_{b^a} \bmod p = (g^b \bmod p)^a \bmod p = (g^b)^a \bmod p$$

$$Y_{a^b} \bmod p = (g^a \bmod p)^b \bmod p = (g^a)^b \bmod p$$

而且,协商的过程是公开的,且这种公开的过程是安全的。这是因为:由于离散对数问题的困难性,敌手即使知道 Y_a,也不能求出 a,即使知道 Y_b,也不能求出 b,没有 a 或者 b,敌手无法计算 $Y_{b^a} \bmod p$ 或者 $Y_{a^b} \bmod p$,即最终 A 和 B 协商出来的秘密密钥。

思考 5.7 为什么是 $a \in [2, p-2]$?

若 $a=1$,则 $Y_a = g^a \bmod p = g$,g 是公开的,于是敌手可以从 Y_a 推出 a;若 $a=p-1$,则 $Y_a = g^a \bmod p = 1$,敌手可以从 Y_a 推出 a。于是,a 为 1 或者 $p-1$ 均不合适。

5.4 ElGamal 公钥密码系统

有了 Diffie-Hellman 密钥协商协议的基础,可以学习 ElGamal 公钥加密系统。ElGamal 公钥密码系统如下。

---

(1) 密钥生成:

用户 A 随机产生一个大素数 p 以及乘法群 Z_p^* 的生成元 g,随机选择 $2 \leqslant a \leqslant p-2$ 作为私钥,计算 $Y_a = g^a \bmod p$。

公钥为 (p, g, Y_a)

私钥为 a

（2）ElGamal 公钥密码系统加密过程：

用户 B 用 A 的公钥加密消息 m，得到密文。

B 完成如下过程：

随机选择，$2 \leqslant k \leqslant p-2$

计算 $u = g^k \bmod p, v = mY_a{}^k \bmod p$

密文为：(u, v)

（3）ElGamal 公钥密码系统解密过程：

A 解密密文 (u, v)

得到明文：$m = v/u^a \bmod p$

思考 5.8 ElGamal 加密与 DH 密钥协商协议之间的"神似之处"在哪里？

ElGamal 加密是一种公钥加密，但其实质上是对称加密中的仿射加密加上 DH 密钥协商。图 5.8 给出了一个示意图。

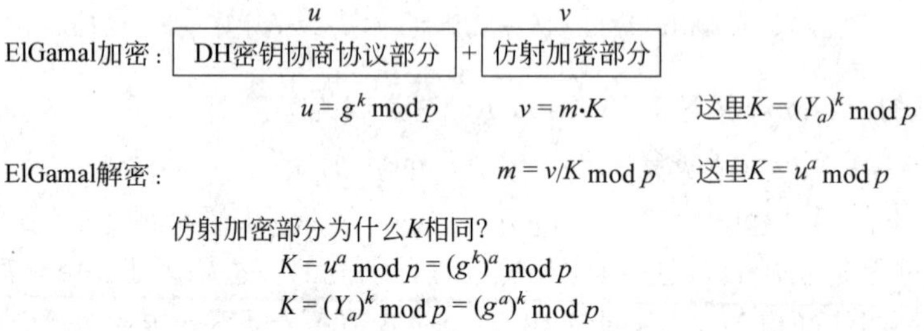

$$\text{ElGamal 加密：} \boxed{\text{DH 密钥协商协议部分}} + \boxed{\text{仿射加密部分}}$$

$$u = g^k \bmod p \qquad v = m \cdot K \qquad \text{这里} K = (Y_a)^k \bmod p$$

$$\text{ElGamal 解密：} \qquad\qquad m = v/K \bmod p \qquad \text{这里} K = u^a \bmod p$$

仿射加密部分为什么 K 相同？

$$K = u^a \bmod p = (g^k)^a \bmod p$$

$$K = (Y_a)^k \bmod p = (g^a)^k \bmod p$$

图 5.8 ElGamal 加密的两个部分 DH 密钥协商协议和仿射加密

解释如下：

ElGamal 加密后密文有两个部分 (u, v)，其中 u 部分为 DH 密钥协商协议部分，v 为实质性加密部分。

（1）v 实质性加密部分为仿射加密，表示为

$$v = m \cdot K$$

这里，令 K 为加密方和解密方 DH 密钥协商产生的密钥，即

$$K = (Y_a)^k \bmod p$$

Y_a 为解密方的公钥。

（2）u 为 DH 密钥协商协议部分，即

$$u = g^k \bmod p$$

解密方 A 利用 u 这一部分以及自己的私钥 a，可以生成仿射加密中用到的 K，即

$$K = u^a \bmod p$$

这是因为

$$K = u^a \bmod p = (g^k)^a \bmod p = (g^a)^k \bmod p = (Y_a)^k \bmod p$$

思考 5.9 解密部分的 $v/u^a \bmod p$ 如何计算？

这里，初学者容易误解为"除法"，其实是乘以 u^a 的逆元。有

$$v/u^a \bmod p = v \cdot u^{-a} \bmod p = v \cdot u^{(p-1-a)} \bmod p$$

例 5.10　设 $p=2579, g=2, d=765$，公钥为 $Y_a=2^{765} \bmod 2579=949$。

加密明文 $m=1299$，秘密选择一个随机整数 $k=853$。计算 (u,v)，其中 $u=2^{853} \bmod 2579=435, v=1299 \cdot 949^{853} \bmod 2579=2396$，即密文为 $(435,2396)$。

解密时，明文为 $m=2396/435^{765} \bmod 2579=1299$。

图 5.9 中的实验给出了计算过程，以加深印象。

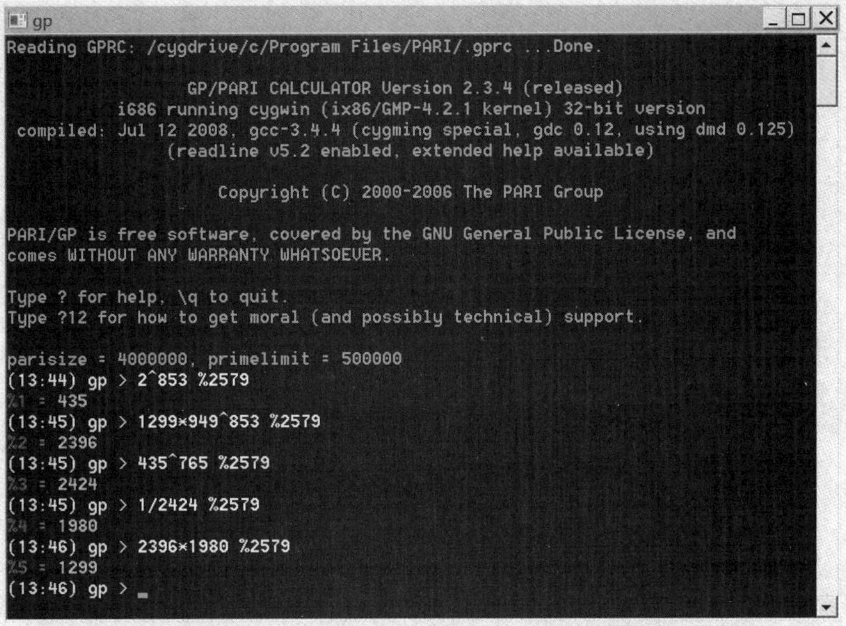

图 5.9　对 ElGamal 公钥密码系统(例 5.10)中计算过程的演示

其实，可以将离散对数问题从乘法群推广到一般循环群(循环群的定义见 6.4 节)。

定义 5.6(推广的离散对数问题)　给定循环群 G，设其阶为 n，生成元为 g，以及 G 上随机选取的元素 y，寻找整数 $x(1 \leqslant x \leqslant n-1)$，使得 $y=g^x$。

由推广的离散对数问题可知，ElGamal 方案可以推广到一般循环群，如基于椭圆曲线的 ElGamal 方案。

思　考　题

[1] 计算 $2,5,10$ 模 13 的阶。

[2] 求模 47 的所有原根。

[3] 设 p 为素数，$a^p \equiv b^p (\bmod p)$。求证：$a^p \equiv b^p (\bmod p^2)$。

[4] 设 $p=2^n+1$ 为 Fermat 素数，证明 3 为模 p 的原根。

[5] 编写程序实现输出 47 的所有原根。

[6] 编写程序实现输出 $1 \sim 46$ 模 47 的阶表。

〔7〕求以 6 为底的模 41 的指数表。

〔8〕编写程序实现 ElGamal 公钥密码系统。

〔9〕已知 $\mathrm{ord}_{4447}(9)=3^2 \cdot 13 \cdot 19,\mathrm{ord}_{4447}(2297)=2 \cdot 3^2 \cdot 19$,求整数 a,使 $\mathrm{ord}_{4447}(a)=[\mathrm{ord}_{4447}(9),\mathrm{ord}_{4447}(9)]=[3^2 \cdot 13 \cdot 19,2 \cdot 3^2 \cdot 19]=2 \cdot 3^2 \cdot 13 \cdot 19=4446$。

〔10〕利用 PARI 软件验证 DH 密钥协商和 ElGamal 公钥密码系统。

第 6 章   群

本章介绍只有一种运算的代数结构——群。

本章的重点是群的相关概念、循环群；难点是置换群。

6.1   群的简介

定义 6.1（代数运算）   设 S 是一个非空集合（set），那么 $S \times S \rightarrow S$ 的映射叫作 S 上的代数运算。该代数运算记为 o（operator）。

由映射的定义可知，代数运算的结果必须是唯一确定的。

定义 6.2（封闭性）   对于非空集合 S 以及 S 上的运算 o，S 中任意元素 a 和 b，有 a o b $\in S$，则运算 o 具有封闭性（closure）。

对普通加法运算和乘法运算而言，运算均满足封闭性，所以封闭性是最本质的运算性质。代数运算是最一般情况下加法运算和乘法运算的自然推广，因而具备封闭性。

定义 6.3（代数系统）   对于非空集合 S 以及 S 上的运算 o，若运算 o 满足封闭性，则称其为代数系统（algebra system），记为 $<S, \text{o}>$。

代数系统结构、性质以及其相互关系是计算机学科研究离散对象结构问题的关键所在。常见的代数系统有群、环、域等，这些代数系统是密码学重要的研究对象。

例 6.1 $<\mathbf{N}, +>$ 是代数系统，$<\mathbf{N}, ->$ 不是代数系统，$<\mathbf{Z}, ->$ 是代数系统。

代数系统内的代数运算一般需要运算规则（运算律），运算律用于将代数系统的性质抽象化。不同的运算律下可以定义不同的代数系统。

定义 6.4（结合律）   对于非空集合 S 以及 S 上的运算 o，S 中任意元素 a, b, c，有 $(a \text{ o } b) \text{ o } c = a \text{ o } (b \text{ o } c)$，则运算 o 满足结合律（associative）。

定义 6.5   满足结合律的代数系统称为半群（semigroup）。

例 6.2 $<\mathbf{Z}, ->$ 不是半群。$<\mathbf{Z}, +>$ 是半群。

例 6.3 $A = \{1, 2, 3, 4\}$，S 为 A 的全部子集构成的集合（即 A 的幂集），则 $<S, \cap>$，$<S, \cup>$ 均是半群。

定义 6.6（单位元）   设 S 是一个具有运算 o 的非空集合。如果 S 中有一个元素 e 使得

$$ea = a$$

对 S 中所有元素 a 都成立，则称元素 e 为 S 中的左单位元。

同理，若有 $ae = a$ 对 S 中所有元素 a 都成立，则称元素 e 为 S 中的右单位元。当左单

位元等于右单位元时,合称为单位元(identity element)。

半群中不一定存在左单位元,也不一定存在右单位元,但是若左、右单位元同时存在,则左、右单位元必定相等且为唯一的单位元。

定义 6.7(独异点) 具有单位元的半群称为独异点(monoid,也叫作幺半群)。

例 6.4 $<\mathbf{N},+>$是独异点,单位元为 0。$<\mathbf{N},\cdot>$是独异点,单位元为 1。

逆元概念的引入需要基于单位元的存在性。

定义 6.8(逆元) 设 S 是一个具有运算 o 的有单位元的集合,a 是 S 中的一个元素,如果 S 中存在一个元素 a',使得

$$aa' = a'a = e$$

则称元素 a 为 S 中的可逆元,称 a' 为 a 的逆元(inverse element),记为 a^{-1}。

当运算 o 为加法时,这个 a' 叫作 a 的负元,记为 $-a$。

定义 6.9(群) 非空集合 S 中每个元素具有逆元的独异点是群(group)。

一个代数系统是否为群,是由非空集合 S 和 S 上定义的代数运算共同决定的。在相同的非空集合 S 下定义的不同的代数系统,可能为群,也可能不为群。

一个代数系统的单位元、逆元等,也是由非空集合 S 和 S 上定义的代数运算共同决定的。在相同的非空集合下定义的不同的代数系统,其单位元和逆元也可能不相同。

例 6.5 整数集 $\mathbf{Z}$,对于普通加法运算$<\mathbf{Z},+>$可以构成一个群,但是对于普通乘法运算,因为除 ±1 以外的元素均缺少逆元,$<\mathbf{Z},\times>$而不能构成群。

例 6.6 m 为合数,$\mathbf{Z}_m = \mathbf{Z}/m\mathbf{Z} = \{0,1,\cdots,m-1\}$。· 表示模 m 的乘法。$<\mathbf{Z}_m,\cdot>$ 不是群,但$<\mathbf{Z}_m^*,\cdot>$是群,这里 $\mathbf{Z}_m^*$ 表示模 m 的最小非负简化剩余系。

定义 6.10(消去律) 设 S 是一个具有运算 o 的非空集合,如果对 S 中任意元素 a、b 和 c,其中 a 非零,当 $ab=ac$ 或 $ba=ca$ 时,一定有 $b=c$ 成立,则称运算 o 具有消去律(cancellation law)。

例 6.7 群一定满足消去律,因为群内任意元素均含有逆元,等式左乘或右乘非零元 a 的逆元,可以直接得到结果。

定义 6.11(交换律) 设 S 是一个具有运算 o 的非空集合,如果对 S 中任意元素 a 和 b,有

$$aob = boa$$

则称运算 o 具有交换律(commutative law)。

定义 6.12 群中运算具有交换律的群叫作交换群,或者可换群,或者 Abel 群。

例 6.8 $<\mathbf{Z},+>$是交换群。有理数集合 $\mathbf{Q}$、实数集 $\mathbf{R}$、复数集 $\mathbf{C}$ 对于通常意义下的加法$+$和乘法·而言,$<\mathbf{Q}\backslash\{0\},\cdot>$,$<\mathbf{R}\backslash\{0\},\cdot>$,$<\mathbf{C}\backslash\{0\},\cdot>$是交换群。

思考 6.1 π 的逆元是什么? $a+bi$ 的逆元是什么? $a+b\sqrt{2}$的逆元是什么?

例 6.9 全体实数 $\mathbf{R}$ 上的 $n\times n$ 可逆矩阵,对矩阵乘法构成一个群,记为 $\mathrm{GL}_n(\mathbf{R})$,称为 n 级"一般线性群"。全体实数域 $\mathbf{R}$ 上矩阵行列式为 1 的 $n\times n$ 矩阵,对矩阵乘法构成一个群,记为 $\mathrm{SL}_n(\mathbf{R})$,称为"特殊线性群"。这两个群中群元素为矩阵,群中的乘法运算为矩阵乘法。这两个群都不是交换群。

例 6.10 设复数域上 4 个二阶矩阵为

$$\boldsymbol{I} = \begin{pmatrix} 1 & 0 \\ 0 & 1 \end{pmatrix}, \quad \boldsymbol{A} = \begin{pmatrix} i & 0 \\ 0 & -i \end{pmatrix}, \quad \boldsymbol{B} = \begin{pmatrix} 0 & 1 \\ -1 & 0 \end{pmatrix}, \quad \boldsymbol{C} = \begin{pmatrix} 0 & i \\ i & 0 \end{pmatrix},$$

令 $H = \{\pm\boldsymbol{I}, \pm\boldsymbol{A}, \pm\boldsymbol{B}, \pm\boldsymbol{C}\}$，则可证明 H 关于矩阵的乘法构成一个群。事实上，乘法显然适合结合律，而且 H 关于乘法封闭；$\boldsymbol{I}$ 是单位元，$\boldsymbol{A}^{-1} = -\boldsymbol{A}$，$\boldsymbol{B}^{-1} = -\boldsymbol{B}$，$\boldsymbol{C}^{-1} = -\boldsymbol{C}$，群 H 称为四元数群，也称为 Hamilton 群，它是非交换的。

读者可以根据矩阵的乘法写出 Hamilton 四元数群的乘法表。

图 6.1 以一种"递进"的方式给出概念间的联系，非正式地说，显示了群定义中类似于"进化完善"的过程，便于理解和记忆。

满足封闭性，代数系统(algebra system)

↓

满足结合律的代数系统，称为半群(semigroup)

↓

具有单位元的半群是独异点(monoid)

↓

每个元素具有逆元的独异点是群(group)

↓

群中运算具有交换律的群叫做交换群(abel group)

图 6.1　用"递进"的方式给出概念间的联系便于理解群的"进化完善"过程

定义 6.13　若群 G 中含有有限个元素，则称群 G 为有限群；若群 G 中含有无限多个元素，则称群 G 为无限群。一个有限群 G 中的元素个数称为群的阶，记为 $|G|$。无限群的阶被称为无限。

思考 6.2　你能给出无限群和有限群的例子吗？

$<\mathbf{Z}, +>$ 是无限群，$<\{0, 1, 2, \cdots, n-1\}, + \bmod n>$ 是有限群。

例 6.11　设 n 是一个正整数，集合为 $\mathbf{Z}/n\mathbf{Z} = \{0, 1, 2, \cdots, n-1\}$，集合 $\mathbf{Z}/n\mathbf{Z}$ 上的运算为加法

$$a \oplus b = (a + b)(\bmod n)$$

其中 $a(\bmod n)$ 是整数 a 模 n 的最小非负剩余。$G = <\mathbf{Z}/n\mathbf{Z}, \oplus>$ 构成一个交换加群。$|G| = n$。

例 6.12　设 n 是一个合数，集合 $(\mathbf{Z}/n\mathbf{Z})^* = \{a \mid a \in n\mathbf{Z}, (a, n) = 1\}$，集合 $(\mathbf{Z}/n\mathbf{Z})^*$ 上的运算为乘法

$$a \odot b = (a \times b)(\bmod n)$$

$G = <(\mathbf{Z}/n\mathbf{Z})^*, \odot>$ 构成一个交换乘法群。$|G| = \varphi(n)$。

下面引入幂次的概念。

幂次概念的引入是指数概念的自然推广，因此指数运算规则在群中适用。

定义 6.14　设 n 是正整数，如果 $a_1 = a_2 = \cdots = a_n = a$，则记 $a_1 a_2 \cdots a_n = a^n$，称之为 a 的 n 次幂，特别地，定义 $a^0 = e$ 为单位元，a^{-n} 为 a^{-1} 的 n 次幂（即 a 的逆元与自己运算 n 次）。

由群的结合律可以得到，a 是群 G 中的任意元，则对任意的整数 m, n，有

$$a^m a^n = a^{m+n} \quad (a^m)^n = a^{mn}$$

注意:上面 n 虽然写在右上角,对于加法运算而言,其实是"na",即 $0a = e$ 为单位元(加法群的零元),$(-n)a = n(-a)$,$ma + na = (m+n)a$,$m(na) = (mn)a$。也就是说,这里的幂次具体如何计算取决于群中的运算。

例 6.13 $<\mathbf{Z}/n\mathbf{Z}, \oplus>$ 中,$1^n = 0$,$1^{-n} = (-1)^n = 0$,$2^n = 0$,$2^{-n} = (-2)^n = 0$。

其实,对于加法而言,$1^3 = 3$,$1^{-3} = (-1)^3 = n - 3$。

又如,$<\mathbf{Z}, +>$ 中,$1^n = n$,$1^{-n} = (-1)^n = -n$,$2^n = 2n$,$2^{-n} = (-2)^n = -2n$。

下面引入元素的阶(Order)的概念。

元素的阶概念的引入是用于研究群的周期性质,幂次是研究元素的阶的主要工具。

定义 6.15 设 $a \in$ 群 G,e 是 G 的单位元,若任意 $k \in \mathbf{N}$,$a^k \neq e$,则称 a 的阶为无穷大,记作 $|a| = \infty$,若存在 $k \in \mathbf{N}$ 使得 $a^k = e$,则称 $\min\{k | k \in \mathbf{N}, a^k = e\}$ 为 a 的阶。若 a 的阶是 n,则记作 $|a| = n$。

思考 6.3 元素的阶和群的阶有什么区别?

例 6.14 群中单位元的阶是 1,其他任何元素的阶都大于 1。$<\mathbf{Z}/5\mathbf{Z}, \oplus>$ 中单位元的阶是 1,其他元素 1,2,3,4 的阶都是 5。$<\mathbf{Z}/6\mathbf{Z}, \oplus>$ 中单位元的阶是 1,1 的阶为 6,2 的阶是 3,3 的阶是 2,4 的阶是 3,5 的阶是 6。

思考 6.4 无限群中元素的阶一定是无限的吗?有限群中元素的阶一定是有限的吗?

例 6.15 集合 $S = \{1, -1, i, -i\}$ 关于乘法构成群,即 4 次单位根群 $G = <S, \cdot>$。群 $|G| = 4$。$|1| = 1$,$|-1| = 2$,$|i| = |-i| = 4$。

例 6.16 群 $<\mathbf{Z}, +>$ 中,$|1| = \infty$,$|2| = \infty$,$|0| = 1$。其实,除了 0 外,其余元素阶均为 ∞。群 $<\mathbf{Q}\backslash\{0\}, \cdot>$ 中,$|1| = 1$,$|-1| = 2$,其余的元素阶均为 ∞。

6.2 子群、陪集、拉格朗日定理

下面讨论两个群之间的关系(由群中集合的包含关系确定)。

一般情况下,讨论子群是为了通过子群的特征对群进行划分与分类,进而研究群的性质。

定义 6.16 设 H 是群 G 的一个非空子集合,如果对于群 G 的运算,H 成为一个群,则 H 叫作群 G 的子群(subgroup),记作 $H \leqslant G$。

$H = \{e\}$ 和 $H = G$ 都是群 G 的子群,叫作群 G 的平凡子群。

如果 H 不是群 G 的平凡子群,那么 G 的子群 H 叫作群 G 的真子群或非平凡子群,记作 $H < G$。

例 6.17 $3\mathbf{Z} = \{\cdots, -6, -3, 0, 3, 6, \cdots\}$ 是 $\mathbf{Z}$ 的子群。$6\mathbf{Z} = \{\cdots, -12, -6, 0, 6, 12, \cdots\}$ 是 $3\mathbf{Z}$ 的子群,即 $<6\mathbf{Z}, +> \leqslant <3\mathbf{Z}, +>$。

其实,有 $<12\mathbf{Z}, +> \leqslant <6\mathbf{Z}, +> \leqslant <2\mathbf{Z}, +> \leqslant <\mathbf{Z}, +>$。

例 6.18 设 n 是一个正整数,则 $<n\mathbf{Z} = \{nk | k \in \mathbf{Z}\}, +>$ 是 $<\mathbf{Z}, +>$ 的子群。

例 6.19 $<\mathbf{Z}, +> \leqslant <\mathbf{Q}, +> \leqslant <\mathbf{R}, +> \leqslant <\mathbf{C}, +>$;

$$<\mathbf{Z}^*,\cdot> \leqslant <\mathbf{Q}^*,\cdot> \leqslant <\mathbf{R}^*,\cdot> \leqslant <\mathbf{C}^*,\cdot>$$

定理 6.1 设 G 是群,H 是 G 的子群,则 H 中任意元素在 H 中的逆元等于该元素在 G 中的逆元,H 中的单位元就是 G 中的单位元。

证明 记 H 中的单位元为 e_1,G 中的单位元为 e_2,a 为 H 中任意一元素,a_1 为 a 在 H 中的逆元,a_2 为 a 在 G 中的逆元。

因为 $e_1e_1=e_1=e_1e_2$,根据群的消去律,因为 $e_1e_1=e_1e_2$,可以得到 $e_1=e_2$,故 H 中的单位元就是 G 中的单位元。

因为 $a_1a=e_1=a_2a$,根据群的消去律,因为 $a_1a=a_2a$,可以得到 $a_1=a_2$。又因为 a 取值的任意性,故 H 中任意元素在 H 中的逆元等于该元素在 G 中的逆元。 ■

除了用定义来判定外,子群的判定还可以根据以下更为简单的判定定理。

定理 6.2 设 H 是群 G 的一个非空子集合,则 H 是群 G 的子群的充要条件是对任意的 $a,b\in H$,有 $ab^{-1}\in H$。

证明 必然性是显然的,下面证明充分性。

因为 H 非空,所以 H 中有元素 a,根据假设,有 $e=aa^{-1}\in H$,因此 H 中有单位元。对于 $e\in H$ 及任意 a,再应用假设,有 $a^{-1}=ea^{-1}\in H$,即 H 中每个元素 a 在 H 中均有逆元。对于任意 $a,b\in H$,由 $ab=a(b^{-1})^{-1}\in H$,可知 H 对乘法运算封闭,因此 H 是群 G 的子群。 ■

注意:如果运算为加法,则 $ab^{-1}\in H$ 应视为 $a+(-b)\in H$,或 $a-b\in H$。

例 6.20 $3\mathbf{Z}\subset\mathbf{Z}$,任意的 a,b 是对任意的 $a,b\in 3\mathbf{Z}$,有 $ab^{-1}\in 3\mathbf{Z}$,即不妨设 $a=3m$,$m\in\mathbf{Z}$,$b=-3n$,$n\in\mathbf{Z}$,于是 $ab^{-1}=3m-3n=3(m-n)\in 3\mathbf{Z}$,于是 $<3\mathbf{Z},+>\leqslant<\mathbf{Z},+>$。

下面引入陪集的概念,陪集是群内特殊的子集,陪集的引入主要用于通过对群进行陪集划分来研究群的性质。

定义 6.17 设 H 是群 G 的子群,$a\in G$,则称群 G 的子集 $aH=\{ax\,|\,x\in H\}$ 为群 G 关于子群 H 的一个左陪集,称群 G 的子集 $Ha=\{xa\,|\,x\in H\}$ 为群 G 关于子群 H 的一个右陪集,同时 a 称为代表元。

例 6.21 $\mathbf{Z}$ 关于子群 $H=<3\mathbf{Z},+>$ 的左陪集。

假设 $a=3$,则 $aH=\{3+x\,|\,x\in 3\mathbf{Z}\}=\{3k\,|\,k\in\mathbf{Z}\}$。$a=3$ 是代表元。

假设 $a=4$,则 $aH=\{4+x\,|\,x\in 3\mathbf{Z}\}=\{1+3k\,|\,k\in\mathbf{Z}\}$。$a=4$ 是代表元。

假设 $a=5$,则 $aH=\{5+x\,|\,x\in 3\mathbf{Z}\}=\{2+3k\,|\,k\in\mathbf{Z}\}$。$a=5$ 是代表元。

假设 $a=6$,则 $aH=\{6+x\,|\,x\in 3\mathbf{Z}\}=\{3k\,|\,k\in\mathbf{Z}\}$。$a=6$ 是代表元。

$\mathbf{Z}$ 关于子群 $H=<3\mathbf{Z},+>$ 的右陪集。

假设 $a=3$,则 $Ha=\{x+3\,|\,x\in 3\mathbf{Z}\}=\{3k\,|\,k\in\mathbf{Z}\}$。$a=3$ 是代表元。

假设 $a=6$,则 $Ha=\{x+6\,|\,x\in 3\mathbf{Z}\}=\{3k\,|\,k\in\mathbf{Z}\}$。$a=6$ 是代表元。

例 6.22 $\mathbf{F}_7^*=<\mathbf{Z}/7\mathbf{Z}\backslash\{0\},\cdot>$ 的非平凡子群有 $H_1=\{1,2,4\}$,$H_2=\{1,6\}$。$\mathbf{F}_7^*$ 关于 H_1 的左陪集。

假设 $a=1$,则 $aH_1=1H_1=\{1\cdot x\,|\,x\in H_1\}=\{1\cdot 1,1\cdot 2,1\cdot 4\}=\{1,2,4\}$。$a=1$ 是代表元。

假设 $a=2$,则 $aH_1=2H_1=\{2\cdot x\,|\,x\in H_1\}=\{2\cdot 1,2\cdot 2,2\cdot 4\}=\{1,2,4\}$。$a=2$ 是

代表元。

假设 $a=4$，则 $aH_1=4H_1=\{4\cdot x\mid x\in H_1\}=\{4\cdot 1,4\cdot 2,4\cdot 4\}=\{1,2,4\}$。$a=4$ 是代表元。

假设 $a=3$，则 $aH_1=3H_1=\{3\cdot x\mid x\in H_1\}=\{3\cdot 1,3\cdot 2,3\cdot 4\}=\{3,5,6\}$。$a=3$ 是代表元。

假设 $a=5$，则 $aH_1=5H_1=\{5\cdot x\mid x\in H_1\}=\{5\cdot 1,5\cdot 2,5\cdot 4\}=\{3,5,6\}$。$a=5$ 是代表元。

假设 $a=6$，则 $aH_1=6H_1=\{6\cdot x\mid x\in H_1\}=\{6\cdot 1,6\cdot 2,6\cdot 4\}=\{3,5,6\}$。$a=6$ 是代表元。

$\mathbf{F}_7^*$ 关于 H_2 的右陪集：

假设 $a=3$，$H_2a=H_23=\{x\cdot 3\mid x\in H_2\}=\{1\cdot 3,6\cdot 3\}=\{3,4\}$。

$a=3$ 是代表元。

假设 $a=5$，则 $H_2a=H_25=\{x\cdot 5\mid x\in H_2\}=\{1\cdot 5,6\cdot 5\}=\{2,5\}$。

$a=5$ 是代表元。

假设 $a=6$，则 $H_2a=H_26=\{x\cdot 6\mid x\in H_2\}=\{1\cdot 6,6\cdot 6\}=\{1,6\}$。

$a=6$ 是代表元。

从上面可以观察到有些右(左)陪集是相等的。下面讨论什么情况下会出现这种情况？

定理 6.3 设 H 是群 G 的子群,则 $\forall a,b\in G,Ha=Hb$ 与下面两个等价。

(1) $a\in Hb$。

(2) $ab^{-1}\in H$。

证明 (1) $a\in Hb\to Ha=Hb$。

设 $a\in Hb$,则存在 $h\in H,a=hb$,即 $b=h^{-1}a$。

$\forall x\in Ha$,存在 $h_1\in H$,使得 $x=h_1a=h_1(hb)=(h_1h)b$。子群 H 对运算封闭,于是 $h_1h\in H$,于是 $x\in Hb$。故 $Ha\subseteq Hb$。

$\forall y\in Hb$,存在 $h_2\in H$,使得 $y=h_2b=h_2(h^{-1}a)=(h_2h^{-1})a$。同样地,子群 H 对运算封闭,于是 $h_2h^{-1}\in H$,于是 $y\in Ha$。故 $Hb\subseteq Ha$。

因此,$Ha=Hb$。

(2) $Ha=Hb\to ab^{-1}\in H$。

设 $Ha=Hb$,则 $\forall ha\in Ha$,都存在 $h'\in H$,使得 $ha=h'b$,即 $ab^{-1}=h^{-1}h'\in H$。

(3) $ab^{-1}\in H\to a\in Hb$。

$ab^{-1}\in H$,则存在 $h\in H$,使得 $ab^{-1}=h$,于是 $a=hb\in Hb$。

综上,$a\in Hb\to Ha=Hb\to ab^{-1}\in H\to a\in Hb$,因此,三者等价。∎

由上述定理中的(1)可以看出,一旦代表元 a"落入"代表元 b 的右陪集,则两个陪集就是一样的(如第 2 章同余中提到的剩余类中的一个元素可以代表这一类元素)。

定理 6.4 设 H 为群 G 的子群,$a,b\in G$,则

(1) $a\in Ha$。

(2) $Ha=Hb$,或者 $Ha\bigcap Hb=\varnothing$。

(3) $G = \bigcup\limits_{a \in G} Ha$。

证明 (1) H 为 G 的子群,故 H 中有单位元,$a = ea \in Ha$。

(2) $Ha \cap Hb \neq \varnothing$,则存在 $x \in Ha \cap Hb$,由 $x \in Ha$,则 $Hx = Ha$,由 $x \in Hb$,则 $Hx = Hb$,于是 $Ha = Hb$。

(3) 由于每个右陪集都是群 G 中集合的子集,这些右陪集的并也是 G 的子集,于是 $G \supseteq \bigcup\limits_{a \in G} Ha$;另外,$g \in G$,由(1)知 $g \in Hg \subseteq \bigcup\limits_{a \in G} Ha$,于是 $G \subseteq \bigcup\limits_{a \in G} Ha$。

综上,$G = \bigcup\limits_{a \in G} Ha$。 ■

从上面定理可知以下几点。

(1) 每个右陪集的代表元都包含在该右陪集中。

(2) 任意两个右陪集要么相等,要么不相交。

(3) 将不重复的全部右陪集并起来等于整个群 G 的集合。

因此,群 G 的所有右陪集构成了 G 的一个分划(partition)。

在相同的群下,不同的子群可以提供不同的陪集分解。

当群 G 是有限群时,陪集分解是有限的;然而,当群 G 是无限群时,陪集分解可能是有限的,也可能是无限的。

例 6.23 $<\mathbf{Z}, +>$ 关于 $H = <3\mathbf{Z}, +>$ 的右陪集 $H3, H4, H5$ 构成了 $\mathbf{Z}$ 的一个分划。这里的运算是加法。另外,$H5 = H2, H4 = H1, H3 = H0$。$H5 \cap H3 = \varnothing$。

同时,以单位元为代表的右陪集是子群 H,其余右陪集都不是 G 的子群。

例 6.24 $<\mathbf{Z}, +>$ 关于 $H = <3\mathbf{Z}, +>$ 的右陪集 $H2$ 不是 G 的子群,因为没有单位元 0。右陪集 $H1$ 也不是子群,没有单位元 0。只有 $H0$ 是子群,即 H。

定义 6.18 若 H 为群 G 的子群,则称 H 的右(左)陪集的个数为 H 在 G 中的指数,记为 $[G:H]$。

例 6.25 $G = <\mathbf{Z}, +>$,$H = <3\mathbf{Z}, +>$,则 $[G:H] = 3$。$G = <\mathbf{Z}, +>$,$H = <5\mathbf{Z}, +>$,则 $[G:H] = 5$。$G = <\mathbf{Z}, +>$,$H = <n\mathbf{Z}, +>$,则 $[G:H] = n$。

引理 6.1 设 H 为群 G 的子群,则 H 与 H 的任一个右陪集 Ha 之间都存在双射。

证明 设 $f: H \to Ha$,其中 $\forall h \in H$,有 $f(h) = ha$。

(1) f 是一个映射,因为 h 在 f 下的像 ha 是唯一确定的。

(2) $\forall ha \in Ha$,有原像 h,所以 f 是满射。

(3) 设 $f(h_1) = h_1 a, f(h_2) = h_2 a$,若 $h_1 a = h_2 a$,则 $h_1 a a^{-1} = h_2 a a^{-1}$,即 $h_1 = h_2$,所以 f 是单射。

综上,f 是双射。 ■

由上述定理可知,子群不相等的右陪集不相交,且有相同数目的元素。

例 6.26 $G = <\mathbf{Z}, +>$ 关于 $H = <3\mathbf{Z}, +>$ 的右陪集为 $H0 = \{x \mid x = 3k, k \in \mathbf{Z}\}$,$H1 = \{x \mid x = 3k+1, k \in \mathbf{Z}\}$,$H2 = \{x \mid x = 3k+2, k \in \mathbf{Z}\}$,它们具有相同的元素个数,即 $|H0| = |H1| = |H2|$。

另外,$G = <\mathbf{Z}, +>$ 关于 $H = <4\mathbf{Z}, +>$ 的左陪集是 $0H, 1H, 2H, 3H$,具有相同的元素个数。

下面引入群论中的一个重要的定理——Lagrange 定理。

定理 6.5(Lagrange 定理) 设 H 为有限群 G 的子群,$|G| = |H| \cdot [G:H]$。

证明 假设 $|G| = N$,$|H| = n$,$[G:H] = j$。因为 $[G:H] = j$,即群 G 关于子群 H 的右陪集的个数是 j。

$$G = Ha_1 \bigcup Ha_2 \bigcup \cdots \bigcup Ha_j$$

其中 $Ha_1 = Ha$。

由引理 6.1,有

$$|Ha_1| = |Ha_2| = \cdots = |Ha_j| = n$$

所以 $|G| = |Ha_1| j$,即 $N = nj$。∎

Lagrange 定理将子群的阶和有限群的阶联系起来。它给出判定有限群子群的必要条件,为子群的判定、分类提供新的方法。

例 6.27 $\mathbf{F}_7^* = <\mathbf{Z}/7\mathbf{Z}\backslash\{0\}, \cdot>$ 的非平凡子群有 $H_1 = \{1,2,4\}$,$H_2 = \{1,6\}$。$\mathbf{F}_7^*$ 关于 H_1 的左陪集有两个,即

$1H_1 = \{1 \cdot x \mid x \in H_1\} = \{1 \cdot 1, 1 \cdot 2, 1 \cdot 4\} = \{1,2,4\}$。

$3H_1 = \{3 \cdot x \mid x \in H_1\} = \{3 \cdot 1, 3 \cdot 2, 3 \cdot 4\} = \{3,5,6\}$。

容易看到,$|\mathbf{F}_7^*| = 6$,$|H_1| \cdot [\mathbf{F}_7^* : H_1] = 3 \cdot 2 = 6$。

$\mathbf{F}_7^*$ 关于 H_2 的右陪集有 3 个,即

$H_2 3 = \{x \cdot 3 \mid x \in H_2\} = \{1 \cdot 3, 6 \cdot 3\} = \{3,4\}$。

$H_2 5 = \{x \cdot 5 \mid x \in H_2\} = \{1 \cdot 5, 6 \cdot 5\} = \{2,5\}$。

$H_2 6 = \{x \cdot 6 \mid x \in H_2\} = \{1 \cdot 6, 6 \cdot 6\} = \{1,6\}$。

容易看到,$|\mathbf{F}_7^*| = 6$,$|H_2| \cdot [\mathbf{F}_7^* : H_1] = 2 \cdot 3 = 6$。

推论 6.1 设 G 为有限群,则 $\forall a \in G$,其阶 m 是 $|G|$ 的因子,即 $a \mid |G|$。

证明 由 a 生成 G 的一个循环子群 H,由 Lagrange 定理知 $|H| \mid |G|$。$|H| = m$,因此,$m \mid |G|$,即 $a \mid |G|$。∎

即有限群中每个元素的阶是群的阶的因子。

推论 6.2 设 H 是有限群 G 的子群,则 $|H| \mid |G|$。

推论 6.3 设 G 是 N 阶有限群,则对 G 中任意元素 g,有 $g^N = e$。

例 6.28 $G = <\mathbf{Z}, +>$ 关于子群 $H = <n\mathbf{Z}, +>$ 的代表元为 a 的右陪集为 $n\mathbf{Z} + a$,$a \in \mathbf{Z}$,即

$$n\mathbf{Z} + a = \{nk + a \mid k \in \mathbf{Z}\}$$

即为 $\mathbf{Z}$ 关于模 n 的剩余类,$[\mathbf{Z}:n\mathbf{Z}] = n$,$G = H0 \bigcup H1 \bigcup \cdots \bigcup H(n-1)$,这里 $Hi = n\mathbf{Z} + i$。

6.3 正规子群、商群、同态

在 6.2 节中陪集概念的引入,提供了对群进行划分的一种方法。然而,陪集对群的划分不能够保证任意陪集内的元素在代数运算后结果依然保持在唯一的陪集中。例如,$<\mathbf{Z},+>$ 关于 $<3\mathbf{Z},+>$ 的陪集 $H1$,$H1$ 中的元素进行代数运算后的结果为 $H2$,但是,$H0$ 的

元素运算后结果保持在 H_0 中。另外,如果将陪集 H_0,H_1,H_2 视为一个集合,如何定义运算,使得它们能构成一个群。

定义 6.19 设 G 是群,$H \leqslant G$,若对 G 中任一元素 a,均有 $aH = Ha$,即 a 关于 H 的左、右陪集相等,则称 H 为 G 的正规子群,记为 $H \lhd G$。

由正规子群的定义知以下几点。

(1) 单位元生成的子群,以及群 G 本身,是两个平凡的正规子群。

(2) 当 G 为 Abel 群时,它的任意子群都是正规子群。

例 6.29 $<\mathbf{Z},+>$ 是交换群,$<3\mathbf{Z},+>$ 是正规子群,$<5\mathbf{Z}+>$ 是正规子群,$<n\mathbf{Z},+>$ 是正规子群。$<\mathbf{Q},+>$ 的任意子群都是正规子群。

正规子群的判断条件如下。

定理 6.6 设 H 是群 G 的正规子群,等价于:

(1) $\forall a \in G, h \in H, aha^{-1} \in H$。

(2) $\forall a \in G, aHa^{-1} \subset H$。

(3) $\forall a \in G, aHa^{-1} = H$。

证明 从 H 是群 G 的正规子群,推导 (1):因为 $H \lhd G$ 可以得到 $aH = Ha$,所以任取 H 中元素 h,可以得到 $ah = ha$。等式两边右乘 a^{-1},得到 $aha^{-1} = h \in H$,即 $aha^{-1} \in H$。

从 (1) 推导 (2):因为 h 在 H 内取值的任意性,可以得到 $aHa^{-1} \subset H$。

从 (2) 推导 (3):因为任意 $h_1 \in H$,均有 $ah_1a^{-1} \subset H$,即存在 $h_2 \in H$,使得 $ah_1a^{-1} = h_2$,即 $a^{-1}h_2a = h_1$,因此 $H \subset aHa^{-1}$。所以,$aHa^{-1} = H$ 得证。

从 (3) 推导 H 是群 G 的正规子群:因为 $aHa^{-1} = H$,等式两边同时右乘 a,得到 $aH = Ha$,因此,$H \lhd G$ 得证。 ■

下面定义一个运算,使得正规子群的陪集集合构成一个群。注意,任取 aH 中两个元素 a_1,a_2,和 bH 中两个元素 b_1,b_2,都有 $a_1b_1H = a_2b_2H$,即该运算的定义不依赖于 aH 和 bH 的代表元的选取。

定理 6.7 设 $H \lhd G$,令 $G/H = \{aH \mid a \in G\}$ 代表正规子群 H 在群 G 中的全部不同的陪集组成的集合,在 G/H 上定义运算:$(aH) \cdot (bH) = (ab)H$,则 G/H 在该运算下构成一个群。

证明 $G/H = \{aH \mid a \in G\} = \{Ha \mid a \in G\}$,由

$$aH \cdot bH = abH \in G/H$$

于是,G/H 对于运算满足封闭性。

由

$$(aH \cdot bH) \cdot cH = abH \cdot cH = abcH$$
$$aH \cdot (bH \cdot cH) = aH \cdot (bcH) = abcH$$

知 G/H 对于运算满足结合律。

由

$$H \cdot aH = aH \cdot H = aH$$

知 G/H 对于运算的单位元为 H。

由
$$aH \cdot a^{-1}H = aa^{-1}H = H$$
$$a^{-1}H \cdot aH = a^{-1}aH = H$$

知 aH 的逆元是 $a^{-1}H$。

综上,G/H 关于运算 · 构成一个群。

定义 6.20 群 G/H 称为 G 关于正规子群 H 的商群。

例 6.30 $<\mathbf{Z}, +>$ 关于正规子群 $<3\mathbf{Z}, +>$ 的陪集集合为 $H0, H1, H2$,即 $G/H = \{H0, H1, H2\}$,在 G/H 上定义运算:$(aH) \cdot (bH) = ((a+b) \bmod 3)H, a, b \in \{0, 1, 2\}$,则 G/H 对于运算 · 构成一个群,该群的单位元是 $H0$,$H0$ 的逆元是 $H0$,$H1$ 的逆元是 $H2$,$H2$ 的逆元是 $H1$。

例 6.31 $n\mathbf{Z} \lhd \mathbf{Z}$,商群 $\mathbf{Z}/n\mathbf{Z} = \{0 + n\mathbf{Z}, 1 + n\mathbf{Z}, \cdots, (n-1) + n\mathbf{Z}\}$。可分别用 $[0]$, $[1], \cdots, [n-1]$ 表示这个 n 个陪集。$\mathbf{Z}/n\mathbf{Z} = \{[0], [1], \cdots, [n-1]\}$。定义运算
$$[a] + [b] = [a + b \pmod n]$$
显然,在这个运算下 $\mathbf{Z}/n\mathbf{Z}$ 构成一个群。

例 6.32 商群 G/H 的单位元是 H,元 Ha 的逆元是 Ha^{-1}。

下面讨论群与群之间的两种特殊的映射。

定义 6.21 设 G 和 G' 是两个群,f 是 G 到 G' 的一个映射,如果对任意的 $a, b \in G$,都有
$$f(ab) = f(a)f(b) \tag{6.1}$$
那么,f 叫作 G 到 G' 的一个同态(homomorphism)。

如果 f 是一对一的(injective),则称 f 为单同态;如果 f 是满的(surjective),则称 f 为满同态;如果 f 是一一对应的(bijective),则称 f 为同构(isomorphism)。

如果存在一个 G 到 G' 的同构映射,称 G 和 G' 同构,记作 $G \cong G'$。

当 $G = G'$ 时,同态 f 叫作自同态,同构 f 叫作自同构。

$\mathrm{Im}(f) = f(G) = \{f(a) | a \in G\}$ 称为群 G 的同态像。

$\mathrm{Ker}(f) = \{a | a \in G, f(a) = e'\}$ 称为同态 f 的同态核。

思考 6.5 同态映射中的运算是否有区别。

需要注意的是,式(6.1)中左边 ab 之间的运算是 G 群中的运算,右边 $f(a)f(b)$ 之间的运算是 G' 群中的运算。

例 6.33 加群 $\mathbf{Z}$ 到乘群 $\mathbf{R}^* = \mathbf{R} \backslash \{0\}$ 的映射 $f: a \to e^a$ 是 $\mathbf{Z}$ 到 $\mathbf{R}^*$ 的一个同态。

例 6.34 加群 $\mathbf{Z}$ 到加群 $\mathbf{Z}_n = \mathbf{Z}/n\mathbf{Z}$ 的映射 $f: n \to k$ $(k \in \{0, 1, \cdots, n-1\})$ 是 $\mathbf{Z}$ 到 $\mathbf{Z}_n$ 的一个同态。

定理 6.8(自然同态) G 为一个群,$H \lhd G$,则 G 与它的商群 G/H 同态。

证明 设 H 是 G 的正规子群。定义映射 $f: G \to G/H$ 为 $f(a) = aH$。

容易证明 $f(ab) = abH$,$f(a)f(b) = aH \cdot bH = abH$。于是,$f(ab) = f(a)f(b)$。 ∎

例 6.35 整数加法群 $\mathbf{Z}$ 与商群 $\mathbf{Z}/n\mathbf{Z}$ 是自然同态。

例 6.36 自然同态的核就是正规子群 H。例如,整数加法群 $\mathbf{Z}$ 与商群 $\mathbf{Z}/n\mathbf{Z}$ 是自然同态的核就是 $n\mathbf{Z}$。

定理 6.9(同态基本定理) 设 f 是群 G 到 G' 的一个满同态映射,$N=\mathrm{Ker}(f)$,则 N 是 G 的一个正规子群,且

$$G/N \cong G'$$

证明 设 e 是群 G 的单位元,e' 是群 G' 的单位元。又设 $a,b \in N$,则有 $f(a)=f(b)=e'$。因此 $f(ab^{-1})=f(a)f(b^{-1})=e'(e')^{-1}=e'$,即

$$\forall a,b \in N \Rightarrow ab^{-1} \in N$$

于是 N 是 G 的子群。

又 $\forall c \in G, a \in N, f(cac^{-1})=f(c)e'(f(c))^{-1}=e'$,即

$$\forall c \in G, a \in N \Rightarrow cac^{-1} \in N$$

因此,N 是 G 的正规子群。

定义 $\varphi:G/N \to G'$ 为

$$\varphi(aN) = f(a)$$

这个映射就是 G/N 与 G' 之间的同构映射。理由如下。

(1) $aN=bN \Rightarrow b^{-1}a \in N \Rightarrow e'=f(b^{-1}a)=(f(b))^{-1}f(a) \Rightarrow f(a)=f(b)$,即在 φ 映射下 G/N 的一个元素只有一个像。

(2) 给定 G' 中的任意一个元素 a',在 G 中至少有一个元素 a,满足 $f(a)=a'$,则有 $\varphi(aN)=f(a)=a'$,即 φ 是 G/N 到 G' 的满射。

(3) $aN \neq bN \Rightarrow b^{-1}a \notin N \Rightarrow (f(b))^{-1}f(a) \neq e' \Rightarrow f(a) \neq f(b)$,即 φ 是单射。

(4) $aNbN=abN \Rightarrow \varphi(aNbN)=\varphi(abN)=f(ab)=f(a)f(b)=\varphi(aN)\varphi(bN)$。

综上,$G/N \cong G'$。 ■

图 6.2 给出了 3 个映射之间的关系:$f=\varphi\theta$。

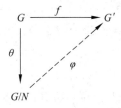

图 6.2 自然同态 $\theta: G \to G/N, f: G \to G', \varphi: G/N \to G'$

6.4 循环群

本节讨论循环群,其中很多定理是第 5 章中定理的一般化和抽象化,第 5 章研究对象是具体的,如整数,采用归纳的方法,这一节研究对象是抽象的,如群,采用演绎的方法。

定理 6.10 设 G 是一个群,$\{H_i\}_{i \in I}$ 是 G 的一族子群,则 $\bigcap_{i \in I} H_i$ 是 G 的一个子群。

证明 因为 $e \in H_i$,于是 $\bigcap_{i \in I} H_i$ 非空。若 $a,b \in \bigcap_{i \in I} H_i$,则对任意的 $i, a,b \in H_i$。有 $H_i \leqslant G$,有 $ab^{-1} \in H_i$,于是 $ab^{-1} \in \bigcap_{i \in I} H_i$。由子群的判定条件知,$\bigcap_{i \in I} H_i$ 是 G 的一个子群。 ■

例 6.37 $2\mathbf{Z}$ 是 $\mathbf{Z}$ 的子群,$3\mathbf{Z}$ 是 $\mathbf{Z}$ 的子群。$2\mathbf{Z} \cap 3\mathbf{Z}=6\mathbf{Z}$ 是 $\mathbf{Z}$ 的子群。$8\mathbf{Z}$ 是 $2\mathbf{Z}$ 的

子群,6**Z** 是 2**Z** 的子群,8**Z**∩6**Z**=24**Z** 是 2**Z** 的子群。

定理 6.11 设 G 是一个群,X 是 G 的非空子集,$\{H_i\}_{i\in I}$ 是 G 的包含 X 的所有子群,则 $\bigcap_{i\in I}H_i$ 是 G 的由 X 生成的子群,记为 $<X>$。

例 6.38 $X=6\mathbf{Z}$,G 中包含 X 的所有子群为 $2\mathbf{Z},3\mathbf{Z},6\mathbf{Z}$。$2\mathbf{Z}\bigcap 3\mathbf{Z}\bigcap 6\mathbf{Z}=6\mathbf{Z}$,$6\mathbf{Z}$ 生成的子群记为 $<6\mathbf{Z}>$。

实际上,$<X>$ 是 G 中包含 X 的最小子群。

X 的元素称为子群 $<X>$ 的生成元。如果 $X=\{a_1,\cdots,a_n\}$,则记 $<X>$ 为 $<a_1,a_2,\cdots,a_n>$。如果 $G=<a_1,a_2,\cdots,a_n>$,则称 G 为有限生成的。特别地,如果 $G=<a>$,则称 G 为由 a 生成的循环群(cyclic group)。

定理 6.12 设 G 是一个群,X 是 G 的非空子集,则由 X 生成的子群为
$$<X>=\{a_1^{n_1}\cdots a_t^{n_t}\mid t\in N,a_i\in G,n_i\in\mathbf{Z},1\leqslant i\leqslant t\}$$
特别地,对任意的 $a\in G$,有
$$<a>=\{a^n\mid n\in\mathbf{Z}\}$$

例 6.39 整数加群 $<\mathbf{Z},+>$ 是由 1 或 -1 生成的循环群。其中任意正整数 $m=1^m=(-1)^{-m}$。

例 6.40 $G=<6>$,对于加法而言,$<6>=<-6>=<6\mathbf{Z},+>$。

例 6.41 整数模群 $(\mathbf{Z}_n,+)$ 可由模 n 的同余类 $[1]$ 生成,故 $(\mathbf{Z}_n,+\bmod n)$ 是一个循环群。

例 6.42 $<2,3>=<\mathbf{Z},+>$,任意两个互素的整数可以生成加法群 $<\mathbf{Z},+>$。

若 $G=<a>$,则称 a 是 G 的一个生成元。当 $\mathrm{ord}(a)=m$ 为有限整数时,$G=\{e,a,a^2,\cdots,a^{m-1}\}$;当 $\mathrm{ord}(a)=\infty$ 时,$G=\{\cdots,a^{-k},\cdots,a^{-2},a^{-1},e,a,a^2,\cdots,a^k,\cdots\}$。

例 6.43 $<\mathbf{Z}_5^*,\cdot\bmod 5>=<2>=\{2^0,2^1,2^2,2^3\}=\{1,2,3,4\}$。2 是 $\mathbf{Z}_5^*$ 的生成元。

$<\mathbf{Z}_5^*,\cdot\bmod 5>=<4>=\{4^0,4^1,4^2,4^3\}=\{1,2,3,4\}$。4 是 $\mathbf{Z}_5^*$ 的生成元。

例 6.44 对 $<\mathbf{Z},+>$ 而言,$\mathrm{ord}(0)=1,\mathrm{ord}(1)=\infty,\mathrm{ord}(-1)=\infty$。

易知,循环群是 Abel 群。若 $G=<a>$,则 $|G|=\mathrm{ord}(a)$。

例 6.45 $\mathbf{Z}_7^*=<3>=\{3^1,3^2,3^3,3^4,3^5,3^6\}$。$|\mathbf{Z}_7^*|=\mathrm{ord}(3)=6$。

例 6.46 设 $G=<g>=\{g^r\mid g^r\neq 1,1\leqslant r<n,g^n=1\}$,$G$ 是 n 阶循环群,则
$$<g^d>=\{g^{dk}\mid k\in\mathbf{Z}\}$$

$\mathbf{Z}_7^*=<3>=\{3^1,3^2,3^3,3^4,3^5,3^6\}$。

$<3^2>=<2>=\{2^1,2^2,2^3,2^4,2^5,2^6\}=\{2,4,1\}$。

思考 6.6 这一定义和第 5 章中原根和阶的定义形成了某种"呼应"。

定理 6.13 加群 $\mathbf{Z}$ 的每个子群 H 都是循环群,且有 $H=<0>$ 或者 $H=<m>=m\mathbf{Z}$,其中 m 是 H 中的最小正整数。如果 $H\neq<0>$,则 H 是无限的。

例 6.47 加群 $\mathbf{Z}$ 的子群 $H=<3>=3\mathbf{Z}$ 是无限的,$H=<0>=<\{0\},+>$ 是有限的。

例 6.48 加群 $\mathbf{Z}$ 的子群 $H=<m>=m\mathbf{Z}$ 是无限的,即 $<\{\cdots,-2m,-m,0,m,2m,\cdots\},+>$ 是无限的。

定理 6.14 每个无限循环群同构于加群 $\mathbf{Z}$,每个阶为 m 的有限循环群同构于加群 $\mathbf{Z}/m\mathbf{Z}$。

证明 定义 $f\colon \mathbf{Z}\to G$ 为 $f(k)=a^k$,则 f 是满射。对于任意整数 $l,n\in\mathbf{Z}$,有

$$f(l+n)=a^{l+n}=a^l a^n=f(l)f(n)$$

于是 f 是一个群同态。

(1) 若 $\mathrm{ord}(a)=\infty,n\in\mathrm{Ker}(f)$,则 $f(n)=a^n=e$,故 $n=0$,即 $\mathrm{Ker}(f)=\{0\}$。由同态基本定理,有

$$\mathbf{Z}=\mathbf{Z}/\{0\}\cong G$$

(2) 若 $\mathrm{ord}(a)=m,n\in\mathrm{Ker}(f)$,则 $f(n)=a^n=e$ 设

$$n=qm+r\quad 0\leqslant r<m$$

则

$$e=a^n=(a^m)^q a^r=a^r$$

由阶的定义,$r=0$,所以 $m\mid n$。

反之,若 $m\mid n$,则有 $a^n=e$。故 $\mathrm{Ker}(f)=\{mk\mid k\in\mathbf{Z}\}=m\mathbf{Z}$。有同态基本定理,有

$$\mathbf{Z}_m=\mathbf{Z}/m\mathbf{Z}\cong G$$

此定理说明,循环群的构造完全取决于它的生成元,当生成元的阶是无限大时,它们互相同构且都与 $<\mathbf{Z},+>$ 同构。当生成元的阶是 m 时,它们互相同构且都与 $<\mathbf{Z}/m\mathbf{Z},+\bmod m>$ 同构。因此,从同构的观点看,循环群只有两种,即整数加群和模 m 的剩余类加群。于是,对循环群的研究可转移到对这两个群的研究上来。

接下来由循环子群的阶给出群元素阶的等价定义。

定义 6.22 设 G 是一个群,$a\in G$,则子群 $<a>$ 的阶称为元素 a 的阶,记 $|a|$。

定理 6.15 设 G 是一个群,$a\in G$。

如果 a 是无限阶,则:

(1) $a^k=e$ 当且仅当 $k=0$。

(2) 元素 $a^k(k\in\mathbf{Z})$ 两两不同。

如果 a 是有限阶 $m>0$,则:

(3) m 是使得 $a^m=e$ 的最小正整数。

(4) $a^k=e$ 当且仅当 $m\mid k$。

(5) $a^r=a^k$ 当且仅当 $r\equiv k\ (\bmod\ m)$。

(6) 元素 $a^k(k\in\mathbf{Z}/m\mathbf{Z})$ 两两不同。

(7) $<a>=\{a,a^2,\cdots,a^{m-1},a^m=e\}$。

(8) 对任意整数 $1\leqslant d\leqslant m$,有 $|a^d|=\dfrac{m}{(m,d)}$。

例 6.49 $<\mathbf{Z}_n,+>$ 的全部子群为 $H_d=<d>$,其中 $d\mid n$,且 $<d>$ 为 $\mathbf{Z}_n$ 中唯一的

$n/(d,n)$ 阶子群,其生成元为与 n 互素的元。事实上,设 $\mathbf{Z}_n=<a>$,因为 $\mathbf{Z}_n$ 是有限群,所以必存在整数 k 使得 $ka\equiv 1\ (\bmod\ n)$,于是 $(a,n)=1$。

例如,$<\mathbf{Z}_8,+>$ 有 1,2,4,8 阶子群各一个。1 阶子群为 $<0>$,有一个生成元;2 阶子群为 $<4>$,有一个生成元;4 阶子群为 $<2>$,$<6>$,有两个生成元;8 阶子群为 $<1>$,$<3>$,$<5>$,$<7>$,有 4 个生成元。

例 6.50 加法群 $\mathbf{Z}_{36}$ 是一个循环群,$[1]$ 是生成元,因为对 n 阶循环群 $G=<a>$ 而言,任意正整数 k 都有 $o(a^k)=\dfrac{n}{(k,n)}$,所以 $[6]$ 的阶为 $\dfrac{36}{(6,36)}=6$,$[8]$ 的阶为 $\dfrac{36}{(8,36)}=9$。

例 6.51 $<\mathbf{Z}_{12},+\bmod 12>$ 是 12 阶循环群。

$<0>=\{0\}$,是 1 阶子群。

$<1>=<5>=<7>=<11>=Z_{12}$,是 12 阶子群。

$<2>=<10>=\{0,2,4,6,8,10\}$,是 6 阶子群。

$<3>=<9>=\{0,3,6,9\}$,是 4 阶子群。

$<4>=<8>=\{0,4,8\}$,是 3 阶子群。

$<6>=\{0,6\}$,是 2 阶子群。

定理 6.16 循环群的子群是循环群。

证明 设 $G=<a>$ 是由 a 生成的循环群,H 是 G 的子群,则 H 中的元素都可以表示成 a^k 的形式,且当 $a^k\in H$,有 $a^{-k}\in H$。若 $H=\{e\}$,则结论显然成立;否则设 $r=\min\{k\mid k>0,a^k\in H\}$。若 $a^m\in H$,不妨设 $m\geq 0$,令 $m=rq+t,0\leq t<r,t,q\in Z$。如果 $t\neq 0$ 则 $a^t=a^m\cdot(a^r)^{-q}\in H$,这与 r 的选取即 r 是最小的矛盾,所以 $m=rq$,又显然对任意的 $k,a^{rk}\in H$,故 $H=<a^r>$。∎

定理 6.17 设 G 是循环群,$G=<a>$,如果 G 是无限的,则 G 的生成元为 a 和 a^{-1},如果 G 是有限阶 m,则 a^k 是 G 的生成元当且仅当 $(k,m)=1$。

思考 6.7 这个定理是否"似曾相识"呢?

这个可以视为前面学到的定理 5.10 的一般化。

最后介绍一个寻找循环群的生成元的算法。

算法 6.1 寻找循环群的生成元。

输入:n 阶循环群 G,n 的素因子分解 $n=p_1^{e_1}p_2^{e_2}\cdots p_k^{e_k}$。

输出:G 的一个生成元 a。

(1) 随机选择一个 G 中的元素 a。

(2) 对 i 从 1 到 k 执行以下计算:

计算 $b\leftarrow a^{n/p_i}$。

如果 b= 1 则转到步骤(1)。

(3) 返回值 a。

容易看到,该算法和算法 5.1 是一样的。

6.5 置换群

6.5.1 置换群的概念

设 S 是一个非空集合，G 是 S 到自身的所有一一对应的映射组成的集合，则对于映射的复合运算，G 构成一个群，叫作对称群，也称为全置换群。

对称群的单位元是恒等映射。G 中的元素是 S 上的一个置换。

当 S 是 n 元有限集时，G 叫作 n 元对称群，记作 S_n。

设 $S=\{1,2,\cdots,n\}$ 及其对称群 S_n 中的元素 σ，有 $\sigma:i\to\sigma(i)$。通常将置换 σ 写成

$$\sigma=\begin{pmatrix}1 & 2 & \cdots & n-1 & n \\ \sigma(1) & \sigma(2) & \cdots & \sigma(n-1) & \sigma(n)\end{pmatrix}=\begin{pmatrix}i_1 & i_2 & \cdots & i_{n-1} & i_n \\ \sigma(i_1) & \sigma(i_2) & \cdots & \sigma(i_{n-1}) & \sigma(i_n)\end{pmatrix}$$

例如，

$$\sigma=\begin{pmatrix}1 & 2 & 3 & 4 & 5 & 6 \\ 5 & 4 & 3 & 6 & 1 & 2\end{pmatrix}=\begin{pmatrix}1 & 5 & 2 & 4 & 6 & 3 \\ 5 & 1 & 4 & 6 & 2 & 3\end{pmatrix}$$

图 6.3 给出了 σ 映射的图示。

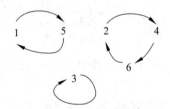

图 6.3 σ 映射的图示

例 6.52 如果 S 是 3 元有限集合，写出 G,S_3。

解答 $G=\left\{\begin{pmatrix}123\\123\end{pmatrix},\begin{pmatrix}123\\132\end{pmatrix},\begin{pmatrix}123\\213\end{pmatrix},\begin{pmatrix}123\\231\end{pmatrix},\begin{pmatrix}123\\312\end{pmatrix},\begin{pmatrix}123\\321\end{pmatrix}\right\}$。$S_3=<G,\mathrm{o}>$，o 为映射的复合运算。

例 6.53 令 $f_1=\begin{pmatrix}123\\123\end{pmatrix},f_2=\begin{pmatrix}123\\132\end{pmatrix},f_3=\begin{pmatrix}123\\213\end{pmatrix},f_4=\begin{pmatrix}123\\231\end{pmatrix},f_5=\begin{pmatrix}123\\312\end{pmatrix}$，
$f_6=\begin{pmatrix}123\\321\end{pmatrix}$。

单位元是什么？f_1 的逆元是什么？计算 $f_2\mathrm{o}f_3$？f_4 的逆元是什么？子群是什么？正规子群是什么？

解答 单位元是 f_1，f_1 的逆元是 f_1。

$$f_2\mathrm{o}f_3=\begin{pmatrix}123\\132\end{pmatrix}\mathrm{o}\begin{pmatrix}123\\213\end{pmatrix}=\begin{pmatrix}123\\312\end{pmatrix}=f_5$$

$$f_4{}^{-1}=\begin{pmatrix}123\\312\end{pmatrix}=f_5$$

注意:通常复合运算先做右边的,后做左边的。另外,容易看到 $|G|=3!=6$。

S_3 的全体子群是 $H_1=\{f_1\}$,$H_2=\{f_1,f_2\}$,$H_3=\{f_1,f_3\}$,$H_4=\{f_1,f_4\}$,$H_5=\{f_1,f_5,f_6\}$,$H_6=G$。平凡子群是 H_1 和 H_6,真子群是 H_2,H_3,H_4。正规子群是 H_1,H_5,H_6,非正规子群是 H_2,H_3,H_4。

例 6.54 设映射 $\boldsymbol{\sigma}=\begin{pmatrix} 1 & 2 & \cdots & n \\ i_1 & i_2 & \cdots & i_n \end{pmatrix}$,则 $\boldsymbol{\sigma}^{-1}=\begin{pmatrix} i_1 & i_2 & \cdots & i_n \\ 1 & 2 & \cdots & n \end{pmatrix}$。

例 6.55 $\boldsymbol{\sigma}=\begin{pmatrix} 1 & 2 & 3 & 4 & 5 & 6 \\ 6 & 5 & 4 & 3 & 1 & 2 \end{pmatrix}$,$\boldsymbol{\tau}=\begin{pmatrix} 1 & 2 & 3 & 4 & 5 & 6 \\ 5 & 6 & 4 & 2 & 3 & 1 \end{pmatrix}$,求 $\boldsymbol{\sigma\tau},\boldsymbol{\tau\sigma},\boldsymbol{\sigma}^{-1}$。

解答 $\boldsymbol{\sigma\tau}=\begin{pmatrix} 1 & 2 & 3 & 4 & 5 & 6 \\ 6 & 5 & 4 & 3 & 1 & 2 \end{pmatrix}\begin{pmatrix} 1 & 2 & 3 & 4 & 5 & 6 \\ 5 & 6 & 4 & 2 & 3 & 1 \end{pmatrix}$

$$=\begin{pmatrix} 5 & 6 & 4 & 2 & 3 & 1 \\ 1 & 2 & 3 & 5 & 4 & 6 \end{pmatrix}\begin{pmatrix} 1 & 2 & 3 & 4 & 5 & 6 \\ 5 & 6 & 4 & 2 & 3 & 1 \end{pmatrix}=\begin{pmatrix} 1 & 2 & 3 & 4 & 5 & 6 \\ 1 & 2 & 3 & 5 & 4 & 6 \end{pmatrix}$$

$\boldsymbol{\tau\sigma}=\begin{pmatrix} 1 & 2 & 3 & 4 & 5 & 6 \\ 5 & 6 & 4 & 2 & 3 & 1 \end{pmatrix}\begin{pmatrix} 1 & 2 & 3 & 4 & 5 & 6 \\ 6 & 5 & 4 & 3 & 1 & 2 \end{pmatrix}$

$$=\begin{pmatrix} 6 & 5 & 4 & 3 & 1 & 2 \\ 1 & 3 & 2 & 4 & 5 & 6 \end{pmatrix}\begin{pmatrix} 1 & 2 & 3 & 4 & 5 & 6 \\ 6 & 5 & 4 & 3 & 1 & 2 \end{pmatrix}=\begin{pmatrix} 1 & 2 & 3 & 4 & 5 & 6 \\ 3 & 2 & 4 & 5 & 6 \end{pmatrix}$$

$$\boldsymbol{\sigma}^{-1}=\begin{pmatrix} 6 & 5 & 4 & 3 & 1 & 2 \\ 1 & 2 & 3 & 4 & 5 & 6 \end{pmatrix}=\begin{pmatrix} 1 & 2 & 3 & 4 & 5 & 6 \\ 5 & 6 & 4 & 3 & 2 & 1 \end{pmatrix}$$

容易看到不满足交换律。

定理 6.18 $|S_n|=n!$,即 n 元置换全体组成的集合对置换的复合运算构成一个群,其阶为 $n!$。

证明 置换的复合运算依然是置换,因此满足封闭性、结合律。单位元是恒等置换 $\boldsymbol{I}=\begin{pmatrix} 1 & 2 & \cdots & n \\ 1 & 2 & \cdots & n \end{pmatrix}$。任意置换 $\boldsymbol{\sigma}=\begin{pmatrix} 1 & 2 & \cdots & n \\ i_1 & i_2 & \cdots & i_n \end{pmatrix}$ 有逆元 $\boldsymbol{\sigma}^{-1}=\begin{pmatrix} i_1 & i_2 & \cdots & i_n \\ 1 & 2 & \cdots & n \end{pmatrix}$。因此,$S_n$ 对置换的复合运算构成群,阶为 $n!$。∎

定义 6.23 S_n 及其任一子群称为集合 S 上的置换群。

由 n 元置换构成的群叫作 n 元置换群。

例 6.56 设 $\sigma=(1,2,3)$,循环群 $G=<\sigma>=\{(1,2,3),(1,3,2),e\}$ 是 3 元置换群。

思考 6.8 $\sigma^2=?$ $\sigma^3=?$

$\sigma^2=(1,3,2)$,$\sigma^3=e$,即单位元为恒等置换 I。

直观地说,从图 6.4 中就可以看出,σ^2 为中图,是左图"步行"两步后的结果,σ^3 为右图,是左图"步行"3 步后的结果。

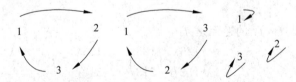

图 6.4 σ,σ^2,σ^3 映射的图示

如果表示成矩阵形式,则含义更加明显和直观。

$$\sigma = \begin{pmatrix} 0 & 1 & 0 \\ 0 & 0 & 1 \\ 1 & 0 & 0 \end{pmatrix}, \sigma^2 = \begin{pmatrix} 0 & 1 & 0 \\ 0 & 0 & 1 \\ 1 & 0 & 0 \end{pmatrix}\begin{pmatrix} 0 & 1 & 0 \\ 0 & 0 & 1 \\ 1 & 0 & 0 \end{pmatrix} = \begin{pmatrix} 0 & 0 & 1 \\ 1 & 0 & 0 \\ 0 & 1 & 0 \end{pmatrix}, \sigma^3 = \begin{pmatrix} 0 & 0 & 1 \\ 1 & 0 & 0 \\ 0 & 1 & 0 \end{pmatrix}\begin{pmatrix} 0 & 1 & 0 \\ 0 & 0 & 1 \\ 1 & 0 & 0 \end{pmatrix} = \begin{pmatrix} 1 & 0 & 0 \\ 0 & 1 & 0 \\ 0 & 0 & 1 \end{pmatrix}$$

定义 6.24　设 $\sigma \in S_n$,若 σ 满足 $\sigma(i_1) = i_2, \sigma(i_2) = i_3, \cdots, \sigma(i_{k-1}) = i_k$, $\sigma(i_k) = i_1$,其中,$1 \leqslant k \leqslant n$,且保持其他元素不变,这称置换 σ 为 k 循环或者 k 轮换,记为

$$\sigma = (i_1 i_2 \cdots i_k)$$

当 $k = 2$ 时,置换 $(i_1 i_2)$ 称为对换。用 I 表示恒等置换。

两个循环置换中如果不存在相同的元素,则称这两个循环置换互不相交。

例 6.57　$\sigma = \begin{pmatrix} 1 & 2 & 3 & 4 & 5 & 6 \\ 6 & 5 & 2 & 1 & 3 & 4 \end{pmatrix} = (1\ 6\ 4)(2\ 5\ 3)$

定理 6.19　任意一个置换都可以表示成一些不相交循环置换的乘积,在不考虑乘积次序的情况下,该表达式是唯一的。

证明　首先证明 σ 可以表示为循环置换的乘积。

如果 $\sigma(1) = 1$,则取 $\sigma_1 = (1)$;否则,不妨设 $\sigma(1) = i_1, \sigma(i_1) = i_2, \cdots$,如此计算下去,由于 σ 是 n 元置换,存在一个 k,使得 $\sigma(i_k) = 1$。这样取

$$\sigma_2 = (1, i_1, i_2, \cdots, i_k)$$

这是一个循环置换。如果 $k = n-1$,则过程结束,$\sigma = \sigma_2$;否则,从剩下的元素中取最小的,采用类似方法得到一个循环,依此下去,最终得到所有循环置换,且两两互不相交。

唯一性证明。如果还存在另一个分解,则会出现某个元素映射到不同元素的情况,这与映射的定义矛盾。■

该定理可以这样直观的理解:如果通过子图表示置换,则任意一个置换都可以表示成多个子图的集合,每个子图表示一个循环置换,每个子图中的每个节点都是入度为1、出度为1。

定理 6.20　任意置换都可以分解成若干对换的乘积。

证明　由于任意置换都可以表示成不相交的循环置换的乘积,所以只需要证明循环置换可分解为若干对换的乘积即可。

$k = 3$ 时,有

$$(i_1\ i_3)(i_1\ i_2) = \begin{pmatrix} i_1 & i_2 & i_3 \\ i_3 & i_2 & i_1 \end{pmatrix}\begin{pmatrix} i_1 & i_2 & i_3 \\ i_2 & i_1 & i_3 \end{pmatrix} = \begin{pmatrix} i_1 & i_2 & i_3 \\ i_2 & i_3 & i_1 \end{pmatrix} = (i_1\ i_2\ i_3)$$

依此类推,可以证明 $k > 1$ 时 $(i_1\ i_2\ \cdots\ i_k) = (i_1\ i_k)(i_1\ i_{k-1})\cdots(i_1\ i_3)(i_1\ i_2)$。

$k = 1$ 时,$(i_1) = (i_1\ i_2)(i_1\ i_2)$。■

思考 6.9　你能将 $(i_1\ i_3)(i_1\ i_2) = (i_1\ i_2\ i_3)$ 用图形表示出来吗?

例 6.58　$\sigma = \begin{pmatrix} 1 & 2 & 3 & 4 & 5 & 6 \\ 6 & 5 & 2 & 1 & 3 & 4 \end{pmatrix} = (1\ 6\ 4)(2\ 5\ 3) = (1\ 4)(1\ 6)(2\ 3)(2\ 5)$

如图 6.5 所示,三循环(左图)分解成两个对换(中图)和(右图)的乘积。即中图"步行"一步,然后右图"步行"一步,得到左图。

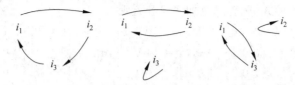

图 6.5　将三循环分解成两个对换的图示

定理 6.21(Cayley 定理)　任一群都与某一置换群同构。

证明　设 G 是一个群,任意 $a \in G$,定义 G 上的一个变换 τa,$\tau a(x) = ax$,$x \in G$。由群的性质容易验证 τa 是集合 G 上的双射变换,即 $\tau a \in T(G)$,这里 $T(G)$ 为 G 上全部置换构成的对称群。

定义 G 到 $T(G)$ 的映射 f: $f(a) = \tau a$,$a \in G$。

若 $f(a) = f(b)$,即 $\tau a = \tau b$,所以 $a = ae = \tau a(e) = \tau b(e) = be = b$($e$ 为 G 的单位元),即 $a = b$,从而 f 是单射。

任意 $a,b,x \in G$,$\tau a \tau b(x) = \tau a(bx) = a(bx) = (ab)x = \tau ab(x)$,所以 $\tau a \tau b = \tau ab$,此即 $f(ab) = f(a)f(b)$。故 f 是一个群同态映射。容易证明 f 的像 $f(G)$ 是对称群 $T(G)$ 的一个子群,从而 $f(G)$ 是一个置换群。因此,$G \cong f(G) \leqslant T(G)$。　■

该定理是群论中一个重要定理,它表明了任意抽象的群都可以看成一个"具体"的群。

6.5.2　置换群的应用 *

群的应用在 5.3 节和 5.4 节中已经给出了两个常见的重要应用。第 9 章将给出循环群在椭圆曲线上的构造以及应用。本节主要讨论置换群在转轮密码机中的应用。

古典密码体制实际上可以分为人工加密和机械加密两种。从 19 世纪 20 年代开始,人们逐渐发明各种机械加、解密设备用来处理数据的加、解密运算,最典型的设备是转轮密码机(rotor machine)。转轮密码机由一组布线轮和转轮轴组成的灵巧复杂的机械装置,可以实现长周期的多表代换,且加密和解密的过程由机械自动快速完成。

1918 年发明德国发明家 Arthur Scherbius 发明了名叫 ENIGMA 的转轮密码机,意为"谜",后来被德国为了第二次世界大战而装备军队使用,又大大加强了基本设计[①]。转轮密码机的使用极大地提高了加、解密速度,同时抗攻击性能有很大的提高,在第二次世界大战中有着广泛的应用,是密码学发展史上的一个里程碑。

转轮密码机由一个输入的键盘和一组转轮组成,每个转轮上有 26 个字母的输入引脚以及 26 个字母的输出引脚,输入输出关系由内部连线决定。以简化版的转轮密码机为例,假设有 3 个转轮,从左到右分别为慢轮子、中轮子、快轮子(如通过齿轮控制)。按下某一键时,键盘输入的明文电信号从慢轮子进入转轮密码机,轮子之间传递电信号,最后从快轮子输出密文。每次按键后,快轮子就转动一格,这样就改变了中轮子和快轮子之间的对应关系。两次连续按 A 键,得到的密文结果不一样,于是形成多表代换关系。图 6.6 给出其原理的示意图,图 6.7 给出一个实例。在首次按 A 键时,输出 E,输出后快轮子转动

---

① 另一个著名的转轮密码机是美军的 Haglin 密码机,是瑞典人 Haglin 发明的,在第二次世界大战时被盟军广泛使用。同时,第二次世界大战时日军的"紫密"和"兰密"也是转轮密码机。

一格,导致中轮子和快轮子的接触点变化,再通过内部连线,改变了输出。再次按 A 键,
输出为 B(快轮子与 24 对应的是 18,18 对应 B)。

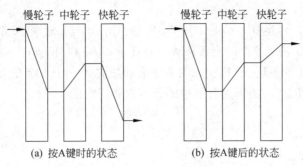

(a) 按A键时的状态   (b) 按A键后的状态

图 6.6   转轮密码机原理

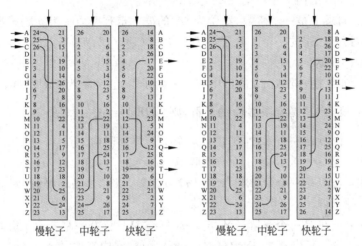

图 6.7   转轮密码机的一个实例

下面解释其原理。每个转轮相当于一个置换。多个转轮如果转速相同,则相当于一
个转轮,还是一个置换的效果。快轮子转动一圈(即 26 格),中轮子转动一格;中轮子转动
一圈(即 26 格),慢轮子转动一格。由于多个转轮的转速不一样,转轮之间的对应关系在
每次按键后均改变,形成了"多表代换"。第二次世界大战期间阿兰·图灵(Alan
Turning)参与了英国政府的破译行动,成功利用 Enigma 使用上的缺陷破译了密码,一定
程度上改变了战争的局势。

思考 6.10   轮子的转动是在改变代换方式吗?

如果把轮子的转动导致的轮子间映射关系的改变视为代换(substitution),把轮子内
部的连线视为置换(permutation),则转轮机其实就是后来在 DES 分组密码中用到的代
换置换网络(SP 网络)的雏形,可能是 Shannon 后来提出设计密码的混淆思想和扩散思
想的源泉。转轮机中的多个转轮提高了安全性(增大了密钥空间),也可能是后来
Shannon 提出的乘积密码的源泉。

分组密码(如 DES 和 AES)的设计中,都大量使用了置换操作。

思 考 题

[1] 正整数集 $\mathbf{N}$ 对运算 $a \cdot b = a + b + ab$,是否构成半群、幺半群、群? 请说明理由。

[2] 证明:群 G 是交换群的充要条件是对任意 $a, b \in G$,有 $(ab)^2 = a^2 b^2$。

[3] $p = 7$,构造乘群 $\mathbf{F}_{p*} = \mathbf{F}_p \backslash \{0\}$ 的乘法表和加群 $\mathbf{Z}/(p-1)\mathbf{Z}$ 的加法表。

[4] 证明:在任意群内,下列各组中的元素有相同的阶:

(1) a 与 a^{-1}。

(2) ab 与 ba。

(3) a 与 cac^{-1}。

(4) abc, bca, cab。

[5] 证明:群 G 的两个子群的交集是 G 的子群。

[6] 证明:如果 p 是一个素数,则阶为 p^m 的群一定有一个阶为 p 的子群。

[7] 四次对称群 S_4 的一个 4 阶子群为:$H = \{(1), (12)(34), (13)(24), (14)(23)\}$,试写出 H 的全部左陪集。

[8] 证明:如果在一阶为 $2n$ 的群中有一 n 阶子群,它一定为正规子群。

[9] 证明:设 H、K 是有限群 G 的子群,则 $|HK| = \dfrac{|H||K|}{|H \cap K|}$。

[10] 证明:设 p 是一个素数,则任意两个 p 阶群都同构。

[11] 证明:设 $G = <a>$ 是 n 阶循环群,则 $G = <a^r>$,这里 $(r, n) = 1$。

[12] 证明:若 G 是一个群,令 $G^{(m)} = \{a^m | a \in G\}$,当 G 是循环群时,则对任意正整数 $m, G^{(m)}$ 均是 G 的子群。

[13] 证明:若 G 是一个 n 阶循环群,$k | n$,则 G 有且仅有一个 k 阶子群。

[14] 证明:设 p 是奇素数,则乘群 $\mathbf{F}_p^* = \mathbf{F}_p \backslash \{0\}$ 是同构于加群 $\mathbf{Z}/(p-1)\mathbf{Z}$ 的循环群。

[15] 设 $G = <a>$ 为 6 阶循环群,求 G 有几个生成元? 几个子群? 试写出所有生成元和子群。

[16] 将置换 $(456)(567)(671)(123)(234)(345)$ 表示为不相交循环乘积。

[17] $\boldsymbol{\sigma} = \begin{pmatrix} 1 & 2 & 3 & 4 & 5 & 6 \\ 2 & 3 & 4 & 5 & 6 & 1 \end{pmatrix}$,$\boldsymbol{\tau} = \begin{pmatrix} 1 & 2 & 3 & 4 & 5 & 6 \\ 5 & 3 & 4 & 2 & 6 & 1 \end{pmatrix}$,求 $\boldsymbol{\sigma\tau}, \boldsymbol{\tau\sigma}, \boldsymbol{\sigma^-}$。

第 7 章　环　与　域

第 6 章介绍的群是只有一种运算的代数系统,本章考虑具有两种运算的代数系统。本章的重点是环和域的概念,难点是多项式环和多项式域。

7.1　环

7.1.1　环的概念

定义 7.1　设 $R=<S,o_1,o_2>$,S 是具有两种运算(o_1 和 o_2)的非空集合,如果:

(1) $<S,o_1>$ 构成一个交换群。

(2) $<S,o_2>$ 构成半群。

(3) o_1,o_2 满足分配律(distributive law),即对任意 $a,b,c\in S$,有

$$(a\ o_1\ b)o_2\ c = a\ o_2\ c\ o_1\ b\ o_2\ c\quad(右分配律)$$

$$a\ o_2(b\ o_1\ c) = a\ o_2\ b\ o_1\ a\ o_2\ c\quad(左分配律)$$

则 R 称为环(ring)。

在群中,按照群的不同性质对群进行了分类。下面给出对环的分类(主要考察对第二种运算是否满足交换律、单位元、逆元存在性)。

首先,按照环对 o_2 是否满足交换律,可以将环分成可换环和非可换环。

定义 7.2　若环 R 中 $<S,o_2>$ 构成交换半群,则 R 称为交换环或可换环(communicative ring)。

其次,通过对环内元素是否有限,可以将环分为有限环和无限环。

定义 7.3　只包含有限个元素的环称为有限环,其元素的个数称为该环的阶;否则,称环为无限环。

而通过对环内单位元是否存在进行考察,下面将引入含幺环的概念。

定义 7.4　若环内存在一个元素 e,对环内任意元素 a 均有 $ea=a$,则称 e 为环 a 的左单位元;同理,若有 $ae=a$,则称 e 为环 a 的右单位元。当左单位元等于右单位元时,合称该元素 e 为单位元。

定义 7.5　若环 R 中 $<S,o_2>$ 构成独异点,则 R 称为有单位元的环(也称为含幺环)。

环内可能不存在左单位元,也可能不存在右单位元。但若一个环既有左单位元又有右单位元,则左单位元必然是右单位元。

例 7.1 $<\mathbf{Z},+,\cdot>$ 是一个有单位元的交换环。$<\mathbf{Z},+>$ 是交换加群,零元为 $0,a$ 的负元为 $-a$。$+,\cdot$ 满足分配律。$<\mathbf{Z},\cdot>$ 是半群。因此,$<\mathbf{Z},+,\cdot>$ 是一个环。而且,$<\mathbf{Z},\cdot>$ 具有单位元 1,且 $\cdot$ 满足交换律。因此,是有单位元的交换环。

例 7.2 $<\mathbf{Z},+,\cdot>,<\mathbf{Q},+,\cdot>,<\mathbf{R},+,\cdot>,<\mathbf{C},+,\cdot>$ 分别是整数环、有理数环、实数环、复数环。这 4 个环均由数的集合组成,也称为数环。

例 7.3 设集合 $\mathbf{Z}[\mathrm{i}]=\{a+b\mathrm{i}\,|\,a,b\in\mathbf{Z}\}$,对加法和乘法运算,构成环,称为高斯整数环。

例 7.4 模 m 剩余类加法和乘法构成一个剩余类环 $<\mathbf{Z}_m,+,\cdot>$。

例 7.5 偶数环 $<2\mathbf{Z},+,\cdot>$ 是交换环,但不是含幺环。

例 7.6 n 是一个偶数,$<n\mathbf{Z},+,\cdot>$ 是交换环,但没有单位元。

例 7.7 数域 $\mathbf{F}$ 上的 n 阶方阵的全体关于矩阵的加法和乘法构成一个环,称为 $\mathbf{F}$ 上的 n 阶方列环,记为 $M_n(\mathbf{F})$。这个环含幺环,单位元为 n 阶单位矩阵,不是交换环。

下面按照零因子是否存在,可以将环分为零因子环和无零因子环。

定义 7.6 设 $R=<S,+,\cdot>$ 是一个环,如果存在 $a,b\in S$,满足 $a\neq 0,b\neq 0$,但 $a\cdot b=0$(0 为加法单位元,即零元),则称环 R 为有零因子环,称 a 为 R 的左零因子(left zero divisor),b 为 R 的右零因子(right zero divisor),否则称 R 为无零因子环。若 a 既是左零因子又是右零因子,则称 a 为零因子(zero divisor)。环内既不为左零因子又不为右零因子的元素,称为正则元。

例 7.8 整数环 $<\mathbf{Z},+,\cdot>$、有理数环 $<\mathbf{Q},+,\cdot>$、实数环 $<\mathbf{R},+,\cdot>$、复数环 $<\mathbf{C},+,\cdot>$ 均为无零因子环。

例 7.9 对于合数 n,模 n 剩余类环 $<\mathbf{Z}_n,+,\cdot>$ 为有零因子环。零因子为 n 的约数或 n 的约数的倍数。

例 7.10 对于素数 p,模 p 剩余类环 $<\mathbf{Z}_p,+,\cdot>$ 为无零因子环。

例 7.11 $<\mathbf{Z}/6\mathbf{Z}=\{0,1,2,3,4,5\},+(\mathrm{mod}\ 6),\cdot\ (\mathrm{mod}\ 6)>$ 是一个有零因子环,因为 $2\cdot 3=0$,左零因子是 2,右零因子是 3。同时,$3\cdot 2=0$,因此 2 也是右零因子,3 是左零因子。因此,$2,3$ 都是零因子。类似地,4 也是零因子。

例 7.12 若 a 是 R 的左零因子,一般 a 未必同时是 R 的右零因子。例如,特殊矩阵环

$$R=\left\{\begin{bmatrix} 0 & a \\ 0 & b \end{bmatrix}\Big|\,\mathrm{a},b\in\mathbf{Q}\right\}$$

对于矩阵乘法运算左零因子未必是右零因子。

例 7.13 若 R 是交换环,则 R 的每个左(或右)零因子都是零因子。

定理 7.1 在无零因子环中,乘法消去律成立,即非空集合中任意 $a,b,c,a\neq 0$,有

$$a\cdot b=a\cdot c\Rightarrow b=c$$
$$b\cdot a=c\cdot a\Rightarrow b=c$$

证明 因为 $a\cdot b=a\cdot c$,所以 $a\cdot(b-c)=0$。由于 $a\neq 0$ 且不为零因子,可得 $b=c$,满足左消去律。同理可得,右消去律也成立。因此,在无零因子环中,乘法消去律成立。

定义 7.7 有单位元的无零因子的交换环叫作整环(integral domain)。

例 7.14 整数环$<\mathbf{Z},+,\cdot>$、有理数环$<\mathbf{Q},+,\cdot>$、实数环$<\mathbf{R},+,\cdot>$、复数环$<\mathbf{C},+,\cdot>$都是整环,而$2\mathbf{Z}$(偶数环)虽然无零因子,且可交换,但没有单位元,故不是整环,$\mathbf{Z}_n(n$为合数)虽然有单位元,可交换,但有零因子,故不是整环。

定义 7.8 当环R有以下特征时,环R叫作除环。

(1) R中至少包含一个非零元(即R中至少有两个元素)。

(2) R有单位元。

(3) R的每一个非零元有逆元。

注意:除环的概念中,没有要求满足乘法交换律。

其实,除环就是指环中非零元在乘法运算下构成群。

下面的例子是历史上的第一个非交换除环,它于 1843 年首次由哈密顿提出。

例 7.15 $D=\{a\cdot1+bi+cj+dk\,|\,a,b,c,d\in\mathbf{R}\}$,其中$D$中的元素记为四元数。$G=\{1,i,j,k,-1,-i,-j,-k\}\cdot D$,规定$G$的乘法如下。

$\cdot$	1	i	j	k
1	1	i	j	k
i	i	-1	k	$-j$
j	j	$-k$	-1	i
k	k	j	$-i$	-1

G对于上述乘法作成一个群。

在此基础上,对四元数加法与乘法运算作出以下规定。

(1) $a_1+a_2i+a_3j+a_4k=b_1+b_2i+b_3j+b_4k$当且仅当对应系数相等时才成立。

(2) $(a_1+a_2i+a_3j+a_4k)+(b_1+b_2i+b_3j+b_4k)=(a_1+b_1)+(a_2+b_2)i+(a_3+b_3)j+(a_4+b_4)k$。

(3) $(a_1+a_2i+a_3j+a_4k)\cdot(b_1+b_2i+b_3j+b_4k)=(a_1b_1-a_2b_2-a_3b_3-a_4b_4)+(a_1b_2+a_2b_1+a_3b_4-a_4b_3)i+(a_1b_3+a_3b_1+a_4b_2-a_2b_4)j+(a_1b_4+a_4b_1+a_2b_3-a_3b_2)k$。

根据上述运算规则,D是一个无限非交换四元数除环,单位元为 1。

四元数在几何、物理等领域有大量的应用。

下面看看整环和除环的差异。

定理 7.2 除环没有零因子。

证明 假设环R是一个除环,a是R中的元素且$a\neq0$,若有一元素b使得$ab=0$,则$b=(a^{-1}a)b=a^{-1}(ab)=0$,故$R$内无零因子。 ∎

除环不一定是整环,交换除环是整环,整环不一定是除环。

例 7.16 整数环是整环,非零元除 1 和-1外均没有逆元,故不是除环。

定义 7.9 如果交换环R对于加法构成一个交换群,$R^*=R\setminus\{0\}$对于乘法构成一个交换群,则交换环R为一个域。

例 7.17 设p是素数,则$<\mathbf{Z}_p,+(\bmod\ p),\cdot\ (\bmod\ p)>$是域。

例 7.18 $\mathbf{Q}(\sqrt{2})=\{a+b\sqrt{2}\,|\,a,b\in\mathbf{Q}\}$,则$<\mathbf{Q}(\sqrt{2}),+,\cdot>$是域。

思考 7.1 如何求出 $\mathbf{Q}(\sqrt{2})$ 中任意元素的乘法逆元。

下面看看除环与域的差异。

定义 7.10 交换除环叫作域(field)。

例 7.19 哈密顿非交换除环不是域。有理数集 $\mathbf{Q}$、实数集 $\mathbf{R}$、复数集 $\mathbf{C}$ 关于数的加法和乘法都构成域。

由上述定义知,除环与域的差异在于乘法(即第二种运算)是否满足交换律。域一定是除环,除环不一定是域,交换除环是域。域可视为除环的特例。

下面看看整环与域的差异。

域一定是整环,整环不一定是域,但有限整环一定是域。

定理 7.3 域一定是整环。

证明 域满足乘法交换律,是交换环,且乘法有单位元,是含幺环,下面主要证明无零因子。

若集合中任意两个元素 $ab=0$,且 $a\neq 0$,于是 a 存在逆元 a^{-1},有

$$b = a^{-1}ab = a^{-1}0 = 0$$

于是无零因子,故为整环。

上述证明即通过可逆性推出无零因子。

定理 7.4 有限整环一定是域。

证明 设 R 为一个含有 n 个元素的整环,元素为 $a_1, a_2, \cdots, a_n$。设 S 中任一非零元 a,考察 $aa_1, aa_2, \cdots, aa_n$ 这 n 个结果必然两两不同;否则

$$aa_i = aa_j$$

则 $a(a_i - a_j) = 0$,R 是整环且 $a \neq 0$,于是 $a_i - a_j = 0$,即 $a_i = a_j$。因此,这 n 个结果恰好为 R 的全部元素,于是其中必有乘法单位元,即必有 a_i 使得 $aa_i = 1$。这就说明有限整环 R 中的每个非零元都有逆元,故 R 为域。

上述证明主要关注的是整环与域的差异性,即通过元素的有限性推出非零元的乘法逆元存在。域可视为整环的特例。

定义 7.11 只包含有限个元素的域称为有限域,其元素的个数称为该域的阶。有限域又叫伽罗瓦域(Galois field)。

有理数集 $\mathbf{Q}$、实数集 $\mathbf{R}$、复数集 $\mathbf{C}$ 关于数的加法和乘法都构成域,但不是有限域。

为了便于理解和记忆,表 7.1 给出了上述概念之间的递进关系。非正式地,图 7.1 给出了环概念的"进化完善"过程。

表 7.1 环概念之间的"递进"关系

$<S, o_1, o_2>$	$<S, o_1>$	$<S, o_2>$		o_1, o_2
环	交换群	半群		分配律
交换环	交换群	交换半群		分配律
有单位元的环	交换群	独异点		分配律
有单位元的交换环	交换群	交换独异点		分配律

续表

$<S,o_1,o_2>$	$<S,o_1>$	$<S,o_2>$	o_1,o_2
无零因子环	交换群	无零因子半群	分配律
整环	交换群	无零因子交换独异点	分配律
除环	交换群	有非零元,且非零元有逆元的独异点,或者$<S\backslash\{0\},o_2>$为群	分配律
域	交换群	$<S\backslash\{0\},o_2>$为交换群	分配律

环$<S,o_1,o_2>$＝交换群$<S,o_1>$＋半群$<S,o_2>$＋分配律o_1,o_2

交换环$<S,o_1,o_2>$＝交换群$<S,o_1>$＋交换半群$<S,o_2>$＋分配律o_1,o_2

有单位元的环$<S,o_1,o_2>$＝交换群$<S,o_1>$＋独异点$<S,o_2>$＋分配律o_1,o_2

有单位元的交换环$<S,o_1,o_2>$＝交换群$<S,o_1>$＋交换独异点$<S,o_2>$＋分配律o_1,o_2

无零因子环$<S,o_1,o_2>$＝交换群$<S,o_1>$＋无零因子半群$<S,o_2>$＋分配律o_1,o_2

整环$<S,o_1,o_2>$＝交换群$<S,o_1>$＋无零因子交换独异点$<S,o_2>$＋分配律o_1,o_2

除环$<S,o_1,o_2>$＝交换群$<S,o_1>$＋$<S\backslash\{0\},o_2>$为群＋分配律o_1,o_2

域$<S,o_1,o_2>$＝交换群$<S,o_1>$＋$<S\backslash\{0\},o_2>$为交换群＋分配律o_1,o_2＝交换除环＝有限整环

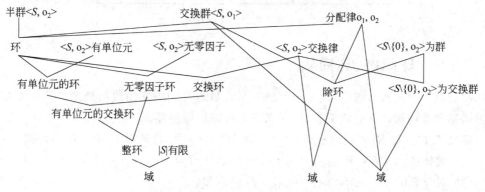

图 7.1　环的“进化完善”过程示意图

例 7.20　一个典型的域是$<\mathbf{F}_2,+,\cdot>$。$<\mathbf{F}_2,+>$为一个交换群。$<\mathbf{F}_2\backslash\{0\},\cdot>$为一个交换群。图 7.2 给出了其运算表。

+	0	1
0	0	1
1	1	0

×	0	1
0	0	0
1	0	1

图 7.2　域$<\mathbf{F}_2,+,\cdot>$的运算表

例 7.21　域$<\mathbf{F}_5,+,\cdot>$。$<\mathbf{F}_5,+>$为一个交换群。$<\mathbf{F}_5\backslash\{0\},\cdot>$为一个交换群。图 7.3 给出了其运算表。

+	0	1	2	3	4
0	0	1	2	3	4
1	1	2	3	4	0
2	2	3	4	0	1
3	3	4	0	1	2
4	4	0	1	2	3

·	0	1	2	3	4
0	0	0	0	0	0
1	0	1	2	3	4
2	0	2	4	1	3
3	0	3	1	4	2
4	0	4	3	2	1

图 7.3　域$<\mathbf{F}_5,+,\cdot>$的运算表

7.1.2　环同态、环同构

同态以及同构概念的引入,是基于建立与代数运算相关联的映射概念。第 6 章定义了群同态和群同构。下面定义表明,同态概念可以扩展到环。

定义 7.12　设 R,R' 是两个环,如果 f 满足下列条件,称映射 $f: R \to R'$ 为环同态。

(1) 对任意的 $a,b \in R$,都有 $f(a+b)=f(a)+f(b)$。

(2) 对任意的 $a,b \in R$,都有 $f(ab)=f(a)f(b)$。

如果 f 是一对一的,则称 f 为单同态;如果 f 是满的,则称 f 是满同态;如果 f 是一一对应的,则称 f 为同构。

定义 7.13　设 R,R' 是两个环,如果存在一个 R 到 R' 的同构,则称 R 与 R' 同构。

定义 7.14　设 R 是一个环,如果存在一个最小正整数 n 使得对任意 $a \in R$,都有 $na=0$,则称环 R 的特征为 n,记为 $\mathrm{char}(R)=n$;如果不存在这样的正整数,则称环 R 的特征为零,记为 $\mathrm{char}(R)=0$。

容易看到,环特征概念用于刻画非零元作加法多少次可以得到加法单位元,类似于乘法运算中阶的概念。

例 7.22　在数环中,除 $\{0\}$ 以外的其余所有元素的特征均为无穷,如 $\mathrm{char}(\mathbf{Z})=0$,$\mathrm{char}(\mathbf{Q})=0$。模 p 同余类环 $\mathrm{char}(\mathbf{Z}_p)=p$。

定理 7.5　设 R 为一整环,则 $\mathrm{char}(R)=0$ 或者 $\mathrm{char}(R)=p$,其中 p 为一素数。

证明　R 为整环,于是 $1 \in R$,$<1>$ 为 $<R,+>$ 的循环子群。

(1) $<1>$ 为无限循环子群。对 R 中任意非零元 a,$<a>$ 也是无限循环子群;否则,若 $|<a>|=m<+\infty$,则

$$ma=0$$

即 $m \cdot 1 \cdot a=0$,由于 $a \neq 0$,且 R 无零因子,故 $m \cdot 1=0$,于是 $\mathrm{ord}(1)|m$,这与 $<1>$ 为无

限循环子群矛盾。故 $|<a>|=+\infty$，$\mathrm{char}(R)=0$。

（2）$<1>$ 为有限循环子群。设 $\mathrm{ord}(1)=p$，则 p 为素数；否则，整环 R 中至少有 0 和 1 两个元素，所以 $p\geqslant2$。若 $p\geqslant2$ 不是素数，令 $p=jk,1<j,k<p,j,k\in\mathbf{Z}$，则

$$0=p\cdot1=(jk)\cdot1=(j\cdot1)(k\cdot1)$$

由于 R 无零因子，$j\cdot1=0$ 或者 $k\cdot1=0$，于是 $\mathrm{ord}(1)=j$ 或者 k，均小于 p，这与 $\mathrm{ord}(1)=p$ 矛盾。故 p 为素数。

对 R 中的任意非零元 a，有 $pa=(p\cdot1)\cdot a=0\cdot a=0$，于是 $\mathrm{char}(R)=p$。∎

推论 7.1　整环 R 的加法群中每一非零元的阶或都为无穷，或都为一素数。

推论 7.2　整环 R 的特征即为单位元"1"在 R 的加法群中的阶。

定理 7.6　设 R 是有单位元的交换环，如果环 R 的特征是素数 p，则对任意 $a,b\in R$，有

$$(a+b)^p=a^p+b^p$$

证明　$(a+b)^p=a^p+\sum\limits_{k=1}^{p-1}\dfrac{p!}{k!(p-k)!}a^kb^{p-k}+b^p$。

p 为素数，$k=1,2,\cdots,p-1$，因此 $(p,k!(p-k)!)=1$，于是 $p\Big|\dfrac{p!}{k!(p-k)!}$。∎

7.1.3　子环、理想

子群概念的自然推广可以得出子环、扩环的概念。

定义 7.15　设 R' 是环 R 集合的非空子集，如果对于环 R 的运算，R' 也构成一个环，则 R' 叫作 R 的子环，R 叫作 R' 的扩环（extension ring），记为 $R'\leqslant R$。

根据定义，环内子集成为子环需要满足代数运算的封闭性，这一点与子群类似。下面的定理就是对环内加法和乘法运算封闭性的描述。

例 7.23　整数集 $\mathbf{Z}$ 是有理数集 $\mathbf{Q}$ 的子环，$\mathbf{Q}$ 是实数集 $\mathbf{R}$ 的子环，$\mathbf{R}$ 是复数集 $\mathbf{C}$ 的子环，$n\mathbf{Z}$ 是 $\mathbf{Z}$ 的子环。

定理 7.7　环 R 的非空子集 R' 是子环的充分必要条件是

$$a,b\in R'\Rightarrow a-b\in R'$$
$$a,b\in R'\Rightarrow ab\in R'$$

容易看到，由条件 1，根据子群判定条件，说明对于加法运算而言，R' 是 R 的子群，因而是一个交换群。由条件 2，说明乘法运算是封闭的，结合律和分配律显然成立，因此 R' 是 R 的子环。

例 7.24　$\mathbf{Q}(\sqrt{2})=\{a+b\sqrt{2}\}$ 是 $(\mathbf{R},+,\cdot)$ 的子环。

例 7.25　模 6 的剩余类环 $\mathbf{Z}_6$ 的子环是 $\{[0],[2],[4]\}$。

例 7.26　模 12 的剩余类环 $\mathbf{Z}_{12}$ 关于加法是循环群，其子环关于加法是子循环群，全部子环如下：

$$S_1=\mathbf{Q},\ S_2=\{[0],[2],[4],[6],[8],[10]\},\ S_3=\{[0],[3],[6],[9]\},$$
$$S_4=\{[0],[4],[8]\},\ S_5=\{[0],[6]\},\ S_6=\{[0]\}$$

思考 7.2　环内单位元的存在性和子环内单位元的存在性之间有关系吗？

事实上,环内单位元是否存在以及取值、子环内单位元是否存在以及取值之间没有关系。所以,即使环与它的子环均具有单位元,单位元也未必相同。

下面引入理想的概念。环内理想可以理解为群内正规子群概念的自然推广。

定义 7.16 设 R 是一个环,R' 是环内一个子加群,取 R 内任意元素 r,取 R' 内任意元素 r',如果 $rr' \in R'$,则称 R' 为环 R 的一个左理想(left ideal),此时 R' 满足左吸收律。同理,当 $r'r \in R'$,则称 R' 为环 R 的一个右理想,此时 R' 满足右吸收律。当左理想等于右理想时,称 R' 为环 R 的理想(ideal),记为 $R' \lhd R$。

在交换环中,若环 R 具有左理想,则左理想一定为右理想。

例 7.27 $3\mathbf{Z}$ 是整数环 $\mathbf{Z}$ 的理想。

例 7.28 $m\mathbf{Z} = \{mk \mid k \in \mathbf{Z}\}$ 是整数环 $\mathbf{Z}$ 的理想。

例 7.29 $\mathbf{F}[x]$ 为数域 $\mathbf{F}$ 上的一元多项式环,$I = \{a_1 x + a_2 x + \cdots + a_n x^n \mid a_i \in \mathbf{F}, n \in \mathbf{N}\}$,即 I 是由所有常数项为 0 的多项式构成的集合,则 I 是 $\mathbf{F}[x]$ 的理想。

例 7.30 模 n 剩余类环 $\mathbf{Z}_n$ 有 $T(n)$ 个理想,其中将 n 分解成 $p_1^{k_1} p_2^{k_2} p_3^{k_3} \cdots p_n^{k_n}$ 的形式,$T(n) = (k_1 + 1)(k_2 + 1)(k_3 + 1) \cdots (k_n + 1)$。容易看到,$T(n)$ 等于 n 的约数的个数。

定义 7.17 在 $|R| > 1$ 的环 R 内,$\{0\}$ 记为零理想,R 自身记为单位理想。零理想和单位理想统称为平凡理想。不为零理想或者单位理想的理想,记为非平凡理想。

定义 7.18 有且仅有平凡理想的非零环记为单环。

定义 7.19 设 R 是一个环,T 是 R 的一个非空子集,则将 R 中所有包含 T 的理想的交集记为由 T 生成的理想,记为 $<T>$。特别地,当 $T = \{a\}$ 时,将 $<T>$ 记为 $<a>$ 并记为由 a 生成的主理想。

例 7.31 $2\mathbf{Z}$ 和 $3\mathbf{Z}$ 是 $\mathbf{Z}$ 的两个理想,$2\mathbf{Z} \cap 3\mathbf{Z} = 6\mathbf{Z}$ 也是 $\mathbf{Z}$ 的理想。$6\mathbf{Z}$ 和 $8\mathbf{Z}$ 是 $\mathbf{Z}$ 的两个理想,$6\mathbf{Z} \cap 8\mathbf{Z} = 24\mathbf{Z}$ 也是 $\mathbf{Z}$ 的理想。

例 7.32 $<T>$ 是 R 中包含 T 的最小理想。

例 7.33 有理数集上的多项式 $\mathbf{Q}[x]$ 中,包含因子 $x^2 - 3$ 的所有多项式构成的集合 $\{(x^2 - 3)p(x) \mid p(x) \in \mathbf{Q}(x)\}$ 是 $\mathbf{Q}[x]$ 的主理想,是 $x^2 - 3$ 生成的理想,即 $<x^2 - 3> = \{(x^2 - 3)p(x) \mid p(x) \in \mathbf{Q}(x)\}$。

例 7.34 $\mathbf{Q}[x]$ 中,所有常数项为零的多项式构成的集合是 $\mathbf{Q}[x]$ 的主理想,即由 x 生成的,$<x> = \{xp(x) \mid p(x) \in \mathbf{Q}(x)\}$。

下面对 $<a>$ 中元素的形式进行考察。

定理 7.8 设 R 是一个环,a 是 R 中任意元素,则 $<a> = \{(x_1 a y_1 + \cdots + x_m a y_m) + sa + at + na \mid \forall x_i, y_i, s, t \in R, \forall n \in \mathbf{Z}, \forall m \in \mathbf{N}\}$。

例 7.35 由元素 a 生成的理想 $I = <a> = \{ra + na \mid r \in R, n \in \mathbf{Z}\}$ 是包含 a 的最小理想。因为包含 a 的理想一定包含所有 a 的倍元 ra 和 $\sum \pm a = na$,从而包含所有 $ra + na$,同时,容易验证 $\{ra + na \mid r \in R, n \in \mathbf{Z}\}$ 构成 R 的一个理想。

例 7.36 当 R 是交换环时,$<a> = \{ra + na \mid r \in R, n \in \mathbf{Z}\}$。

例 7.37 当 R 有单位元 "1" 的交换环时,$<a> = \{ra \mid r \in R\}$。原因是 $ra + na = ra + (n \cdot 1)a = (r + n \cdot 1)a = r'a$。

例 7.38 对于整数环 $\mathbf{Z}$，理想 $<n>$ 就是由所有 n 的倍数组成。$<n>=n\mathbf{Z}=\{nr \mid r \in \mathbf{Z}\}$ 是 $\mathbf{Z}$ 的主理想。对于 $\mathbf{F}[x]$ 为数域 $\mathbf{F}$ 上的一元多项式环，$<x>=\{a_1x+a_2x+\cdots+a_nx^n \mid a_i \in \mathbf{F}, n \in \mathbf{N}\}$。

定理 7.9 整数环 $\mathbf{Z}$ 中任一理想都是主理想。

证明 设 I 是 $\mathbf{Z}$ 的理想，不妨设 t 是 I 中最小的正整数，这是一定存在的。因为 I 是理想，所以对于任意 $l \in I$，有 $-l \in I$，而正整数集合的任意子集必存在最小正整数。任取 $l>0 \in I$，根据带余除法，有 $l=qt+r, q, r \in \mathbf{Z}, 0 \leqslant r < t$，所以 $r=l-qt \in I$。由于 t 是 I 中最小正整数，所以 $r=0$，即有 $t \mid l$。由此可得，$I=<t>$。 ■

这种证明方法非常常见，通过假设一个最小值，通知证明不存在一个更小的从而得到整除性，后面的证明中又多次用到这个方法。

通过定义运算，群关于正规子群的陪集集合构成了一个新的群，即商群。环是否可以类似地构造一个新的环呢？下面介绍商环的概念和构造。

设 I 是环 R 的理想，则 $(I,+)$ 是 $(R,+)$ 的正规子群，因此有商群 $R/I=\{x+I \mid x \in R\}$，在 R/I 中的加法为 $(x+I)+(y+I)=(x+y)+I$。R/I 对于第一种运算 $+$ 构成了交换群，下面定义第二种运算（乘法）使得 R/I 满足封闭性、结合律、分配律。

定理 7.10 设 I 是环 R 的理想，在 I 加法商群 R/I 上定义如下的乘法，$(x+I) \cdot (y+I)=(xy)+I$，则上述定义是 R/I 上的一个乘法运算，且 R/I 关于加法、乘法构成一个环。

证明 若 $x_1+I=x_2+I, y_1+I=y_2+I$，则 $x_1-x_2 \in I, y_1-y_2 \in I$，所以 $x_1=x_2+r$，$y_1=y_2+t$，其中 $r, t \in I$。于是 $x_1y_1=x_2y_2+ry_2+x_2t+rt$。由 r 是理想，得 $ry_2+x_2t+rt \in I$，故 $x_1y_1-x_2y_2 \in I$，此即 $(x_1y_1)+I=(x_2y_2)+I$，这证明了乘法定义是合理的，即乘法运算的定义不依赖于与理想进行计算的元素的选取。

容易验证 R/I 关于上述加法、乘法构成一个环。 ■

环 R/I 称为 R 关于理想 I 的商环。

商环 R/I 中，为方便起见，有时将 $x+I$ 记为 $\bar{x}$。

例 7.39 $I=<3>$ 是整数环 $\mathbf{Z}$ 的一个理想，商环 $\mathbf{Z}/<3>=\{[0],[1],[2]\}$ 是整数模 3 的剩余类环 Z_3。

例 7.40 $I=<n>$ 是整数环 $\mathbf{Z}$ 的一个理想，商环 $\mathbf{Z}/<n>=\{k+<n> \mid k \in \mathbf{Z}\}=\{k+<n> \mid 0 \leqslant k \leqslant n-1\}=\{[0],[1],\cdots,[n-1]\}$。故商环 $\mathbf{Z}/<n>$ 是整数模 n 的剩余类环 Z_n。

例 7.41 $<x>$ 是环 $F[x]$ 的理想，则 $F[x]/<x>=\{f(x)+<x> \mid f(x) \in F[x]\}=\{a+<x> \mid a \in F\}$。

例 7.42 商环 $\mathbf{Z}_6/<2>$ 是有单位元的交换环。$\mathbf{Z}_6=\{0,1,2,3,4,5\}$，$<2>=\{2r \mid r \in \mathbf{Z}_6\}=\{0,2,4\}$，$\mathbf{Z}_6/<2>=\{<2>+r \mid r \in \mathbf{Z}_6\}=\{<2>+0,<2>+1\}$，零元为 $<2>+0$，单位元为 $<2>+1$。

例 7.43 商环 $\mathbf{Z}_6/<3>$，$<3>=\{0,3\}$，$\mathbf{Z}_6/<3>=\{<3>+0,<3>+1,<3>+2\}$。$\mathbf{Z}_6/<3>$ 的加法表见表 7.2，其乘法表见表 7.3。

表 7.2 $Z_6/<3>$ 的加法表

+	$<3>$	$<3>+1$	$<3>+2$
$<3>$	$<3>$	$<3>+1$	$<3>+2$
$<3>+1$	$<3>+1$	$<3>+2$	$<3>$
$<3>+2$	$<3>+2$	$<3>$	$<3>+1$

表 7.3 $Z_6/<3>$ 的乘法表

·	$<3>$	$<3>+1$	$<3>+2$
$<3>$	$<3>$	$<3>$	$<3>$
$<3>+1$	$<3>$	$<3>+1$	$<3>+2$
$<3>+2$	$<3>$	$<3>+2$	$<3>+1$

定理 7.11 除环和域都是单环。

证明 设 R 是一个除环,R' 是除环内任意理想且 $R'\neq 0$。

任取 R' 内非零元素 r_1 均有 $r_1^{-1}\in R$,则 $r_1 r_1^{-1}=1\in R'$。

任取 R 内元素 r_2,均有 $r_2\cdot 1=r_2\in R'$。

因此 $R'=R$,即 R 只有平凡理想,是单环。域是可换除环,所以域也是单环。■

上述定理为后续域的扩张概念的引入提供理论基础,因为域性质无法通过理想来进行研究。

群与环之间概念对比见表 7.4。

表 7.4 群与环之间概念的对比

对 比 项	群 $<S,o_1>$	环 $<S,o_1,o_2>$
集合的包含关系	子群	子环
集合间的映射	群同态、群同构	环同态、环同构
非零元的加法阶	元素的阶	特征
对集合的同余划分	正规子群 H	理想 I
子集的构成	平凡子群	平凡理想(零理想,单位理想)
子集与元素的运算	左陪集,右陪集	左理想,右理想
抽象构造	商群 G/H	商环 R/I

定义 7.20 设 P 是环 R 的一个理想,若任意 $a,b\in R$,且 $ab\in P$,都有 $a\in P$ 或 $b\in P$,则称 P 是 R 的一个素理想。

定义 7.21 设 M 是环 R 的一个理想,若 R 中任一理想 I,当 I 是 M 的真子集,均有 $I=R$,则称 M 是 R 的一个极大理想。

例 7.44 设 p 是一个素数,$M=<p>$ 是整数环 $\mathbf{Z}$ 中由素数 p 生成的理想,则 M 不仅是 $\mathbf{Z}$ 的一个素理想,而且是 $\mathbf{Z}$ 的一个极大理想。事实上,若 $ab\in<p>$,则有整数 r,使

得 $ab=pr$。由于 p 是素数,可得 $p|a$ 或 $p|b$,即 $a\in<p>$ 或 $b\in<p>$,故 $M=<p>$ 是素理想。另外,若 I 是 M 的真子集且 I 是 R 的一个理想,则存在整数 $r\in I,r\notin<p>$,故 $(r,p)=1$,利用辗转相除法,可找到整数 $s,t\in \mathbf{Z}$,使得 $rs+pt=1$。由此可知 $1=rs+pt\in I$,从而 $I=R$,故 $<p>$ 是一个极大理想。

定理 7.12　设 R 是一个有单位元的交换环,I 是 R 的理想。

(1) 若 I 是 R 的素理想,则 R/I 是一个整环。

(2) 若 I 是 R 的极大理想,则 R/I 是一个域。

证明　(1) 若 I 是 R 的素理想,$\bar{a},\bar{b}\in R/I,\bar{a}\cdot\bar{b}=\bar{0}$,则 $ab\in I$,由 I 是素理想,$a\in I$ 或 $b\in I$,即 $\bar{a}=\bar{0}$ 或 $\bar{b}=\bar{0}$,故 R/I 没有零因子。显然 R/I 是有单位元的交换环,所以 R/I 是整环。

(2) 若 I 是 R 的极大理想,$\bar{a}\in R/I,\bar{a}\neq\bar{0}$ 则 $a\notin I$,考虑 R 的由 a 和 I 生成的理想 M,由于 I 是极大理想,所以 $M=R$,故有 $r\in R,s\in I$ 使 $1=ar+s$。因此,在商环 R/I 中,有 $\bar{1}=\bar{a}\cdot\bar{r}$,即 $\bar{a}$ 在 R/I 中可逆。而 R/I 是交换环,故 R/I 是域。　∎

7.1.4　多项式环

定义 7.22　设 $<\mathbf{R},+,\cdot>$ 为整环,记 n 为自然数,$a_i\in \mathbf{R}(1\leqslant i\leqslant n),a_n\neq 0,f(x)=a_0+a_1x+\cdots+a_nx^n$ 记为多项式。

定义 7.23　设 $<\mathbf{R},+,\cdot>$ 为整环,$\mathbf{R}[X]$ 为多项式集合,$\mathbf{R}[X]=\{f(x)/g(x)|f(x)\in F[x],g(x)\neq 0\}$,则称 $\mathbf{R}[X]$ 为 $\mathbf{R}$ 上的多项式环。

设
$$f(x)=a_nx^n+\cdots+a_1x+a_0,g(x)=b_nx^n+\cdots+b_1x+b_0\in \mathbf{R}[X]$$
这里 $\mathbf{R}$ 表示系数为实数。

在 $\mathbf{R}[X]$ 上定义加法,即
$$(f+g)(x)=(a_n+b_n)x^n+\cdots+(a_1+b_1)x+(a_0+b_0)$$
则 $\mathbf{R}[X]$ 对于该加法构成一个交换加群。

零元为 $0,f(x)$ 的负元为 $-f(x)=(-a_n)x^n+\cdots+(-a_1)x+(-a_0)$。

设
$$f(x)=a_nx^n+\cdots+a_1x+a_0,a_n\neq 0$$
$$g(x)=b_mx^m+\cdots+b_1x+b_0,b_m\neq 0$$

在 $\mathbf{R}[X]$ 上定义乘法,有
$$(f\cdot g)(x)=c_{n+m}x^{n+m}+\cdots+c_1x+c_0$$
其中,$c_k=\sum_{i+j=k}a_ib_j=a_kb_0+a_{k-1}b_1+\cdots+a_1b_{k-1}+a_0b_k\ (0\leqslant k\leqslant n+m)$,即
$$c_{n+m}=a_nb_m,c_{n+m-1}=a_nb_{m-1}+a_{n-1}b_m,\cdots,c_0=a_0b_0$$
则 $\mathbf{R}[X]$ 中的单位元为 1。

$\mathbf{R}[X]$ 对于上述加法运算和乘法运算构成一个整环。

例 7.45　系数为 $\mathbf{F}_2$ 上的多项式环记为 $\mathbf{F}_2[X]$,其中多项式 $f(x)=x^2+x+1,g(x)=$

$x+1$,求 $g(x)^2$,$f(x)g(x)$。

解答 $g(x)^2=(x+1)^2=x^2+1$,$f(x)g(x)=(x^2+x+1)(x+1)=x^3+1$。

设 $f(x)=a_nx^n+\cdots+a_1x+a_0$,$a_n\neq0$,则称多项式 $f(x)$ 的次数为 n,记为 $\deg f=n$。

例 7.46 整系数多项式环 $\mathbf{Z}[X]$ 中的 $3x+2$ 的次数为 1,x^2+2x+4 的次数为 2,x^3+1 的次数为 3。

像整数环一样,引入整除的概念到多项式环中。表 7.5 给出了概念之间的类比。

表 7.5 多项式环与整数环中整除相关概念和方法间的对照

多项式环	整数环
不可约多项式	素数
可约多项式(合式)	合数
多项式 Euclid 除法	整数 Euclid 除法
因式(最大公因式)	因数(最大公因数)
倍式(最小公倍式)	倍数(最小公倍数)
不完全商	不完全商
余数	余式
不可约多项式判定检测 $\deg f$ 为 $n/2$	素数判定检测上限为根号 n
$(f(x),g(x))=(g(x),h(x))$	$(a,b)=(b,r)$
$s(x)f(x)+t(x)g(x)=(g(x),h(x))$	$sa+tb=(a,b)$

下面依次介绍这些概念和公式,可以通过上述类比进行知识迁移。

定义 7.24 设 $f(x)$,$g(x)$ 是整环 R 上的任意两个多项式,其中 $g(x)\neq0$,如果存在一个多项式 $q(x)$,使得等式

$$f(x)=g(x)q(x)$$

成立,则称 $g(x)$ 整除 $f(x)$,或者 $f(x)$ 被 $g(x)$ 整除,记作 $g(x)\mid f(x)$。这时,$g(x)$ 叫作 $f(x)$ 的因式,$f(x)$ 叫作 $g(x)$ 的倍式;否则,称 $g(x)$ 不能整除 $f(x)$,或者 $f(x)$ 不能被 $g(x)$ 整除。

设 $f(x)$,$g(x)$,$h(x)$ 是整环 R 上的多项式,满足 $f(x)g(x)=h(x)$,则有

$$\deg f+\deg g=\deg h$$

例 7.47 整系数多项式环 $\mathbf{Z}[X]$ 中,$2x+3\mid2x^2+3x$,$x^2+1\mid x^4-1$。

定义 7.25 设 $f(x)$ 是整环 R 上的非常数多项式,如果除了显式因式 1 和 $f(x)$ 外,$f(x)$ 没有其他因式,则 $f(x)$ 叫作不可约多项式;否则,$f(x)$ 叫作可约多项式,或者合式。

注意:多项式是否可约与其所在的环或者域有关。也就是说,具体可约不可约与系数所在的群有关。

例 7.48 多项式 x^2+1 在 $\mathbf{Z}[X]$ 中是不可约的,但是在 $\mathbf{F}_2[X]$ 中是可约的 $x^2+1=(x+1)^2$,在复数域 $\mathbf{C}$ 上也是可约的,$x^2+1=(x+i)(x-i)$。

定理 7.13 给定域 K 上的 n 次多项式 $f(x)$,如果 $p(x)$ 是 $f(x)$ 的次数最小因式,则 $p(x)$ 是域 K 上的不可约多项式,且 $\deg p\leqslant1/2\deg f$。

证明　反证法。如果 $p(x)$ 为可约多项式,则存在因式 $p_1(x)$,$\deg p_1 < \deg p$,使得 $p_1(x) \mid p(x)$,从而 $p_1(x) \mid f(x)$,这与 $p(x)$ 是 $f(x)$ 的次数最小的因式矛盾,所以,$p(x)$ 是不可约多项式。

另外,因为 $f(x)$ 是可约多项式,所以存在多项式 $f_1(x)$,使得
$$f(x) = f_1(x)p(x), \quad 1 \leqslant \deg p \leqslant \deg f_1 < n$$
因此,$2\deg p \leqslant \deg f + \deg p = n$,于是,$\deg p \leqslant 1/2 \deg f$。

定理 7.14(多项式 Euclid 除法)　设
$$f(x) = a_n x^n + \cdots + a_1 x + a_0$$
$$g(x) = b_m x^m + \cdots + b_1 x + b_0$$
是整环 R 上的两个多项式,则一定存在多项式 $q(x)$ 和 $r(x)$ 使得
$$f(x) = q(x)g(x) + r(x), \quad \deg r(x) < \deg g(x)$$

证明　对 $f(x)$ 的次数 $\deg f = n$ 做数学归纳法。

(1) 如果 $\deg f < \deg g$,则取 $q(x) = 0$,$r(x) = f(x)$,结论成立。

(2) 设 $\deg f \geqslant \deg g$,假设结论对 $\deg f < n$ 的多项式成立。

对于 $\deg f = n \geqslant \deg g$,有
$$f(x) - a_n x^{n-m} g(x) = (a_{n-1} - a_n b_{m-1})x^{n-1} + \cdots + (a_{n-m} - a_n b_0)x^{n-m} + a_{n-m-1}x^{n-m-1} + \cdots + a_0$$
这说明 $f(x) - a_n x^{n-m} g(x)$ 是次数不大于 $n-1$ 的多项式,对其运用归纳假设或情形(1),存在多项式 $q_1(x)$ 和 $r_1(x)$ 使得
$$f(x) - a_n x^{n-m} g(x) = q_1(x)g(x) + r_1(x)$$
因此,$q(x) = a_n x^{n-m} + q_1(x)$,$r(x) = r_1(x)$ 为所求。

根据数学归纳法,结论成立。

注意：多项式是否可约与其所在的环或者域有关,与之类似,多项式 Euclid 除法需要考虑多项式所在的环或者域。

例 7.49　在域 F_7 上,有 $x^3 + x + 1 = (4x+5)(2x^2+x+1) + 6x + 3$。在有理数域 $\mathbf{Q}$ 上,有 $x^3 + x + 1 = (1/2x - 1/4)(2x^2+x+1) + 3/4x + 5/4$。

定义 7.26　上述定理中 $q(x)$ 叫作 $f(x)$ 被 $g(x)$ 除所得的不完全商,$r(x)$ 叫作 $f(x)$ 被 $g(x)$ 除所得的余式。

推论 7.3　设 $f(x) = a_n x^n + \cdots + a_1 x + a_0$ 是整环 R 上的多项式,$a \in R$,则一定存在多项式 $q(x)$ 和常数 $c = f(a)$,使得
$$f(x) = (x-a)q(x) + c$$

证明　根据定理 7.8,对于 $f(x)$,$g(x) = x - a \in R[x]$,存在多项式 $q(x)$,$r(x)$,使得
$$f(x) = g(x)q(x) + r(x), \quad \deg r < \deg g$$
因为 $\deg g = 1$,$\deg r < \deg g$,所以 $\deg r = 0$,$r(x) = c \in R$,即有
$$f(x) = (x-a)q(x) + c$$
特别地,取 $x = a$,有 $c = f(a)$。

推论 7.4　设 $f(x) = a_n x^n + \cdots + a_1 x + a_0$ 是整环 R 上的多项式,$a \in R$,则 $x - a \mid f(x)$ 的充要条件是 $f(a) = 0$。

例 7.50 设 $f(x)=x^4+x^3+x+1, g(x)=x^2+x+1$ 是 $\mathbf{F}_2[X]$ 中的多项式,求 $q(x)$ 和 $r(x)$ 使得

$$f(x) = g(x)q(x) + r(x), \quad \deg r < \deg g$$

解答 利用竖式除法,逐次消去最高次项

$$
\require{enclose}
\begin{array}{r}
x^2+1 \\
x^2+x+1 \enclose{longdiv}{x^4+x^3+0\cdot x^2+x+1} \\
\underline{x^4+x^3+x^2} \\
x^2+x+1 \\
\underline{x^2+x+1} \\
0
\end{array}
$$

$q(x)=x^2+1, r(x)=0$。

例 7.51 设 $f(x)=x^4+x^2+x+1, g(x)=x+1$ 是 $\mathbf{F}_2[X]$ 中的多项式,求 $q_1(x)$ 和 $r_1(x)$ 使得

$$f(x) = g(x)q_1(x) + r_1(x), \quad \deg r_1 < \deg g$$

解答 利用竖式除法,逐次消去最高次项

$$
\begin{array}{r}
x^3+x^2+1 \\
x+1 \enclose{longdiv}{x^4+0\cdot x^3+x^2+x+1} \\
\underline{x^4+1\cdot x^3} \\
x^3+x^2+x+1 \\
\underline{x^3+x^2} \\
x+1 \\
\underline{x+1} \\
0
\end{array}
$$

$q_1(x)=x^3+x^2+1, r_1(x)=0$。

例 7.52 设 $f(x)=x^4+x+1, g(x)=x^2+1$ 是 $\mathbf{F}_2[X]$ 中的多项式,求 $q_1(x)$ 和 $r_1(x)$ 使得

$$f(x) = g(x)q_1(x) + r_1(x), \quad \deg r_1 < \deg g$$

解答 利用竖式除法,逐次消去最高次项

$$
\begin{array}{r}
x^2+1 \\
x^2+1 \enclose{longdiv}{x^4+0\cdot x^3+0\cdot x^2+x+1} \\
\underline{x^4+0\cdot x^3+1\cdot x^2} \\
x^2+x+1 \\
\underline{x^2+1} \\
x
\end{array}
$$

$q_1(x)=x^2+1, r_1(x)=x$。

根据多项式 Euclid 除法,可以用来判定多项式整除关系。

定理 7.15 设 $f(x), g(x)$ 是域 K 上两个多项式,则 $f(x)$ 被 $g(x)$ 整除的充要条件是 $f(x)$ 被 $g(x)$ 除的余式 $r(x)$ 为零多项式。

类似于素数的判定,可得以下判定方法。

定理 7.16 设 $f(x)$ 是域 K 上 n 次多项式,如果对于所有的不可约多项式 $p(x)$,$\deg p \leqslant n/2$,都有 $p(x) \nmid f(x)$,则 $f(x)$ 一定是一个不可约多项式。

例 7.53 证明 $f(x) = x^2 + x + 1$ 为 $\mathbf{F}_2[X]$ 中的不可约多项式。

证明 $\mathbf{F}_2[X]$ 中次数不大于 $n/2 = 1$ 的不可约多项式有 $x, x+1$。将 $f(x)$ 和这些不可约多项式做 Euclid 除法,有

$$f(x) = x(x+1) + 1$$
$$f(x) = (x+1) + 1$$

都不能整除 $f(x)$,因此,$f(x)$ 为不可约多项式。

例 7.54 证明 $f(x) = x^3 + x + 1$ 是 $\mathbf{F}_2[X]$ 中的不可约多项式。

证明 $\mathbf{F}_2[X]$ 中次数不大于 $n/2 = 1$ 的不可约多项式有 $x, x+1$。将 $f(x)$ 和这些不可约多项式做 Euclid 除法,有

$$f(x) = x(x^2 + 1) + 1$$
$$f(x) = (x+1)^2 x + 1$$

都不能整除 $f(x)$,因此,$f(x)$ 为不可约多项式。

例 7.55 证明 $f(x) = x^3 + x^2 + 1$ 是 $\mathbf{F}_2[X]$ 中的不可约多项式。

证明 $\mathbf{F}_2[X]$ 中次数不大于 $n/2 = 1$ 的不可约多项式有 $x, x+1$。将 $f(x)$ 和这些不可约多项式做 Euclid 除法,有

$$f(x) = x^2(x+1) + 1$$
$$f(x) = (x+1)x^2 + 1$$

都不能整除 $f(x)$,因此,$f(x)$ 为不可约多项式。

类似于整数中的最大公因数和最小公倍数,可以给出多项式环 $R[X]$ 中的最大公因式和最小公倍式。

设 $f(x), g(x) \in R[X]$,$d(x) \in R[X]$ 叫作 $f(x), g(x)$ 的最大公因式,如果:

(1) $d(x) \mid f(x), d(x) \mid g(x)$。

(2) 若 $h(x) \mid f(x), h(x) \mid g(x)$,则 $h(x) \mid d(x)$。

$f(x), g(x)$ 的最大公因式记作 $(f(x), g(x))$。

考虑域 K 上的最大公因式时,约定其最高次项系数为 1,则最大公因式是唯一的。

$f(x)$ 和 $g(x)$ 叫作互素的,如果它们的最大公因式 $(f(x), g(x)) = 1$。

设 $f(x), g(x) \in R[X]$,$D(x) \in R[X]$ 叫作 $f(x), g(x)$ 的最小公倍式,如果:

(1) $f(x) \mid D(x), g(x) \mid D(x)$。

(2) 若 $f(x) \mid h(x), g(x) \mid h(x)$,则 $D(x) \mid h(x)$。

$f(x), g(x)$ 的最小公倍式记作 $[f(x), g(x)]$。

与整数除法有类似的以下递推关系。

定理 7.17 设 $f(x), g(x), h(x)$ 是域 K 上的三个非零多项式,如果

$$f(x) = q(x)g(x) + h(x)$$

其中 $q(x)$ 是域 K 上的多项式,则

$$(f(x), g(x)) = (g(x), h(x))$$

证明 设 $d(x) = (f(x), g(x))$,$d'(x) = (g(x), h(x))$,则 $d(x) \mid f(x), d(x) \mid g(x)$,进而

$$d(x) \mid f(x) + (-q(x))g(x) = h(x)$$

因此,$d(x)$ 是 $g(x),h(x)$ 的公因式,$d(x) \mid d'(x)$。

同理,$d'(x)$ 是 $f(x),g(x)$ 的公因式,$d'(x) \mid d(x)$。

因此 $d(x) = d'(x)$。 ∎

与整数除法一样,利用反复 Euclid 除法,可以计算 $(f(x), g(x))$。

设 $f(x),g(x)$ 是域 K 上的多项式,$\deg g \geq 1$。记 $r_{-2}(x) = f(x)$,$r_{-1}(x) = g(x)$,反复运作多项式 Euclid 除法,有

$$
\begin{aligned}
r_{-2}(x) &= q_0(x)r_{-1}(x) + r_0(x), &\quad 0 \leq \deg r_0 \leq \deg r_{-1} \\
r_{-1}(x) &= q_1(x)r_0(x) + r_1(x), &\quad 0 \leq \deg r_1 \leq \deg r_0 \\
r_0(x) &= q_2(x)r_1(x) + r_2(x), &\quad 0 \leq \deg r_2 \leq \deg r_1 \\
&\quad\vdots \\
r_{k-4}(x) &= q_{k-2}(x)r_{k-3}(x) + r_{k-2}(x), &\quad 0 \leq \deg r_{k-2} \leq \deg r_{k-3} \\
r_{k-3}(x) &= q_{k-1}(x)r_{k-2}(x) + r_{k-1}(x), &\quad 0 \leq \deg r_{k-1} \leq \deg r_{k-2} \\
r_{k-2}(x) &= q_k(x)r_{k-1}(x) + r_k(x) \quad r_k(x) = 0
\end{aligned}
\tag{7.1}
$$

经过有限步骤,必然存在 k 使得 $r_k(x) = 0$,这是因为

$$0 \leq \deg r_k < \deg r_{k-1} < \deg r_{k-2} < \cdots < \deg r_1 < \deg r_0 < \deg r_{-1} = \deg g$$

且 $\deg g$ 是有限正整数。

定理 7.18 设 $f(x),g(x)$ 是域 K 上的多项式,$\deg g \geq 1$,则

$$(f(x), g(x)) = r_{k-1}(x)$$

其中 $r_{k-1}(x)$ 是多项式 Euclid 除法中最后一个非零除式。

证明 根据定理 7.11,有

$$
\begin{aligned}
(f(x), g(x)) &= (r_{-2}(x), r_{-1}(x)) \\
&= (r_{-1}(x), r_0(x)) \\
&= (r_0(x), r_1(x)) \\
&\quad\vdots \\
&= (r_{k-2}(x), r_{k-1}(x)) \\
&= (r_{k-1}(x), 0) \\
&= r_{k-1}(x)
\end{aligned}
$$

将上述过程反过来计算,则可以找到 $s(x),t(x)$ 使得

$$s(x)f(x) + t(x)g(x) = (f(x), g(x))$$

例 7.56 $f(x) = x^7 + x^5 + x^2 + 1 \in \mathbf{F}_2[X]$,$g(x) = x^4 + x^2 + x \in \mathbf{F}_2[X]$,求 $(f(x), g(x))$,并求 $s(x),t(x)$,使得

$$s(x)f(x) + t(x)g(x) = (f(x), g(x))$$

解答 利用多项式 Euclid 除法以及逆过程,有

$$
\begin{aligned}
x^7 + x^5 + x^2 + 1 &= (x^3 + 1)(x^4 + x^2 + x) + (x + 1) \\
x^4 + x^2 + x &= (x^3 + x^2 + 1)(x + 1) + 1 \\
x + 1 &= (x + 1)1
\end{aligned}
$$

于是 $(f(x), g(x)) = 1$。

反过来写为

$$1 = x^4 + x^2 + x + (x^3 + x^2 + 1)(x + 1)$$
$$= g(x) + (x^3 + x^2 + 1)(f(x) + (x^3 + 1)g(x))$$
$$= (x^3 + x^2 + 1)f(x) + ((x^3 + x^2 + 1)(x^3 + 1) + 1)g(x)$$
$$= (x^3 + x^2 + 1)f(x) + (x^6 + x^5 + x^2)g(x)$$

于是 $s(x) = x^3 + x^2 + 1, t(x) = x^6 + x^5 + x^2$。

定理 7.19　设 $f(x), g(x)$ 是域 K 上的多项式,则

$$s_{k-1}(x)f(x) + t_{k-1}(x)g(x) = (f(x), g(x))$$

对于 $j = 0, 1, 2, \cdots, k-1$,这里 s_j, t_j 归纳定义为

$$s_{-2}(x) = 1, s_{-1}(x) = 0, s_j(x) = s_{j-2}(x) - q_j(x)s_{j-1}(x)$$
$$t_{-2}(x) = 1, t_{-1}(x) = 0, t_j(x) = t_{j-2}(x) - q_j(x)t_{j-1}(x), \quad j = 0, 1, 2, \cdots, k-1$$

其中 $q_j(x)$ 是式(7.1)中的不完全商。

证明和整数的情况类似。

由定理 7.18 可得到多项式扩展的 Euclid 除法算法 7.1,该算法在计算最大公因式的同时,也计算出模不可约多项式的乘法逆元。

算法 7.1　多项式 Extended Euclid 算法求逆元。

输入:两个多项式 $m(x), b(x)$, $\deg b < \deg m, m(x)$ 是不可约多项式。

输出:$(m(x), b(x)), b(x)$ 在模 $m(x)$ 中的乘法逆元。

```
ExtendedEuclid(m(x), b(x)){
(1) (A₁(x),A₂(x),A₃(x))←(1,0,m(x));(B₁,B₂,B₃)←(0,1,b(x));
(2) If B₃(x)=0  Return A₃(x), 'No Inverse';
(3) If B₃(x)=1  Return B₃(x), B₂(x);
(4) Q←A₃(x)/B₃(x);
(5) (Temp1(x),Temp2(x),Temp3(x)) ←
                    (A₁(x)-Q(x)B₁(x),A₂(x)-Q(x)B₂(x),A₃(x)-Q(x)B₃(x));
(6) (A₁(x),A₂(x),A₃(x))←(B₁(x),B₂(x),B₃(x));
(7) (B₁(x),B₂(x),B₃(x))←(Temp1(x),Temp2(x),Temp3(x));
(8) Goto 2;
}
```

容易看到,这个算法和算法 1.4 是类似的。

定理 7.20　设 $F[x]$ 是域 F 上的一元多项式环,$F[X]$ 中任一理想都是主理想。

证明　设 I 是 $F[X]$ 中的一个理想,若 $I = \{0\}$,则结论成立;否则,设 $d(x)$ 是 I 中次数最低的一个多项式,任一 $f(x) \in I$,有 $q(x), r(x) \in F[X]$,使得 $f(x) = d(x)q(x) + r(x), r(x) = 0$ 或 $\deg r(x) < \deg d(x)$。

由上式,$r(x) = f(x) - d(x)q(x) \in I$,又因为 $d(x)$ 的次数是 $I(x)$ 中最低的,故 $r(x) = 0$,即 $d(x) \mid f(x)$。

反之,任意 $f(x) = d(x)q(x)$,都有 $f(x) \in I$,所以 $I = <d(x)>$。 ■

上述证明与整数环 $\mathbf{Z}$ 中任一理想都是主理想是类似的。

设 $f(x),g(x) \in F[X]$,由 $f(x)$ 和 $g(x)$ 生成的理想为 $M = \{m(x)f(x)+n(x)g(x) \mid m(x),n(x) \in F[X]\}$。由上述定理,$M$ 是一个主理想,即存在 $d(x) \in M$,使 $M = <d(x)>$,则 $d(x)$ 是 $f(x)$ 和 $g(x)$ 的最大公因式。这便是多项式辗转相除法得到最大公因式的原因。

定理 7.21 设 $F[X]$ 是域 F 上的一元多项式环,$f(x) \in F[X]$ 是一个次数大于零的不可约多项式,则 $<f(x)>$ 是 $F[X]$ 的极大理想,从而 $F[X]/<f(x)>$ 是一个域。

证明 设 $I \supset <f(x)>$,$I \neq <f(x)>$,是 $F[X]$ 的一个理想,则存在 $g(x) \in I,g(x) \notin <f(x)>$,由于 $f(x)$ 不可约,故 $f(x)$ 与 $g(x)$ 互素,利用辗转相除法,有 $u(x),f(x) \in F[X]$,$u(x)f(x)+v(x)g(x)=1$。

故 $1 \in I$,从而 $I = F[X]$,即 $<f(x)>$ 是 $F[X]$ 的极大理想。 ∎

具体而言,设 I 是 $F[X]$ 的任一理想,因为 $F[X]$ 中任一理想都是主理想,则 $f(x) \in F[X]$,使 $I = <f(x)>$,对任意 $g(x) \in F[X]$,设 $g(x) = f(x)g(x)+r(x)$,$r(x) = 0$ 或 $\deg r(x) < \deg f(x)$。

所以在商环 $F[X]/I$ 中,$\overline{g(x)} = \overline{f(x)}$,从而 $F[X]/I$ 中任一元均可表示为 $\overline{a_0+a_1 x+\cdots+a_{n-1}x^{n-1}}$,$n = \deg f(x)$,即 $F[X]/I = \{\overline{a_0+a_1 x+\cdots+a_{n-1}x^{n-1}} \mid a_i \in F\}$。其中的加法和乘法分别为

$$\overline{a_0+a_1 x+\cdots+a_{n-1}x^{n-1}} + \overline{b_0+b_1 x+\cdots+b_{n-1}x^{n-1}} = \overline{(a_0+b_0)+\cdots+(a_{n-1}+b_{n-1})x^{n-1}},$$

$$\overline{a_0+a_1 x+\cdots+a_{n-1}x^{n-1}} \cdot \overline{b_0+b_1 x+\cdots+b_{n-1}x^{n-1}} = \overline{c_0+\cdots+c_{n-1}x^{n-1}}$$

这里 $r(x) = c_0+c_1 x\cdots+c_{n-1}x^{n-1}$ 由下式给出。设

$$k(x) = a_0+a_1 x+\cdots+a_{n-1}x^{n-1},l(x) = b_0+b_1 x+\cdots+b_{n-1}x^{n-1}$$

$$k(x) \cdot l(x) = q(x)f(x)+r(x),r(x) = 0 \quad \text{或} \quad \deg r(x) < n = \deg f(x)$$

因此,实际上,$F[X]/I$ 中的元是 F 上的 n 维向量 $(a_0,a_1,\cdots,a_{n-1})$,$a_i \in F$,加法和乘法如上述定义。

7.2　域

前面已经介绍了域的概念——域是可交换的除环,或者有限整环,或者集合对两个运算均为交换群。

在研究环的概念与性质中,引入了理想的概念,理想的引入有利于对环进行划分并生成新环,是研究环性质的重要手段。事实上在 7.1.4 小节中,已经证明域是单环,即只有平凡理想,因此同态的两个域之间只可能存在零同态与同构关系,这导致无法通过理想研究域的性质。

数域中本身具有扩域现象,有理数域扩张产生实数域,实数域扩张产生复数域等。域的扩张是数域扩张的一种自然推广,也是研究域性质最主要的方法。

7.2.1　素域、域的扩张*

类似于子群、子环概念,下面子域、扩域的概念由自然推广可以引入。

定义 7.27 设 K' 是域 K 集合的非空子集,如果对于域 K 的运算,K' 也构成一个域,则 K' 叫作 K 的子域,K 叫作子域 K' 的扩域。

例 7.57 复数域为实数域的扩域,实数域为有理数域的扩域,有理数域是实数域的一个子域,实数域是复数域的一个子域。

有理数域扩域可以得到实数域,实数域扩域可以得到复数域,这个过程是不断扩张的。那么,是否存在"最小"的一个域,该域只能成为子域?

下面概念的引入,就是对上述问题的补充。

定义 7.28 如果一个域不含真子域,那么这个域叫作素域。

例 7.58 $\mathbf{F}_p = \mathbf{Z}/p\mathbf{Z}$ 是素域,其中 p 为素数。

例 7.59 有理数域 $\mathbf{Q}$ 是素域。

一个域包含的最小子域称为素域。例如,复数域、实数域和有理数域的素域都是有理数域,F_2 素域是它自己。

由环可以产生域。对于整环 $<\mathbf{Z},+,\cdot>$,显然它是有理数域 $<\mathbf{Q},+,\cdot>$ 的一个子环。那么,给定的环 R,能否找到一个域 F,它包含 R 作为子环?若一个域 F 包含环 R 作为子环,R 必须是可交换的、无零因子的环。

定义 7.29 设 R 是一个整环,K 是包含 R 为其子环的一个域,F 是 K 的一个包含 R 为其子环的子域,则 F 是包含 R 的最小域,那么 F 叫作整环的商域。

例 7.60 $<\mathbf{Z},+,\cdot>$ 是整数环,有理数域 $<\mathbf{Q},+,\cdot>$ 为 $<\mathbf{Z},+,\cdot>$ 的商域。$\mathbf{Q} = \left\{\dfrac{a}{b} \mid a,b \in \mathbf{Z}, b \neq 0\right\}$。

例 7.61 设 F 是任一域,$F[X]$ 是 F 上的多项式环,F 上的有理函数域定义为 $F\{x\} = \left\{\dfrac{f(x)}{g(x)} \mid f(x), g(x) \in F[X], g(x) \neq 0\right\}$。$F\{x\}$ 是一个域,$F[X]$ 是包含在 $F\{x\}$ 中的一个子环,称 $F\{x\}$ 是 $F[X]$ 的商域(分式域)。

定理 7.22 设 F 是一个素域,如果 F 的特征为 ∞,则 F 与 $\mathbf{Q}$ 同构。如果 F 的特征为 p 且 p 为素数,则 F 与 $\mathbf{F}_p$ 同构。

证明 设 e 是 F 上的单位元,取 $Z' = \{ne \mid n \in \mathbf{Z}(\mathbf{Z}$ 为整数环)\}$ 是 F 的一个子环,记 $\varphi: n \rightarrow ne$ 建立从 $\mathbf{Z}$ 到 Z' 的同态满射。

如果 F 的特征为 ∞,则 φ 是同构映射,即 $\mathbf{Z}$ 与 Z' 同构。又因为 Z' 是整环,所以 $\mathbf{Z}$ 和 Z' 的商域一定同构。Z' 在素域 F 内的商域是 F,$\mathbf{Z}$ 的商域是 $\mathbf{Q}$,因此,F 与 $\mathbf{Q}$ 同构。

如果 F 的特征为 p,则 Z' 的单位元在 φ 下所有逆像构成的集合是由 p 生成的循环群 $<p>$,所以 $\mathbf{Z}/<p>$ 与 $\mathbf{F}_p$ 同构且 $\mathbf{F}_p$ 与 Z' 同构。由 $\mathbf{F}_p$ 是域知 Z' 是域。因为 F 是素域,所以 $Z' = F$,即 F 与 $\mathbf{F}_p$ 同构。∎

根据上述定理,在同构意义下,素域有且仅有有理数域 $\mathbf{Q}$ 和 $\mathbf{F}_p$,即任何素域都可以转化成这两类素域进行研究。

推论 7.5 每个域均包含唯一的一个素域。

证明 设 E 是任意的一个域,e 是 E 上的单位元,则由 e 生成的素域 $F = \{me/ne \mid m, n \in \mathbf{Z}, ne \neq 0\}$ 显然包含于 E 内,即每个域均包含一个素域。

下面证明该素域的唯一性。假设 E 内还有除 F 以外的素域 F',因为子域的单位元等于域的单位元,所以 $F = F'$,素域的唯一性得证。∎

推论 7.6 设 E 是一个域,如果 E 的特征为 ∞,则 E 包含了与 $\mathbf{Q}$ 同构的素域。如果 E 的特征为 p,则 E 包含了一个与 $\mathbf{F}_p$ 同构的素域。

因此,任意一个域可视为素域 $\mathbf{F}_p$ 或者 $\mathbf{Q}$ 的一个扩张。

考察到域和素域的关系后,自然地引入思考:从素域的角度研究它的各类扩域的性质,从而将所有域的性质研究清楚。然而,在实际研究中,从素域出发研究所有域的性质并不显得十分轻松,因此,研究方法可以转化为:从任意域出发研究其扩域的性质。

这里引入添加子集于任意域上可生成的域(扩张)的概念。

定义 7.30 假设 F 是某个任意域,E 是 F 的一个扩张,S 是 E 上的非空子集,记 $F(S)$ 是 E 内所有包含 $F \cup S$ 的子域的交集,此时 $F(S)$ 是 E 内包含 F 和 S 的最小子域,记为添加子集 S 于 F 得到的域。

任意取 S 中有限个元素 $\alpha_i (1 \leqslant i \leqslant n)$,取 $F(S)$ 中元素 $f(\alpha_1, \alpha_2, \cdots, \alpha_n)$ 为系数属于 F 的关于 $\alpha_1, \alpha_2, \cdots, \alpha_n$ 的任意一个多元多项式。由于 $F(S)$ 是一个域,所以 $f_1(\alpha_1, \alpha_2, \cdots, \alpha_n)/f_2(\alpha_1, \alpha_2, \cdots, \alpha_n)$ 也是 $F(S)$ 中元素,其中 $f_2(\alpha_1, \alpha_2, \cdots, \alpha_n) \neq 0$。

当 α_i 均在 S 内任意变动时,当 n 的大小任意变动时,所有的 $f_1(\alpha_1, \alpha_2, \cdots, \alpha_n)/f_2(\alpha_1, \alpha_2, \cdots, \alpha_n)$ 可以组成一个集合,该集合是包含 $F \cup S$ 的子域,即为 $F(S)$。假定 $E = F(S)$,在 S 内任意取定固定的 n 个元素 $\alpha_1, \alpha_2, \cdots, \alpha_n$,记 $S_1 = \{\alpha_1, \alpha_2, \cdots, \alpha_n\}$,则一切形如 $f_1(S)/f_2(S)$ 的元素也构成域,该域即为添加有限个元素于 F 上得到的扩域,记为 $F(S_1) = F(\alpha_1, \alpha_2, \cdots, \alpha_n)$。此时,$E = F(S)$ 是一切添加有限个元素于 F 上得到的扩域的并集。

$F(S)$ 中的元素具有以下形式,即

$$\frac{f(\alpha_1, \alpha_2, \cdots, \alpha_k)}{g(\alpha_1, \alpha_2, \cdots, \alpha_k)}$$

这里 $\alpha_1, \alpha_2, \cdots, \alpha_k$ 是 S 中的 k 个元素,f 和 g 是域 F 上的两个 k 元多项式,$g(\alpha_1, \alpha_2, \cdots, \alpha_k) \neq 0$,$k$ 是正整数。

例 7.62 设 $F = \mathbf{Q}$,$E = \mathbf{C}$,$S = \{\sqrt{2}\} \subseteq E$,则 $F(S) = \mathbf{Q}(\sqrt{2}) = \{a + b\sqrt{2} \mid a, b \in \mathbf{Q}\}$。

定理 7.23 设 F 是一个域,E 是 F 上的一个扩域,S_1 和 S_2 是 E 的两个子集,则 $F(S_1)(S_2) = F(S_2)(S_1) = F(S_1 \cup S_2)$。

证明 $F(S_1)(S_2)$ 是包含 $F(S_1)$ 和 S_2 的域,$F(S_1)$ 是包含 F 和 S_1 的域,因此,$F(S_1)(S_2)$ 是包含 F,S_1 和 S_2 的域。因此,$F(S_1)(S_2)$ 包含 F 和 $S_1 \cup S_2$,即 $F(S_1 \cup S_2) \in F(S_1)(S_2)$。

$F(S_1 \cup S_2)$ 是包含 F 和 $S_1 \cup S_2$ 的域,因此,$F(S_1 \cup S_2)$ 包含 F,S_1,S_2,故有 $F(S_1 \cup S_2)$ 包含 $F(S_1)$ 和 S_2。因为 $F(S_1)(S_2)$ 是包含 $F(S_1)$ 和 S_2 的最小子域,所以 $F(S_1)(S_2) \in F(S_1 \cup S_2)$。

综上可知,$F(S_1)(S_2) = F(S_1 \cup S_2)$。同理可得,$F(S_2)(S_1) \in F(S_1 \cup S_2)$。∎

上述定理可以得到推广,从而得到 $F(\alpha_1, \alpha_2, \cdots, \alpha_n) = F(\alpha_1)(\alpha_2) \cdots (\alpha_n)$。

它的意义在于将对添加有限个元素的扩域的讨论归结为对添加一个元素得到的扩域的讨论,确定了对扩域的研究方式。

添加一个元素 α 于域 F 所得到的扩张 $F(\alpha)$ 称为域 F 的一个单扩张。

例 7.63　复数域 $\mathbf{C}$ 是实数域 $\mathbf{R}$ 添加 i 得到的单扩张。数域 $\mathbf{Q}(i)=\{a+bi\,|\,a,b\in\mathbf{Q}\}$ 是添加 i 于 $\mathbf{Q}$ 上所得的单扩张。

例 7.64　设 $f(x)=x^2+x+1\in\mathbf{Z}_2[X]$。$\mathbf{Z}_2$ 是一个域含有两个元素 0 和 1。由于 0 和 1 都不是 $f(x)$ 的根，所以 $f(x)$ 在 $\mathbf{Z}_2$ 上不可约。故商环 $\mathbf{Z}_2[X]/<f(x)>$ 是一个域。记 $\bar{x}$ 为 α，则 $\mathbf{Z}_2[X]/<f(x)>=\{a_0+a_1\alpha\,|\,a_i\in\mathbf{Z}_2\}=\{0,1,\alpha,1+\alpha\}=\mathbf{Z}_2[\alpha]$。这是有 4 个元素的域，也是由 $\mathbf{Z}_2$ 添加一个元素 α 的扩张，其运算由表 7.6 给出。

表 7.6　例 7.64 运算

$+$	0	1	α	$1+\alpha$
0	0	1	α	$1+\alpha$
1	1	0	$1+\alpha$	α
α	α	$1+\alpha$	0	1
$1+\alpha$	$1+\alpha$	α	1	0
$\cdot$	0	1	α	$1+\alpha$
0	0	0	0	0
1	0	1	α	$1+\alpha$
α	0	α	$1+\alpha$	1
$1+\alpha$	0	$1+\alpha$	1	α

在扩域中，引入下面的定义是对添加元素的特征进行考察所得。

定义 7.31　设 E 是域 $<F,+,\cdot>$ 的扩域，取 E 中元素 α，如果可以取 $F[X]$ 上某一元素 $f(x)$ 使得 $f(\alpha)=0$ 且 $f(x)$ 不恒为 0，则称 α 是 F 上的代数元；否则称 α 为 F 上的超越元。

定义 7.32　在域 $<F,+,\cdot>$ 内，当 $F(\alpha)$ 是包含 F 和元素 α 的最小的域，$F(\alpha)$ 记为 F 的单扩域。当 α 是 F 上的代数元时，$F(\alpha)$ 记为 F 的单代数扩域（张），当 α 是 F 上的超越元时，$F(\alpha)$ 记为 F 的单超越扩域（张）。

定义 7.33　设 F 是一个域，E 为 F 的一个代数扩域，将 E 看成是 F 上的向量空间，如果 $\dim_F E=n$，则 E 是 F 上的 n 维向量空间，则称 E 为 F 的 n 次扩域（张）。

例 7.65　$\sqrt{2}$ 是有理数域 $\mathbf{Q}$ 上的代数元，$\mathbf{Q}(\sqrt{2})$ 是有理数域 $\mathbf{Q}$ 上的单代数扩域。

例 7.66　π 是有理数域 $\mathbf{Q}$ 上的超越元，$\mathbf{Q}(\pi)$ 是有理数域 $\mathbf{Q}$ 上的单超越扩域。

定义 7.34　在域 $<F,+,\cdot>$ 内，α 是域 F 上的一个代数元，则 F 存在首系数为 1 且有根 α、次数最低的多项式，将该多项式记为 α 在 F 上的最小多项式。若 α 的最小多项式次数为 n，则称 α 是 F 上 n 次代数元。

事实上，构造域 F 的单代数扩域，转化为寻找域 F 上的不可约多项式。

例 7.67　$\sqrt{2}$ 在 $\mathbf{Q}$ 上的最小多项式是 x^2-2，$\sqrt{2}$ 是 $\mathbf{Q}$ 上的 2 次代数元。i 在有理数域 $\mathbf{Q}$ 上的最小多项式为 x^2+1，是 $\mathbf{Q}$ 上的 2 次代数元。$1+\sqrt{2}$ 在 $\mathbf{Q}$ 上的最小多项式为 $(x-1-\sqrt{2})(x+1+\sqrt{2})=x^2-2x=1$，是 $\mathbf{Q}$ 上的 2 次代数元。

例 7.68　若 p 是一个素数，则 $\sqrt[n]{p}$ 是 $\mathbf{Q}$ 上的 n 次代数元，最小多项式为 x^n-p。

定理 7.24 若$<F,+,\cdot>$是一个域,则 F 上代数元 α 在 F 上最小多项式是唯一的,且该最小多项式在 F 上不可约。若存在 F 上一多项式 $f(x)$ 使得 $f(\alpha)=0$,则最小多项式可以整除 $f(x)$。

下面定理研究单扩域的构造。

定理 7.25 若$<F,+,\cdot>$是一个域,$F[X]$ 是 F 上未定元 x 的多项式环,$F(x)$ 是 $F[X]$ 商域,当 α 是 F 上超越元时,单扩域 $F(\alpha)$ 与 $F(X)$ 同构;当 α 是 F 上代数元时,$F(\alpha)$ 与 $F(x)/<p(x)>$ 同构,即 $F(\alpha)=F[\alpha]$,其中 $p(x)$ 是 α 是 F 上最小多项式。

定理 7.26 若$<F,+,\cdot>$是一个域,α 是 F 上 n 次代数元,$F(\alpha)$ 中每个元素均可以唯一地表成 $a_0\cdot1+a_1\cdot\alpha+\cdots+a_{n-1}\cdot\alpha^{n-1}$ 的形式(其中 $a_i\in F$),即 $1,\alpha,\cdots,\alpha^{n-1}$ 是 F 上 n 维空间单扩域 $F(\alpha)$ 的一组基。

定理 7.27 若$<F,+,\cdot>$是一个域,$p(x)$ 是 F 上任意给定的首系数为 1 的不可约多项式,则存在 F 上的单代数扩域 $F(\alpha)$,其中 $p(x)$ 是 α 在 F 上的最小多项式。

引理 7.1(代数基本定理) 任何复系数的 n 次多项式在复数域内都可以分解成 n 个一次因式的乘积。

上述引理是在复数域上对多项式进行分解,下面将复数域进行概念上的自然推广。

定义 7.35 设 E 是一个域,且 E 上每个多项式都可以分解成 E 上的一次多项式的乘积,则将 E 记为代数闭域。

例 7.69 复数域是一个代数闭域。

在代数闭域的前提下,下面对特定多项式在其中分解为一次因子相乘的域进行讨论,引入分裂域的概念。

定义 7.36 设 F 是一个域,E 是 F 的扩域,$f(x)$ 是 F 上一个次数大于 0 的多项式,如果 $f(x)$ 能在 E 上分解为一次因子的乘积,在任何包含 F 但是比 E 小的子域上不能够分解为一次因子的乘积,则称 E 是 $f(x)$ 在 F 上的分裂域。

因此,E 是包含 F 且 $f(x)$ 能在 E 上完全分解为一次因式的乘积的最小域。

例 7.70 $f(x)=x^2-2$ 在实数域上的分裂域是实数域。x^2+1 是实数域 $\mathbf{R}$ 上的多项式,则复数域 $\mathbf{C}$ 就是 x^2+1 在 $\mathbf{R}$ 上的一个分裂域。如果将 x^2+1 看成有理数域 $\mathbf{Q}$ 上的多项式,则 x^2+1 在 $\mathbf{Q}$ 上的分裂域为 $\mathbf{Q}(i)=\{a+bi|a,b\in\mathbf{Q},i^2=-1\}$。

例 7.71 确定 x^4-2 在 $\mathbf{Q}$ 上的分裂域。

解答 $x^4-2=(x+\sqrt[4]{2}i)(x-\sqrt[4]{2}i)(x+\sqrt[4]{2})(x-\sqrt[4]{2})$,所以 x^4-2 在 $\mathbf{Q}$ 上的分裂域为 $\mathbf{Q}(\sqrt[4]{2},i)$。

7.2.2 域上多项式

定义 7.37 给定 $R[X]$ 中的一个首一多项式 $m(x)$,两个多项式 $f(x),g(x)$ 模 $m(x)$ 同余,如果 $m(x)|f(x)-g(x)$,记作 $f(x)\equiv g(x)\pmod{m(x)}$;否则叫作模 $m(x)$ 不同余,记作

$$f(x)\not\equiv g(x)\pmod{m(x)}$$

任一多项式 $f(x)$ 都与其被 $m(x)$ 除的余式 $r(x)$ 模 $m(x)$ 同余,余式 $r(x)$ 叫作 $f(x)$ 模 $m(x)$ 的最小余式,记作 $(f(x)\bmod m(x))$。

定理 7.28　设 $f(x) \in F[X]$，当且仅当 $f(x)$ 为域 F 上的不可约多项式，则 $F[X]/f(x)$ 为域。

与 $\mathbf{Z}/n\mathbf{Z}$ 类似，$F[X]/f(x)$ 中的元素即为次数小于 $f(x)$ 次数的所有 F 上的多项式，其中的加法、乘法运算分别为模多项式 $f(x)$ 的加法和乘法运算，若 $F = \mathbf{F}_p$，$\deg f = n$，则 $|\mathbf{F}_p[X]/f(x)| = p^n$。

例 7.72　$(x^3 + x + 1)$ 在 $\mathbf{F}_2$ 是不可约的，$\mathbf{F}_2[X]/(x^3 + x + 1)$ 为域，元素个数为 $8 = 2^3$ 个，即 $\{[0], [1], [x], [x+1], [x^2], [x^2+1], [x^2+x], [x^2+x+1]\}$。计算机里可用 3 个比特表示为 $\{000, 001, 010, 011, 100, 101, 110, 111\}$。

$[x+1]$ 在 $\mathbf{F}_2[X]/(x^3 + x + 1)$ 域的逆元是 $[x^2 + x]$。$[x^2 + x]$ 的逆元是 $[x+1]$，$[x^2 + x + 1]$ 的逆元是 $[x^2]$。

例 7.73　$(x^3 + x^2 + 1)$ 在 $\mathbf{F}_2$ 是不可约的，$\mathbf{F}_2[X]/(x^3 + x^2 + 1)$ 为域，元素个数为 $8 = 2^3$ 个，即 $\{[0], [1], [x], [x+1], [x^2], [x^2+1], [x^2+x], [x^2+x+1]\}$。计算机里可用 3 个比特表示为 $\{000, 001, 010, 011, 100, 101, 110, 111\}$。

$[x+1]$ 在 $\mathbf{F}_2[x]/(x^3 + x^2 + 1)$ 域的逆元是 $[x^2]$。$[x^2 + x]$ 的逆元是 $[x]$，$[x^2 + x + 1]$ 的逆元是 $[x^2 + 1]$。

上面的例子可看到，不同的域中虽然都是 3 比特表示方法，但对应的乘法表是不同的。

例 7.74　$(x^2 + 1)$ 在 $\mathbf{F}_2$ 是不可约的，$\mathbf{F}_3[X]/(x^2 + 1)$ 为域，元素个数为 $9 = 3^2$ 个，即 $\{[0], [1], [2], [x], [x+1], [x+2], [2x], [2x+1], [2x+2]\}$。

例 7.75　设 $f(x) = x^2 + x + 1 \in \mathbf{F}_2[X]$，则 $f(x)$ 在 $\mathbf{F}_2$ 上是不可约的，$\mathbf{F}_2[X]/f(x)$ 构成一个具有 $|\mathbf{F}_2[X]/f(x)| = 2^2 = 4$ 个元素的域。$|\mathbf{F}_2[X]/f(x)| = \{[0], [1], [x], [x+1]\}$。其元素运算表如表 7.7 和表 7.8 所示。

表 7.7　$\mathbf{F}_2[X]/f(x)$ 的加法表

+	[0]	[1]	[x]	[x+1]
[0]	[0]	[1]	[x]	[x+1]
[1]	[1]	[0]	[x+1]	[x]
[x]	[x]	[x+1]	[0]	[1]
[x+1]	[x+1]	[x]	[1]	[0]

表 7.8　$\mathbf{F}_2[X]/f(x)$ 的乘法表

·	[0]	[1]	[x]	[x+1]
[0]	[0]	[0]	[0]	[0]
[1]	[0]	[1]	[x]	[x+1]
[x]	[0]	[x]	[x+1]	[1]
[x+1]	[0]	[x+1]	[1]	[x]

从运算表可以看出，$[0]$ 是零元，$[1]$ 是单位元。

从前面的例子容易看出,计算加法是比较容易的,计算乘法较为麻烦。下一小节将介绍域的生成元表示方法,使得计算乘法比较容易。

7.2.3 有限域

在群、环等概念中了解到,同阶的群、环未必同构,且即使在素域中,有理数域的元素个数是无限,结构性质较差。但是,有限域有着优良的性质。

定义 7.38 只包含有限个元素的域称为有限域,其元素的个数称为该域的阶;否则,称域为无限域。

例 7.76 $<\mathbf{F}_2,+,\times>,<\mathbf{F}_5,+,\times>$ 是有限域。以素数为模的剩余类环 $\mathbf{Z}_p$ 是有限域。

定理 7.29 如果域 K 的特征不为零,则其特征必为素数。

证明 设域 K 的特征为 n,如果 n 不是素数,则存在整数 $1<n_1,n_2<n$,使得 $n=n_1n_2$,从而 $(n_11_k)(n_21_k)=(n_1n_2)1_k=0$,因为域 K 无零因子,所以 $n_11_k=0$ 或者 $n_21_k=0$,这与特征 n 的最小性矛盾。■

推论 7.7 有限域的特征必为一素数。

考虑代数系统中的加法运算,有限域特征为素数可以保证许多运算可以简化。

定理 7.30 设 F 是特征为 p 的有限域,则任意 $a,b\in F$,均有 $(a+b)^p=a^p+b^p$。

证明 根据二项式定理,$(a+b)^p=\sum_{k=0}^{p}\mathrm{C}_p^k a^k b^{p-k}$。当 $k\neq0$ 且 $k\neq p$ 时,$\mathrm{C}_p^k=\dfrac{p(p-1)\cdots(p-k+1)}{1\cdot2\cdots k}=p\cdot\dfrac{(p-1)\cdots(p-k+1)}{1\cdot2\cdots k}$,其中,$\mathrm{C}_p^k$ 为正整数,p 为素数,$\dfrac{(p-1)\cdots(p-k+1)}{1\cdot2\cdots k}$ 为整数,即 $p\mid\mathrm{C}_p^k$,有 $\mathrm{C}_p^k=0\bmod p$。因此,只有 $k=0$ 或 p 时,即 $\mathrm{C}_p^k=1$ 时,展开式不为 0,即 $(a+b)^p=a^p+b^p$。■

例 7.77 设 $\mathbf{F}_p=\mathbf{Z}/p\mathbf{Z}$ 是一个有限域,其中 p 为素数,$p(x)$ 是 $\mathbf{F}_p[X]$ 中的 n 次不可约多项式,则

$$\mathbf{F}_p[X]/<p(x)>=\{a_{n-1}x^{n-1}+\cdots+a_1x+a_0\mid a_i\in\mathbf{F}\}$$

记为 $\mathbf{F}_{p^n}$。这个域中元素的个数为 p^n。

$\mathbf{F}_{p^n}$ 中的加法和乘法分别是

$$f(x)+g(x)=((f+g)(x))\ (\bmod\ p(x))$$
$$f(x)\cdot g(x)=((fg)(x))\ (\bmod\ p(x))$$

$\mathbf{F}_q$ 是 p^n 元有限域,其特征 p 为素数。

定理 7.31 设 F_q 是 q 元有限域,则其乘法群 F_q^* 的任意元素的阶整除 $q-1$。

定义 7.39 如果有限域 $\mathbf{F}_q$ 的元素 g 是 F_q^* 的生成元,即阶为 $q-1$ 的元素,那么元素 g 是 $\mathbf{F}_q$ 的本原元或生成元。当 g 是 $\mathbf{F}_q$ 的本原元时,有 $\mathbf{F}_q=\{0\}\bigcup<g>=\{0,g^0=1,g,g^2,\cdots,g^{q-2}\}$。

有限域的不同表示方式会影响运算的复杂程度。多项式表示法中加法容易计算,本原元表示法乘法容易计算,但加法较为复杂。可以建立两种表示法之间的联系,使得加法

和乘法都容易计算。

定理 7.32　每个有限域都有生成元。如果 g 是 $\mathbf{F}_q$ 的生成元,则 g^d 是 $\mathbf{F}_q$ 的生成元当且仅当 d 和 $q-1$ 的最大公因数 $(d,q-1)=1$。$\mathbf{F}_q$ 有 $\varphi(q-1)$ 个生成元。

类似第 5 章中模 p 原根的判定方法,可以得到有限域 $\mathbf{F}_q$ 的元素 g 是否为生成元的一个判定方法。

定理 7.33　设 g 是有限域 $\mathbf{F}_{p^n}$ 中的元素,p^n-1 的所有不同素因数是 $q_1,\cdots,q_k$,则 g 是有限域 $\mathbf{F}_{p^n}$ 的一个生成元的充要条件是

$$g^{(p^n-1)/q_i} \neq 1 \quad i=1,2,\cdots,k$$

上述定理给出了求有限域的生成元的方法。

证明　设 g 是 $\mathbf{F}_{p^n}$ 的一个本原元,则 g 的阶是 p^n-1,因为

$$0 < \frac{p^n-1}{q_i} < p^n-1, \quad i=1,\cdots,k$$

于是,$g^{(p^n-1)/q_i} \neq 1 (i=1,\cdots,k)$。

反过来,若 g 满足式 $g^{(p^n-1)/q_i} \neq 1 (i=1,2,\cdots,k)$,但 g 的阶 $e=\mathrm{ord}(g)<p^n-1$,则 $e \mid p^n-1$。因而存在一个素数 q_j,使得 $q_j \mid \dfrac{p^n-1}{e}$,即

$$\frac{p^n-1}{e} = u \cdot q_j$$

即 $\dfrac{p^n-1}{q_j}=u \cdot e$,于是 $g^{\frac{p^n-1}{q_j}}=(g^e)^u=1$,假设矛盾。∎

定义 7.40　有限域 $\mathbf{F}_{p^n}$ 的生成元 g 的定义多项式 $f(x)$ 叫作本原多项式。

注意:设 $f(x)$ 是 $\mathbf{F}_p$ 上的 n 次本原多项式,则使得 $x^e \equiv 1 \pmod{f(x)}$ 的最小正整数 $e=p^n-1$。

类似于有限域 $\mathbf{F}_{p^n}$ 的生成元 g 的判定法则,可以给出 $f(x)$ 在 $\mathbf{F}_p$ 上的 n 次本原多项式的判定方法。

定理 7.34　设 p 是素数,n 为正整数,$f(x)$ 是 $\mathbf{F}_p[X]$ 的 n 次多项式,如果

(1) $x^{p^n-1} \equiv 1 \pmod{f(x)}$。

(2) p^n-1 的所有不同素因素是 $q_1, q_2, \cdots, q_k$,有

$$x^{(p^n-1)/q_i} \not\equiv 1 \pmod{f(x)} \quad i=1,2,\cdots,k$$

则 $f(x)$ 是 n 次本原多项式。

定理的证明和定理 7.29 类似。

例 7.78　证明 $f(x)=x^8+x^4+x^3+x^2+1$ 是 $\mathbf{F}_2[X]$ 中的本原多项式。

证明　因为 $n=8,2^{n-1}=255=3 \cdot 5 \cdot 17$,素因子 $q_1=7,q_2=5,q_3=3$,于是 $(2^n-1)/q_1=15,(2^n-1)/q_2=51,(2^n-1)/q_3=85$。根据定理 7.30,只需要验证 $x^{255}=1 \bmod f(x)$,且

$$x^{15} \not\equiv 1 \bmod f(x), \quad x^{51} \not\equiv 1 \bmod f(x), \quad x^{85} \not\equiv 1 \bmod f(x)$$

事实上,$x^{255} \equiv 1 \pmod{f(x)}$

$$x^{15} \equiv x^5+x^2+x \pmod{f(x)},$$

$$x^{51} \equiv x^3 + x \pmod{f(x)}$$
$$x^{85} \equiv x^7 + x^6 + x^4 + x^2 + x \pmod{f(x)}$$

故 $f(x)$ 是本原多项式。

例 7.79 $\mathbf{F}_2[X]$ 中不可约多项式 x^2+x+1 是本原多项式;不可约多项式 x^4+x+1, x^4+x^3+1 也是本原多项式;但不可约多项式 $x^4+x^3+x^2+x+1$ 不是本原多项式,因为 $x^5=1 \pmod{x^4+x^3+x^2+x+1}$。

例 7.80 x^2+x+1 是 $\mathbf{F}_2$ 上不可约多项,设 α 是 x^2+x+1 的根,则 $\mathbf{F}_2(\alpha)=\{0,1,\alpha,\alpha+1\}$,又 $\alpha^2=\alpha+1$,$\alpha^3=\alpha(\alpha+1)=\alpha^2+\alpha=1$,所以 α 是 $F_2(\alpha)$ 的本原元。

下面给出有限域的三条结构定理。

定理 7.35 设 F 是一个特征为素数 p 的有限域,则 F 中的元素个数为 p^n,n 是一个正整数。

证明 设 F' 是包含在 F 内的素域,因为有限域 F 的特征为 p,则 F' 的特征也为 p。

假设 F' 在 F 内的指数为 n,那么取 F 在 F' 上的一个基 $\boldsymbol{\alpha}_1, \boldsymbol{\alpha}_2, \cdots, \boldsymbol{\alpha}_n$,则 F 内每个元素均可以唯一地表成 $k_1\boldsymbol{\alpha}_1 + k_2\boldsymbol{\alpha}_2 + \cdots + k_n\boldsymbol{\alpha}_n (k_i \in F')$,其中每个 k_i 均有 p 种取法,因此全部系数组合共有 p^n 种取法。因为每种取法唯一地决定 F 内元素,且不同取法得到的 F 内元素互不相同,所以 F 中元素个数为 p^n 个。 ■

思考 7.3 是否会存在阶为 10 的有限域?

定理 7.36(存在性) 对于任何素数 p 和任意正整数 n,都存在一个有限域含有 p^n 个元素。

证明 为了证明该定理,只需要找到一个这样的有限域即可,事实上,令 $m=p^n$ 时,x^m-x 在特征为 p 的素域上的分裂域 E 就是这样的 m 阶有限域,满足条件。下面证明 E 是一个 m 阶有限域。

假设 F 为特征为 p 的一个素域,令 $E=F(\alpha_1, \alpha_2, \cdots, \alpha_q)$ 为 $f(x)=x^q-x$ 在 F 上分裂域,$\alpha_1, \alpha_2, \cdots, \alpha_q$ 是 $f(x)$ 在域 E 内的根。因为 E 的特征为 p,所以 $f'(x)=p^n x^{q-1}-1=-1$,即 $(f(x), f'(x))=1$,从而 $f(x)$ 没有重根,即当 $i \neq j$ 时有 $\alpha_i \neq \alpha_j$。

令 $F=\{\alpha_1, \alpha_2, \cdots, \alpha_q\}$,因为 $(\alpha_i - \alpha_j)^m = \alpha_i^m - \alpha_j^m = \alpha_i - \alpha_j$ 且 $(\alpha_i/\alpha_j)^m = \alpha_i^m/\alpha_j^m = \alpha_i/\alpha_j$,所以 $\alpha_i - \alpha_j$ 和 α_i/α_j 是 $f(x)$ 的根,即 $\alpha_i - \alpha_j$ 和 α_i/α_j 属于 F,所以 F 是 E 的一个子域。 ■

定理 7.37(唯一性) 任意两个 $q=p^n$ 元域都同构,即 p^n 元域在同构意义下是唯一的。

证明 取 E 和 F 是任意两个 p^n 阶域,因此,E 和 F 均有 p 阶的素子域 E' 和 F',所以 E 和 F 为同阶子域的有限扩张。又因为 E 和 F 是同阶的有限域,所以 E 和 F 的扩张次数相同。因此,可以定义双射函数 $\phi: E$ 对 E' 的基 $\rightarrow F$ 对 F' 的基,易见双射函数 ϕ 是 E 与 F 之间的同构映射,即 E 与 F 之间同构。由于 E、F 的任意性,所以任意两个 $q=p^n$ 元域都同构。 ■

例 7.81 $\mathbf{F}_p$ 是一个特征为素数 p 的域,且其非零元素 $\mathbf{F}_p^* = \{1, 2, \cdots, p-1\}$ 形成一个 $p-1$ 阶循环群。$\mathbf{F}_p$ 不是特征为 p 的唯一域。事实上,任何有限域的乘法群都是循环群,如 $\mathbf{F}_q^*$(这里 $q=p^n$)是一个 p^n-1 阶循环群。

例 7.82 $\mathbf{F}_p[X]$ 中有许多次数为 n 的不可约多项式,但可以证明,由任何两个 n 次不可约多项式构造的域是同构的。因此,存在唯一的 p^n(p 是素数,$n \geqslant 1$)个元素的有限域,记为 $\mathbf{F}_q^*$(这里 $q = p^n$)。n 为 1 时,$\mathbf{F}_p$ 与 $\mathbf{Z}_p$ 相同。可以证明,如果存在 r 个元素的有限域,则一定存在某个素数 p 及某个整数 $n \geqslant 1$,使得 $r = p^n$。

下面的例子给出通过生成元构造有限域的方法。

例 7.83　求 $\mathbf{F}_{2^4} = \mathbf{F}_2[X]/(x^4 + x + 1)$ 的生成元 $g(x)$,即 $g(x)^t, t = 0, 1, 2, \cdots, 14$ 和所有的生成元。

解答　因为 $|\mathbf{F}_{2^4}^*| = 15 = 3 \cdot 5$,所以满足

$$g(x)^3 \not\equiv 1 \ (\mathrm{mod}\ x^4 + x + 1), g(x)^5 \not\equiv 1 \ (\mathrm{mod}\ x^4 + x + 1)$$

的元素 $g(x)$ 都是生成元。

对于 $g(x) = x$,有

$$x^3 \not\equiv 1 \ (\mathrm{mod}\ x^4 + x + 1), x^5 \not\equiv 1 \ (\mathrm{mod}\ x^4 + x + 1)$$

所以 $g(x) = x$ 是 $\mathbf{F}_2[X]/(x^4 + x + 1)$ 的生成元。

对于 $t = 0, 1, \cdots, 14$,计算 $g(x)^t (\mathrm{mod}\ x^4 + x + 1)$ 如下:

$g(x)^0 = 1, g(x)^1 = x, g(x)^2 = x^2, g(x)^3 = x^3$,

$g(x)^4 = x + 1, g(x)^5 = x^2 + x, g(x)^6 = x^3 + x^2, g(x)^7 = x^3 + x + 1$,

$g(x)^8 = x^2 + 1, g(x)^9 = x^3 + x, g(x)^{10} = x^2 + x + 1, g(x)^{11} = x^3 + x^2 + x$,

$g(x)^{12} = x^3 + x^2 + x + 1, g(x)^{13} = x^3 + x^2 + 1, g(x)^{14} = x^3 + 1$

容易看到

$$g(x)^{14} = (x^3 + 1)x = x^4 + x = 1$$

所有生成元 $g(x)^t$,这里 $(t, 15) = 1$,于是取 $t = 1, 2, 4, 7, 8, 11, 13, 14$,计算可得到所有生成元。

例 7.84　用生成元 $g(x) = x$,构造 $\mathbf{F}_{2^4} = \mathbf{F}_2[X]/(x^4 + x + 1)$ 中的多项式表格,考察求逆、乘法、加法、减法运算,用 4 位表示运算结果。

解答　元素 $0, g^0, g^1, g^2$ 和 g^3 很容易生成,因为它们是 0、1、x^2 和 x^3 的 4 位表示。通过 g^{14} 的元素 g^4,它表示通过 x^{14} 的 x^4 需要被不可约多项式整除,为了避免这个多项式除法,可以使用 $f(g) = g^4 + g + 1 = 0$ 这个关系。利用这个关系,有 $g^4 = g + 1$。因为在 $\mathbf{F}_2$ 域中,加法和减法是同一个运算。用这个关系去求出所有作为 4 位字的元素的值。

0	$= 0$	$= 0$	$= 0$	$\Rightarrow$	0	$= (0000)$
g^0	$= g^0$	$= g^0$	$= g^0$	$\Rightarrow$	g^0	$= (0001)$
g^1	$= g^1$	$= g^1$	$= g^1$	$\Rightarrow$	g^1	$= (0010)$
g^2	$= g^2$	$= g^2$	$= g^2$	$\Rightarrow$	g^2	$= (0100)$
g^3	$= g^3$	$= g^3$	$= g^3$	$\Rightarrow$	g^3	$= (1000)$
g^4	$= g^4$	$= g^4$	$= g + 1$	$\Rightarrow$	g^4	$= (0011)$
g^5	$= g(g^4)$	$= g(g + 1)$	$= g^2 + g$	$\Rightarrow$	g^5	$= (0110)$
g^6	$= g(g^5)$	$= g(g^2 + g)$	$= g^3 + g^2$	$\Rightarrow$	g^6	$= (1100)$
g^7	$= g(g^6)$	$= g(g^3 + g)$	$= g^3 + g + 1$	$\Rightarrow$	g^7	$= (1011)$
g^8	$= g(g^7)$	$= g(g^3 + g + 1)$	$= g^2 + 1$	$\Rightarrow$	g^8	$= (0101)$
g^9	$= g(g^8)$	$= g(g^2 + 1)$	$= g^3 + g$	$\Rightarrow$	g^9	$= (1010)$

g^{10}	$=g(g^9)$	$=g(g^3+g)$	$=g^2+g+1$	$\Rightarrow$	g^{10}	$=(0111)$
g^{11}	$=g(g^{10})$	$=g(g^2+g+1)$	$=g^3+g^2+g$	$\Rightarrow$	g^{11}	$=(1110)$
g^{12}	$=g(g^{11})$	$=g(g^3+g^2+g)$	$=g^3+g^2+g+1$	$\Rightarrow$	g^{12}	$=(1111)$
g^{13}	$=g(g^{12})$	$=g(g^3+g^2+g+1)$	$=g^3+g^2+1$	$\Rightarrow$	g^{13}	$=(1101)$
g^{14}	$=g(g^{13})$	$=g(g^3+g^2+1)$	$=g^3+1$	$\Rightarrow$	g^{14}	$=(1001)$

乘法计算的核心思想是利用关系 $g^4=g+1$ 降次。

例如，$g^{12}=g(g^{11})=g(g^3+g^2+g)=g^4+g^3+g^2=g^3+g^2+g+1$。

在降次后，可以将幂数转化为 n 比特数，如 g^3+1 等价于 1001。

由以上可知乘法很容易计算，同时：

元素的加法逆元是它自身，如 $-g^3=g^3$。

元素的乘法逆元 $(g^3)^{-1}=g^{-3}=g^{12}=g^3+g^2+g+1 \rightarrow (1111)$。

元素间的加法 $g^3+g^{12}+g^7=g^3+(g^3+g^2+g+1)+(g^3+g+1)=g^3+g^2 \rightarrow$ (1100)。

元素间的减法 $g^3-g^6=g^3+g^6=g^3+(g^3+g^2)=g^2 \rightarrow (0100)$。

有限域在对称加密算法设计中有大量的应用，如在 AES 密码算法中便涉及有限域 $\mathbf{F}_{2^8}=\mathbf{F}_2[X]/(x^8+x^4+x^3+x+1)$ 及其生成元 $g(x)=x+1$，在 7.3.2 小节将详述。

7.3 环和域在 AES 加密中的应用

1997 年美国 NIST 发起公开征集高级加密标准(Advanced Encryption Standard，AES)算法的活动，目的是寻找一个安全性能更好的分组密码算法替代 DES。AES 的基本要求是安全性能不能低于三重 DES，且执行性能比三重 DES 快。而且分组长度为 128 位，并能支持长度为 128 位、192 位、256 位的密钥。

1998 年，NIST 召开了第一次 AES 候选会议，公布了 15 个满足 AES 基本要求的算法作为候选算法，并提请公众协助分析这些候选算法。1999 年 NIST 召开了第二次 AES 获选会议，公布了第一阶段的分析和测试结果，从 15 个候选算法中选出了 5 个决赛算法(Mars、RC6、Rijndael、Serpent 和 Twofish)。2000 年，NIST 召开第三次 AES 候选会议，通过对决赛算法的安全性、速度以及通用性等要素的综合评估，最终决定比利时密码学家 Joan Daemen 和 Vincent Rijmen 提出的 Rijndael 数据加密算法修改后作为 AES。2001 年 NIST 正式公布 AES，并于 2002 年 5 月开始生效。

7.3.1　AES 的设计思想

1. 基本安全参数

分组长度为 128 位，密钥长度可以独立设置为 128 位、192 位和 256 位，因此 AES 有 3 个版本，即 AES-128、AES-192、AES-256。相应的迭代轮数为 10、12、14。一般而言，加密轮数 N_r 取决于密钥长度 l_K，两者之间关系为 $N_r=6+l_K/32$。表 7.9 给出两者的关系。

参数 \ 版本	AES-128	AES-192	AES-256
长度	128	192	256
轮数	10	12	14

128 位的输入明文分组为 16B,通常用图形表示为 4×4 的正方形矩阵,称为状态(state)矩阵。例如,对于 128 位的分组,可分成 16B,从左到右为 $s_{00} s_{10} s_{20} s_{30} s_{01} s_{11} s_{21} s_{31} s_{02}$ $s_{12} s_{22} s_{32} s_{03} s_{13} s_{23} s_{33}$。状态矩阵 S 表示为

$$S = \begin{bmatrix} s_{00} & s_{01} & s_{02} & s_{03} \\ s_{10} & s_{11} & s_{12} & s_{13} \\ s_{20} & s_{21} & s_{22} & s_{23} \\ s_{30} & s_{31} & s_{32} & s_{33} \end{bmatrix}$$

AES 算法的分组长度固定为 128 位。Rijndael 中分组长度还可为 192 位或 256 位,则相应的列数为 6 列和 8 列。因此,AES 可视为 Rijndael 算法的子集。

类似地,可从输入密钥构造轮密钥 RoundKey 矩阵。

2. 设计思想

Rijndael 的设计目标是:抵抗所有已知的攻击;在多个平台上速度快、编码紧凑;设计简单。Rijndael 没有采用 DES 中的 Feistel 结构,其轮函数是 3 个不同的可逆变换组成的。轮函数中有三种功能层:①线性混合层,确保多轮之后的扩散;②非线性层,将具有最优的"最坏情况非线性特性"的 S 盒并行使用;③密钥加层,将轮密钥和每一轮结果进行相加(异或)。

3. AES 的总体结构

如图 7.4 所示,Rijndael 加密算法的轮函数采用 SP(Substitution-Permutation)结构,每一轮字节代换(SubByte)、行移位变换(ShiftRow)、列混合变换(MixColumn)、轮密钥加变换(AddRoundKey)组成。加密过程执行一个"初始轮密钥加",然后执行 $N_r - 1$ 次"中间轮变换"以及一个"末轮变换"。

7.3.2 AES 中 S 盒的设计

AES 中的字节代换部分是 AES 中的每一轮工作的首要部分。

通常将字节代换的计算结果先制成 S 盒表格,通过利用查表进行快速变换。

如 F5 查表后得到 E6,56 查表后得到 B1 等。

例如,图 7.5 给出一个输入输出状态矩阵的例子。

问题是 S 盒是如何设计的?

AES 的 S 盒设计不像 DES 的 S 盒设计那么神秘(S 盒的设计方法没有给出具体原因,因此有人担心其会有后门),而是有严格的数学计算。其设计原理是将一字节非线

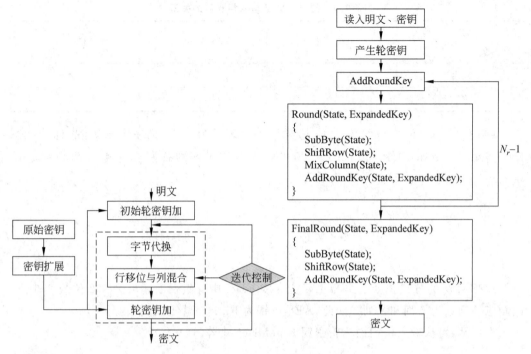

图 7.4　AES 总体结构

F5	56	10	20		E6	B1	CA	B7
6B	44	57	39	S盒代换	7F	1B	5B	12
01	03	6C	21		7C	7B	50	FD
AF	30	32	34		79	04	23	18

图 7.5　输入输出状态矩阵示例

性地变换为另一字节。由两个变换复合而成：一个是求 $\mathbf{F}_{2^8}$ 上的乘法逆，一个是仿射变换。

1. 变换 1：求逆

令字节 $z(x)=z_7x^7+z_6x^6+\cdots+z_1x+z_0$，先在有限域 $\mathbf{F}_{2^8}$ 中求其关于 $m(x)=x^8+x^4+x^3+x+1$ 的乘法逆元，规定"00"的逆为"00"。

也就是说，将 $a\neq0,a\in\mathbf{F}_{2^8}$ 变换到其逆元。即有映射

$$t:\mathbf{F}_{2^8}\rightarrow\mathbf{F}_{2^8},a\mapsto t(a)$$
$$a=0,t(a)=0;a\neq0,t(a)=a^{-1}$$

2. 变换 2：仿射变换

$$[y_0\ y_1\ y_2\ y_3\ y_4\ y_5\ y_6\ y_7]^{\mathrm{T}}=\mathbf{A}[x_0\ x_1\ x_2\ x_3\ x_4\ x_5\ x_6\ x_7]^{\mathrm{T}}\oplus[0\ 1\ 1\ 0\ 0\ 0\ 1\ 1]^{\mathrm{T}}$$

这里 $\mathbf{A}$ 为一个规定的矩阵。

具体而言，给定 $u(x)=x^7+x^6+x^5+x^4+1,v(x)=x^7+x^6+x^2+x$，定义映射：

$$L_{u,v} : \mathbf{F}_{2^8} \to \mathbf{F}_{2^8}, L_{u,v}(a) = b$$

对任意的

$$a = (a_7 a_6 a_5 a_4 a_3 a_2 a_1 a_0) \in \mathbf{F}_{2^8}$$

先将 a 表示成多项式,即

$$a(x) = a_7 x^7 + \cdots + a_2 x^2 + a_1 x + a_0$$

然后计算

$$b(x) = u(x)a(x) + v(x) \bmod (x^8 + 1)$$

设

$$b(x) = b_7 x^7 + \cdots + b_2 x^2 + b_1 x + b_0$$

则

$$L_{u,v}(a) = b = (b_7 b_6 b_5 b_4 b_3 b_2 b_1 b_0) \in \mathbf{F}_{2^8}$$

仿射变换 L_{uv} 可用矩阵表示为

$$
\begin{bmatrix} b_0 \\ b_1 \\ b_2 \\ b_3 \\ b_4 \\ b_5 \\ b_6 \\ b_7 \end{bmatrix}
=
\begin{bmatrix}
1 & 0 & 0 & 0 & 1 & 1 & 1 & 1 \\
1 & 1 & 0 & 0 & 0 & 1 & 1 & 1 \\
1 & 1 & 1 & 0 & 0 & 0 & 1 & 1 \\
1 & 1 & 1 & 1 & 0 & 0 & 0 & 1 \\
1 & 1 & 1 & 1 & 1 & 0 & 0 & 0 \\
0 & 1 & 1 & 1 & 1 & 1 & 0 & 0 \\
0 & 0 & 1 & 1 & 1 & 1 & 1 & 0 \\
0 & 0 & 0 & 1 & 1 & 1 & 1 & 1
\end{bmatrix}
\begin{bmatrix} a_0 \\ a_1 \\ a_2 \\ a_3 \\ a_4 \\ a_5 \\ a_6 \\ a_7 \end{bmatrix}
\oplus
\begin{bmatrix} 1 \\ 1 \\ 0 \\ 0 \\ 0 \\ 1 \\ 1 \\ 0 \end{bmatrix}
$$

从另一个角度来看,满足

$$b_i = a_i \oplus a_{(i+4) \bmod 8} \oplus a_{(i+5) \bmod 8} \oplus a_{(i+6) \bmod 8} \oplus a_{(i+7) \bmod 8} \oplus c_i$$

c_i 为 $(63)_8 = (01100011)_2$ 的第 i 位。

可见,通过上述等式计算可快速进行,且具有混淆的效果。

从一般原理上解释,SubByte 代换可视为 $S_{u,v} = L_{u,v} \cdot t$,即先做逆运算,再做仿射运算。虽然复合变换 $S_{u,v}$ 的两个变换 $L_{u,v}, t$ 都是对 $\mathbf{F}_{2^8}$ 中的元素进行计算,但是却使用了不同的数学结构:t 是在有限域 $\mathbf{F}_{2^8} = F_2(x)/m(x)$ 上进行,而 $L_{u,v}$ 却是在环 $\mathbf{F}_2[X]/(x^8 + 1)$ 上进行。尽管 t 和 $L_{u,v}$ 都非常简单,但它们的复合运算却非常复杂。这种集合相同但数学结构不同运算的复合,是 AES 的字节代换具有"非线性性"的保证。这一方法已成为分组密码设计的常用方法。同时,由于这两个变换都是可逆的,故存在逆复合变换。

例 7.85 以 F5 为例说明 S 盒的替代操作。不通过查表,而通过代数运算。首先求解 F5 在 $\mathbf{F}_{2^8}$ 上的乘法逆元。输入 F5 对应 11110101,对应多项式 $(x^7 + x^6 + x^5 + x^4 + x^2 + 1)$,求其模 $m(x) = x^8 + x^4 + x^3 + x + 1$ 的逆,即求 $a(x)$ 使得 $(x^7 + x^6 + x^5 + x^4 + x^2 + 1) \cdot a(x) \equiv 1 \bmod m(x)$,通过扩展的 Euclid 算法,求得其逆为 $(x^6 + x^2 + x)$。表示成二进制为 01000110。再进行仿射变换,代入矩阵

$$\begin{bmatrix} 1 & 0 & 0 & 0 & 1 & 1 & 1 & 1 \\ 1 & 1 & 0 & 0 & 0 & 1 & 1 & 1 \\ 1 & 1 & 1 & 0 & 0 & 0 & 1 & 1 \\ 1 & 1 & 1 & 1 & 0 & 0 & 0 & 1 \\ 1 & 1 & 1 & 1 & 1 & 0 & 0 & 0 \\ 0 & 1 & 1 & 1 & 1 & 1 & 0 & 0 \\ 0 & 0 & 1 & 1 & 1 & 1 & 1 & 0 \\ 0 & 0 & 0 & 1 & 1 & 1 & 1 & 1 \end{bmatrix} \begin{bmatrix} 0 \\ 1 \\ 1 \\ 0 \\ 0 \\ 0 \\ 1 \\ 0 \end{bmatrix} \oplus \begin{bmatrix} 1 \\ 1 \\ 0 \\ 0 \\ 0 \\ 1 \\ 1 \\ 0 \end{bmatrix} = \begin{bmatrix} 0 \\ 1 \\ 1 \\ 0 \\ 0 \\ 1 \\ 1 \\ 1 \end{bmatrix}$$

得到二进制结果为 111001110,对应十六进制结果为 E6。

SubByte 用到了 AES 中的第一个基本运算,称为字节运算,即有限域 $\mathbf{F}_{2^8}$ 上的运算。$m(x) \in \mathbf{F}_2[X]$ 是一个 8 次不可约多项式,故由 $m(x)$ 可生成一个有限域 $\mathbf{F}_{2^8}$。

$$\begin{aligned} \mathbf{F}_{2^8} &= \mathbf{F}_2[X]/<m(x)> \\ &= \{b_0 + b_1 x + b_2 x^2 + b_3 x^3 + b_4 x^4 + b_5 x^5 + b_6 x^6 + b_7 x^7 \mid b_i \in \mathbf{F}_2, i = 0, 1, \cdots, 7\} \\ &= \{(b_7 b_6 b_5 b_4 b_3 b_2 b_1 b_0) \mid b_i \in \mathbf{F}_2, i = 0, 1, \cdots, 7\} \end{aligned}$$

加法为模 2 加法,实际上相当于异或。减法其实等于加法,因为 -1 的逆为 1,如 $(x^6 + x^4 + x^2 + x + 1) + (x^7 + x + 1) = x^7 + x^6 + x^4 + x^2$。

多项式乘以 x(也称为 xtime 操作),即左移 1 位。例如,求 $z(x) \cdot x$,若 $z_7 = 0$,则结果为左移 1 位。若 $z_7 = 1$,则左移 1 位后再求模,求模相当于减去模多项式 $m(x)$,由于系数是模 2 的,减去即为加上。例如,$x^8 \bmod m(x) = x^8 + x^4 + x^3 + x + 1 = x^4 + x^3 + x + 1$。这个减去的过程也称为降次。

下面以 $(x^6 + x^4 + x^2 + x + 1)(x^7 + x + 1) = x^7 + x^6 + 1 \bmod m(x)$ 为例说明通过 xtime 操作如何来加快乘法运算的计算过程。

计算过程等同于计算 $(57)_{16} \cdot (83)_{16}$。

首先计算一个列表,即左边不断与 2 相乘(即 xtime,也就是不断左移 1 位,最左位为 1 时需要减去 $m(x)$,即降次),计算过程如下。

$$57_{16} \cdot 02_{16} = \text{xtime}(57_{16}) = ae_{16}, 57_{16} \cdot 04_{16} = \text{xtime}(ae_{16}) = 47_{16}$$
$$57_{16} \cdot 08_{16} = \text{xtime}(47_{16}) = 8e_{16}, 57_{16} \cdot 10_{16} = \text{xtime}(8e_{16}) = 07_{16}$$
$$57_{16} \cdot 20_{16} = \text{xtime}(07_{16}) = 0e_{16}, 57_{16} \cdot 40_{16} = \text{xtime}(0e_{16}) = 1c_{16}$$
$$57_{16} \cdot 80_{16} = \text{xtime}(57_{16}) = 38_{16}$$

这一过程到 $(80)_{16}$ 即可。

然后从列表中挑选需要的项相加:$(57)_{16} \cdot (83)_{16} = 57_{16} \cdot (01_{16} + 02_{16} + 80_{16}) = 01010111 \oplus 10101110 \oplus 00111000 = 11111001 \oplus 00111000 = 11000001 = C1_{16}$,即 $x^7 + x^6 + 1$。

由上例可知,$\mathbf{F}_{2^n}$ 中的乘法可以通过左移位和异或运算完成。

另外,由于 $m(x)$ 是不可约的,故可保证求出(需加密多项式的)的逆元。

7.3.3 AES 中列变换的设计

在 AES 的列变换之前,还进行了行移位操作。为了完整性,先介绍行移位。

行移位将状态矩阵中的字节循环左移若干位。将行移位运算表示为 $R_c: S \rightarrow R(S)$。

第 0 行不移动,第 1 行循环左移 1 位,第 2 行循环左移 2 位,第 3 行循环左移 3 位,如图 7.6 所示。

图 7.6　行移位

行移位实现了字节在每一行的扩散,很自然地想到字节在列中也需要扩散。

下面重点介绍列变换。

把状态矩阵每列的 4 个字节表示为 $\mathbf{F}_{2^8}$ 上的多项式 $S(x)$,再将该多项式与固定多项式 $c(x)$ 做模 x^4+1 乘法,即 $S'(x)=c(x)\otimes S(x)\bmod(x^4+1)$,这里,$c(x)='03'x^3+'01'x^2+'01'x+'02'$。列混合的映射可以看成

$$\begin{bmatrix} s_{00} & s_{01} & s_{02} & s_{03} \\ s_{10} & s_{11} & s_{12} & s_{13} \\ s_{20} & s_{21} & s_{22} & s_{23} \\ s_{30} & s_{31} & s_{32} & s_{33} \end{bmatrix} \rightarrow \begin{bmatrix} s'_{00} & s'_{01} & s'_{02} & s'_{03} \\ s'_{10} & s'_{11} & s'_{12} & s'_{13} \\ s'_{20} & s'_{21} & s'_{22} & s'_{23} \\ s'_{30} & s'_{31} & s'_{32} & s'_{33} \end{bmatrix}$$

令

$$S_j(x) = s_{3j}x^3 + s_{2j}x^2 + s_{1j}x + s_{0j} \quad 0 \leqslant j \leqslant 3$$
$$S'_j(x) = s'_{3j}x^3 + s'_{2j}x^2 + s'_{1j}x + s'_{0j} \quad 0 \leqslant j \leqslant 3$$

于是,有

$$S'_j(x) = c(x) \otimes S_j(x) = c(x)S_j(x) \bmod(x^4+1)$$

由于 $c(x)$ 固定,故可将该乘法写成

$$\begin{bmatrix} s'_{0j} \\ s'_{1j} \\ s'_{2j} \\ s'_{3j} \end{bmatrix} = \begin{bmatrix} 02 & 03 & 01 & 01 \\ 01 & 02 & 03 & 01 \\ 01 & 01 & 02 & 03 \\ 03 & 01 & 01 & 02 \end{bmatrix} \begin{bmatrix} s_{0j} \\ s_{1j} \\ s_{2j} \\ s_{3j} \end{bmatrix} \quad j = 0,1,2,3$$

于是,列混合即为矩阵乘法,即

$$\begin{bmatrix} s'_{00} & s'_{01} & s'_{02} & s'_{03} \\ s'_{10} & s'_{11} & s'_{12} & s'_{13} \\ s'_{20} & s'_{21} & s'_{22} & s'_{23} \\ s'_{30} & s'_{31} & s'_{32} & s'_{33} \end{bmatrix} = \begin{bmatrix} 02 & 03 & 01 & 01 \\ 01 & 02 & 03 & 01 \\ 01 & 01 & 02 & 03 \\ 03 & 01 & 01 & 02 \end{bmatrix} \begin{bmatrix} s_{00} & s_{01} & s_{02} & s_{03} \\ s_{10} & s_{11} & s_{12} & s_{13} \\ s_{20} & s_{21} & s_{22} & s_{23} \\ s_{30} & s_{31} & s_{32} & s_{33} \end{bmatrix}$$

于是,可记列混合运算为:$M(S)=\mathbf{C}S$。这里 $\mathbf{C}$ 为矩阵

$$\begin{bmatrix} 02 & 03 & 01 & 01 \\ 01 & 02 & 03 & 01 \\ 01 & 01 & 02 & 03 \\ 03 & 01 & 01 & 02 \end{bmatrix}$$

MixColumn 用到了 AES 的第二个基本运算——字运算,即系数在有限域 $\mathbf{F}_{2^8}$ 上的运算。

令 $R = \{(a_3 a_2 a_1 a_0) | a_i \in \mathbf{F}_{2^8}\}$。在 R 中定义加法"+"和乘法"$\otimes$"如下。

加法 $(a_3 a_2 a_1 a_0) + (b_3 b_2 b_1 b_0) = (c_3 c_2 c_1 c_0)$，$c_i = a_i + b_i (i = 0, 1, 2, 3)$，即 $\mathbf{F}_{2^8}$ 中的加法运算。

乘法 $(a_3 a_2 a_1 a_0) \otimes (b_3 b_2 b_1 b_0) = (c_3 c_2 c_1 c_0)$，其中 $c_3 x^3 + c_2 x^2 + c_1 x + c_0 = (a_3 x^3 + a_2 x^2 + a_1 x + a_0) \cdot (b_3 x^3 + b_2 x^2 + b_1 x + b_0) \bmod (x^4 + 1)$。

由于模 $x^4 + 1$ 不是不可约多项式，所以，R 对以上定义的运算不能构成域，只能是一个环，即字集合和运算构成环 $(R, +, \otimes)$。

对 $x^4 + 1$ 取模，可将 $x^4 = 1$ 代入幂次高于 4 次的项以降低幂次(直到低于模的幂次)，这是因为 $x^4 = -1 \bmod x^4 + 1$，又 $-1 = 1 \bmod x^4 + 1$，即有 $x^i = x^{i \bmod 4} \bmod (x^4 + 1)$。

思考 7.4 选择 $c(x)$ 的理由是什么？

由于 $x^4 + 1$ 不是 $\mathbf{F}_{2^8}$ 上的不可约多项式，所以一个 $\mathbf{F}_{2^8}$ 上次数小于 4 的多项式未必是可逆的。AES 于是选择了一个有逆元的固定多项式，且系数较小，便于计算。于是取 $c(x) = '03' x^3 + '01' x^2 + '01' x + '02'$，其逆元 $c^{-1}(x) = '0b' x^3 + '0d' x^2 + '09' x + '0e'$，令

$$d(x) = a(x) \otimes b(x), d_3 x^3 + d_2 x^2 + d_1 x + d_0$$
$$= (a_3 x^3 + a_2 x^2 + a_1 x + a_0) \otimes (b_3 x^3 + b_2 x^2 + b_1 x + b_0)$$

有

$$d_0 = a_0 b_0 \oplus a_3 b_1 \oplus a_2 b_2 \oplus a_1 b_3$$
$$d_1 = a_1 b_0 \oplus a_0 b_1 \oplus a_3 b_2 \oplus a_2 b_3$$
$$d_2 = a_2 b_0 \oplus a_1 b_1 \oplus a_0 b_2 \oplus a_3 b_3$$
$$d_3 = a_3 b_0 \oplus a_2 b_1 \oplus a_1 b_2 \oplus a_0 b_3$$

简言之，a, b 下标之和模 4 与 d 的下标相同。若写成矩阵形式，容易看到是一个循环矩阵。

例 7.86 输入矩阵和输出矩阵如下，验证计算的过程。

$$\begin{bmatrix} 02 & 03 & 01 & 01 \\ 01 & 02 & 03 & 01 \\ 01 & 01 & 02 & 03 \\ 03 & 01 & 01 & 02 \end{bmatrix} \begin{bmatrix} E6 & B1 & CA & B7 \\ 1B & 5B & 12 & 7F \\ 50 & FD & 7C & 7B \\ 18 & 79 & 04 & 23 \end{bmatrix} = \begin{bmatrix} B2 & 10 & C1 & AC \\ 38 & 62 & 6E & E7 \\ 75 & 80 & 2C & 5B \\ 4A & 9C & 23 & 80 \end{bmatrix}$$

检查第一列为 $EB, 1B, 50, 18$。

$c_{00} = 02 \cdot E6 \oplus 03 \cdot 1B \oplus 50 \oplus 18 = 11010111 \oplus 00101101 \oplus 01010000 \oplus 00011000 = 10110010$ 即为 $B2$。这里 $\cdot, \oplus$ 均为 $\mathbf{F}_{2^8}$ 中的乘法和加法。容易看到，混合后每一列的每个字节与原来一列中的每个字节都有关系，这就是"MixColumn"一词的来历。

最后简单介绍 AES 的最后一步轮密钥加。

将状态矩阵和子密钥矩阵对应的 $4 \times 4 = 16$ 个字节分别相加($\mathbf{F}_{2^8}$ 中运算)。将密钥加运算表示为 $\boldsymbol{A}_{k_i}$。

$$\boldsymbol{A}_{k_i}(\boldsymbol{S}) = \boldsymbol{S} + k_i = \begin{bmatrix} s_{00} & s_{01} & s_{02} & s_{03} \\ s_{10} & s_{11} & s_{12} & s_{13} \\ s_{20} & s_{21} & s_{22} & s_{23} \\ s_{30} & s_{31} & s_{32} & s_{33} \end{bmatrix} \oplus \begin{bmatrix} k_{00} & k_{01} & k_{02} & k_{03} \\ k_{10} & k_{11} & k_{12} & k_{13} \\ k_{20} & k_{21} & k_{22} & k_{23} \\ k_{30} & k_{31} & k_{32} & k_{33} \end{bmatrix}$$

$$= \begin{bmatrix} s_{00} \oplus k_{00} & s_{01} \oplus k_{01} & s_{02} \oplus k_{02} & s_{03} \oplus k_{03} \\ s_{10} \oplus k_{10} & s_{11} \oplus k_{11} & s_{12} \oplus k_{12} & s_{13} \oplus k_{13} \\ s_{20} \oplus k_{20} & s_{21} \oplus k_{21} & s_{22} \oplus k_{22} & s_{23} \oplus k_{23} \\ s_{30} \oplus k_{30} & s_{31} \oplus k_{31} & s_{32} \oplus k_{32} & s_{33} \oplus k_{33} \end{bmatrix}$$

7.4 环在 NTRU 密码体制中的应用*

NTRU(number theory research unit)公开密钥算法是一种新的快速公开密钥体制，1996 年在 Crypto 会议上由布朗大学的 Hoffstein、Pipher、Silverman 三位数学家提出。经过几年的迅速发展与完善,该算法在密码学领域中受到了高度的重视并在实际应用(如嵌入式系统中的加密)中取得了很好的效果。

NTRU 是一种基于多项式环的密码系统,其加密、解密过程基于环上多项式代数运算和对数 p 和 q 的模约化运算,由正整数 N、p、q 以及 4 个 $N-1$ 次整系数多项式(f,g,r,m)集合来构建。N 一般为一个大素数,p 和 q 在 NTRU 中一般作为模数,这里不需要保证 p 和 q 都是素数,但是必须保证 $(p,q)=1$,而且 q 比 p 要大得多。$R=\mathbf{Z}[X]/(X^N-1)$ 为多项式截断环,其元素 $f(f \in R)$ 为 $f=a_{N-1}x^{N-1}+\cdots+a_1x+a_0$。定义 R 上多项式元素加运算为普通多项式之间的加运算,用符号＋表示,R 上多项式元素乘法运算为普通多项式的乘法运算,当乘积结果要进行模多项式 x^N-1 的运算,即两个多项式的卷积运算,称为星乘,用 $\otimes$ 表示。R 上多项式元素模 q 运算就是把多项式的系数作模 q 处理,用 mod q 表示。

NTRU 密码体制描述:

(1) 密钥生成。随机选择两个 $N-1$ 次多项式 f 和 g 来生成密钥。利用扩展的 Euclid 算法对 f 求逆。如果不能求出 f 的逆元,就重新选取多项式 f。用 F_p,F_q 表示 f 对 p 和 q 的乘逆,即 $F_q \otimes f \equiv 1 \bmod q$,$F_p \otimes f \equiv 1 \bmod p$。

计算:$h \equiv F_q \otimes g \bmod q$

最后得:公钥为 (N,p,q,h),私钥为 (f,F_p)。

这里 F_p 可以从 f 容易地计算得到,但仍然作为私钥存储,这是因为在解密时需要使用这个多项式,而 F_p 和 q 就不需要存储了。

(2) 加密算法。首先把消息表示成次数小于 N 且系数的绝对值至多为 $(p-1)/2$ 的多项式 m,然后随机选择多项式 $r \in L$,并计算 $c \equiv (pr \otimes h+m) \bmod q$。密文是多项式 c。

(3) 解密算法。收到密文 c 后,可以使用私钥 (f,F_p) 对密文 c 进行解密。依次计算:

$$a \equiv (f \otimes c) \bmod q, \ a \in (-q/2, q/2)$$
$$b \equiv a \bmod p$$
$$m \equiv F_p \otimes b \bmod p$$

一致性证明：由于

$$a \equiv f \otimes c \bmod q \equiv (f \otimes (pr \otimes h + m) \bmod q) \bmod q$$
$$\equiv (f \otimes pr \otimes h + f \otimes m) \bmod q$$
$$\equiv (f \otimes pr \otimes F_q \otimes g + f \otimes m) \bmod q$$
$$\equiv (pr \otimes g + f \otimes m) \bmod q$$

又因为 a 的系数在区间 $(-q/2, q/2)$，所以 $pr \otimes g + f \otimes m$ 的系数在区间 $(-q/2, q/2)$，故 $pr \otimes g + f \otimes m$ 模 q 后结果不变。因此

$$F_p \otimes b \bmod p \equiv (F_p \otimes a \bmod p) \bmod p \equiv F_p \otimes (pr \otimes g + f \otimes m) \bmod p$$
$$\equiv (F_p \otimes pr \otimes g + F_p \otimes f \otimes m) \bmod p \equiv m \bmod p$$

从而解密成功。

非正式地说，该加密算法的设计思路是：利用随机多项式 r 生成一个"密钥多项式 h"，利用这个密钥多项式进行加密得到密文多项式。解密时利用多项式取模，约去随机多项式 r，利用多项式的逆，解出明文多项式。可见，同一个明文在不同的加密中会产生不同的密文。

例 7.87 设 $(N, p, q) = (5, 3, 6)$，以及 $f = x^4 + x - 1$ 和 $g = x^3 - x$，求公钥私钥对以及描述加密解密过程。

解答 由于 $(x^4 + x - 1) \otimes (x^3 + x^2 - 1) \equiv 1 \bmod 3$，故有 $F_q = x^3 + x^2 - 1$，同理可求得 $F_q = x^3 + x^2 - 1$。又由于 $h \equiv F_p \otimes g \bmod 16 \equiv -x^4 - 2x^3 + 2x^2 + 1$，所以公钥为 $(N, p, q, h) = (5, 3, 16, -x^4 - 2x^3 + 2x^2 + 1)$；私钥为 $(f, F_p) = (x^4 + x - 1, x^3 + x^2 - 1)$。

加密过程：首先将消息 m 表示成多项式 $m = x^2 - x + 1$，然后选取多项式 $r = x - 1$，则密文为 $c \equiv 3r \otimes h + m \equiv -3x^4 + 6x^3 + 7x^2 - 4x - 5 \bmod 16$。

解密过程：首先计算 $a \equiv f \otimes c \equiv 4x^4 - 2x^3 - 5x^2 + 6x - 2 \bmod 16$，计算 $F_p \otimes a \equiv x^2 - x + 1 \bmod 3$，这样就恢复了消息 m。

讨论：解密过程有时可能无法恢复出正确的明文，因为：

在解密过程

$$a' \equiv (f \otimes c) \bmod q \equiv f \otimes (pr \otimes h + m) \bmod q \equiv (pr \otimes g + f \otimes m) \bmod q$$

中，如果多项式 $pr \otimes g + f \otimes m$ 的系数不在区间 $(-q/2, q/2)$，则

$$f \otimes (pr \otimes h + m) \bmod q \neq pr \otimes g + f \otimes m$$

设 $f \otimes (pr \otimes h + m) = pr \otimes g + f \otimes m + qu$，$u$ 为多项式，并且 u 的系数不全为 0，计算：

$$e' \equiv F_p \otimes a' \bmod p \equiv F_p \otimes (pr \otimes g + f \otimes m + qu) \bmod p$$
$$\equiv F_p \otimes pr \otimes g + F_q \otimes f \otimes m + F_p \otimes qu \bmod p$$

由于 p 和 q 互素，所以 $e' \equiv m + F_p \otimes qu \bmod p \neq m$，故解密失败。

通过选择恰当的参数 N、p、q 就能够避免以上错误，如取 $(N, p, q) = (107, 3, 65)$ 和 $(N, p, q) = (503, 3, 256)$，试验表明解密错误的概率小于 5×10^{-5}，这就是通常能正确解密的原因。

安全性讨论：

NTRU 算法的安全性是基于数论中在一个具有非常大维数的格(lattice)中寻找最短向量(shortest vector problem, SVP)是困难的。只要恰当地选择 NTRU 的参数，其安全

性与 RSA、ECC 等加密算法是一样安全的。同时,NTRU 基于的困难问题没有量子算法可解,也称为后量子时代密码(post-quantum cryptography),或者量子免疫密码(quantum immune cryptography)。

思　考　题

[1] 设 $F[X]$ 是数域 F 上的一元多项式集合,现对 $F[X]$ 定义乘法"·"为 $f(x)g(x)=f(g(x))$,则 $F[X]$ 关于多项式加法和如上定义的乘法"·"是否构成环?

[2] 设 $\mathbf{Z}[i]=\{a+bi\,|\,a,b\in\mathbf{Z},i^2=-1\}$。证明:$\mathbf{Z}[i]$ 关于复数加法和乘法构成一个环。

[3] 证明:如果环 R 的加法群是循环群,则 R 是交换环。

[4] 试写出 $\mathbf{Z}_{26}$ 的所有零因子,单位元。

[5] 试写出 $\mathbf{Z}_6$ 的所有理想。

[6] 证明:如果 I,J 是环 R 的理想,$I+J=\{a+b\,|\,a\in I,b\in J\}$,则 $I+J$ 是 R 的理想。

[7] 设 $\mathbf{Z}[X]$ 是整数环上的一元多项式,则理想 $<2,x>$ 由哪些元素组成? $<a,x>$ 是否是主理想?

[8] 程序实现多项式 Euclid 除法。

[9] 程序实现多项式广义 Euclid 除法。

[10] 证明:如果 E 是 F 的一个 n 次扩张,$\alpha\in E$,且在 F 上的次数为 m,则 $m\,|\,n$。

[11] 证明:x^4+x^3+1 是 $\mathbf{F}_2[X]$ 中的不可约多项式,从而 $\mathbf{F}_2[X]/(x^4+x^3+1)$ 是一个 $\mathbf{F}_{2^4}$ 域。

[12] 试给出有限域 $\mathbf{F}_9,\mathbf{F}_{17}$ 中所有元素,并给出其本原元。

[13] 证明:设 F 为域,如果 F_q^* 是循环群,则 F 是有限域。

[14] 求域 $\mathbf{Z}_2$ 上的全部 3 次不可约多项式。

[15] 计算 $\mathbf{F}_2[x]/(x^2+1)$ 的加法和乘法表。

[16] 计算 $\mathbf{F}_2[x]/(x^3+x+1)$ 的加法和乘法表。

[17] 求 $\mathbf{F}_{24}=\mathbf{F}_2[x]/(x^4+x+1)$ 的生成元 $g(x)$,计算 $g(x)^t(t=0,1,\cdots,14)$ 和所有生成元。

[18] 编写程序输出 AES 的 S 盒。

[19] 编写程序实现 AES 的列混合计算过程。

第 8 章

素 性 检 测

本章介绍素数的判定方法。重点是 Fermat 测试，难点是 Miller-Rabin 测试。

8.1 素数的一些性质

生成合适的 p 和 q 是 RSA 中密钥生成以及 RSA 安全性的关键。素数产生的办法是随机选择一个数，然后测试其是否为素数。这里随机选择比从一个固定的表中选择素数要更加安全。虽然在 2002 年，Agrawal、Kayal 和 Saxena 证明了存在一个素性判断的多项式时间的确定性算法，但是其效率不如概率判定算法。因此在实际应用中，素性检测仍然主要利用概率多项式时间算法。

目前最大的已知素数是梅森（Mersenne）素数 $2^{43112609}-1$（此数字位长度是 12978189。梅森数是指形如 2^n-1 的数，记为 M_n，如果一个梅森数是素数，那么它称为梅森素数。该数是第 47 个素数，记为 $M_{43112609}$），它是在 2008 年 8 月 23 日由 GIMPS 发现。梅森数常用来检验素性检测算法的性能。

思考以下几个问题。

(1) 素数会不会用完，即素数是无穷的吗？

定理 1.5 已经证明了素数有无穷多个。

(2) 素数在自然数中占的比例如何？是否能够很快找到一个素数？

定理 8.1 素数定理：设 $\pi(x)$ 表示 $\leqslant x$ 的素数的个数，则

$$\lim_{x \to \infty} \frac{\pi(x)}{x/\ln x} = 1$$

x 充分大时，$\pi(x) \approx x/\ln x$。由素数定理知，对于正整数 N，不超过 N 的素数数目大约为 $N/\ln N$。即任意一个整数，它小于 N 且是素数的概率为 $1/\ln N$。假设生成长度为 512 位的素数（首位为 1），则长度为 512 位的素数个数为

$$2^{513}/\ln 2^{513} - 2^{512}/\ln 2^{512} = 2 \cdot 2^{512}/(513\ln 2) - 2^{512}/(512 \cdot \ln 2)$$
$$\approx 0.0028 \cdot 2^{512} \approx 2^{512}/357 \approx 2^{503.5} \approx 10^{151}$$

这个数非常大，要知道宇宙中原子的数量也仅仅为 10^{77}。

任何一个长度为 512 位的数为素数的概率为 $2^{503.5}/(2^{513}-2^{512}) \approx 1/357$，即平均每 357 个（长度为 512 位）的数中就有一个是素数。其中偶数（末尾为二进制的 10）不用测试，于是平均测试为 $357/2 \approx 179$ 次，即为了发现一个长度为 512 位的素数，平均测试 179 个长度为 512 位的数就会发现一个。

一般地，长度为 t 比特的素数大约有

$$\frac{2^{t+1}}{\ln 2^{t+1}} - \frac{2t}{\ln 2^t} = \frac{2^t(t-1)}{t(t+1)\ln 2}$$

（3）如果很多人都选择 512 比特的 p，会不会出现重复？

重复的概率可忽略，因为共有 10^{151} 个数，重复的概率为 $\sqrt{10^{151}} \approx 10^{75.5}$（即随机碰撞的概率，如"生日攻击"），这个数非常大。

（4）为什么不建立素数的数据库，利用搜索数据库来尝试分解因子？

将所有 512 位的素数保存起来，需要 $512 \cdot 2^{503.5} = 2^{511.5}$ 位，如果将 10GB（$2^{36.3}$ 位）保存在 1g 重的存储设备上，需要的存储设备的总重量为 2^{455} t，这一重量是不可能实现的，将导致系统崩溃，进入黑洞。

下面介绍素性检测的方法。

一个平凡的方法就是检测任何不大于 $\sqrt{n}$ 的素数是否能整除 n 来确定 n 的素性。显然在实际中需要更高效的算法。

8.2　Fermat 测试

Fermat 测试的依据是 Fermat 定理。

首先回顾 Fermat 定理：若 n 是素数，且 a 是任何满足 $1 \leqslant a \leqslant n-1$ 的整数，则

$$a^{n-1} \equiv 1 \bmod n$$

因此，给定需要判定素性的数 n，若在区间内能找到一个整数 a 使得 $a^{n-1} \neq 1 \bmod n$，则足以说明 n 是一个合数。

算法 8.1　Fermat 素性测试，测试 n。

输入：奇数 $n \geqslant 3$。

输出：测试结果，素数或者合数。

```
Fermat(n)
{
    随机选择整数 a,2≤a≤n-2。
    r=a^{n-1} mod n;
    If r≠1 Return ("Composite");
    Return("Prime");
}
```

算法 8.1 的输出为"合数"，则一定为合数，若输出为"素数"，则可能为素数。但是存在这样的合数 n，对所有满足 $\gcd(a,n)=1$ 的整数 a，均有 $a^{n-1} \equiv 1 \bmod n$，称这样的 n 为 Carmichael 数，有研究表明这种数较稀少。

研究表明，如果算法输出为"Prime"（即通过了素性检测），则 n 确为素数的可能性大于 $1 - \frac{1}{2}$。如果运行 t 次，算法均输出"Prime"，则 n 确为素数的可能性大于 $1 - \frac{1}{2}$。

8.3 Solovay-Strassen 测试

Solovay-Strassen 测试是随着 RSA 密码体制而出现并广泛使用的第一种素性测试。它的原理是基于 Euler 准则。

这里给出 Legendre 符号的推广,即不再限定 p 为素数。

定义 8.1 假定 n 是一个奇正整数,且 n 的素数幂因子分解为 $n = \prod\limits_{i=1}^{k} p_i^{e_i}$。设 a 为一个整数,那么雅克比(Jacobi)符号 $\left(\dfrac{a}{n}\right)$ 定义为

$$\left(\frac{a}{n}\right) = \prod_{i=1}^{k} \left(\frac{a}{p_i}\right)^{e_i}$$

可见,当 n 为素数时,Jacobi 符号就是 Legendre 符号。

但是,注意 Jacobi 符号 $\left(\dfrac{a}{n}\right)$ 等于 1,不能推出 a 是模 n 的平方剩余(相比 Legendre 符号,$\left(\dfrac{a}{p}\right)$ 等于 1,可以推出 a 是模 p 的二次剩余)。

例 8.1 计算 Jacobi 符号 $\left(\dfrac{6278}{9975}\right)$。

$$\left(\frac{6278}{9975}\right) = \left(\frac{6278}{3}\right)\left(\frac{6278}{5}\right)^2\left(\frac{6278}{7}\right)\left(\frac{6278}{19}\right)$$
$$= \left(\frac{2}{3}\right)\left(\frac{3}{5}\right)^2\left(\frac{6}{7}\right)\left(\frac{8}{19}\right)$$
$$= (-1)(-1)^2(-1)(-1)$$
$$= -1$$

也就是说,如果知道了 n 的因子分解,即可根据因子分解的结果,分别去求 Legendre 符号(即利用平方乘算法求幂)。

但是,在不知道因子分解的情况下,是否可以求出 Jacobi 符号? 幸运的是,存在这样的多项式算法。该算法利用了 Jacobi 符号的性质,特别是利用了二次互反律。

Jacobi 符号的性质如下。

(1) 如果 n 是一个正奇数,且 $m_1 \equiv m_2 \bmod n$,则

$$\left(\frac{m_1}{n}\right) = \left(\frac{m_2}{n}\right)$$

(2) 如果 n 是一个正奇数,那么

$$\left(\frac{m_1 m_2}{n}\right) = \left(\frac{m_1}{n}\right)\left(\frac{m_2}{n}\right)$$

特别地,若 $m = 2^k t$,t 为一个奇数,则

$$\left(\frac{m}{n}\right) = \left(\frac{2}{n}\right)^k \left(\frac{t}{n}\right)$$

（3）如果 n 是一个正奇数，那么

$$\left(\frac{2}{n}\right)=\begin{cases}1, & n\equiv\pm1\bmod8\\-1, & n\equiv\pm3\bmod8\end{cases}$$

（4）如果 m 和 n 是正奇数，则

$$\left(\frac{m}{n}\right)=\begin{cases}-\left(\dfrac{n}{m}\right), & m\equiv n\equiv3\bmod4\\[2mm]\left(\dfrac{n}{m}\right), & \text{其他}\end{cases}$$

容易观察到，Jacobi 符号和 Legendre 符号的计算规则是相似的。

这里形象地解释一下，主要是便于初学者记忆和理解。非正式地说，把幂视为"分子"，模视为"分母"，则有以下性质。

（1）性质 1　用于将大奇数"分子"转化为小奇数"分子"（计算大奇数的 Jacobi 符号转化为计算小奇数的 Jacobi 符号）。

（2）性质 2　把计算偶数"分子"转化为计算奇数"分子"（偶数的 Jacobi 符号转化为计算奇数的 Jacobi 符号）。

（3）性质 3　用于计算 $\left(\dfrac{2}{n}\right)$。

（4）性质 4　最重要，称为二次互反律，就是交换"分子"和"分母"的位置，在"分母"比"分子"大时使用。

总之，性质 1,2,4 是为了化简，性质 3 为了求值。

使用的顺序一般是性质 2→3，或者性质 4→1→2→3。序列 2→3 指先考察"分子"是否为偶数，若是则利用性质 2，然后利用性质 3 求值。如"分子"不是偶数，则使用序列 4→1→2→3，即利用性质 4 使"分母"变小，性质 1 和性质 2 使"分子"变小后用性质 3 求值。

例 8.2　计算例 8.1 中的 Jacobi 符号。

$$\left(\frac{6278}{9975}\right)=\left(\frac{2}{9975}\right)\left(\frac{3139}{9975}\right)=\left(\frac{3139}{9975}\right)\qquad\text{性质 2-3}$$

$$=-\left(\frac{9975}{3139}\right)=-\left(\frac{558}{3139}\right)\qquad\text{性质 4-1}$$

$$=-\left(\frac{2}{3139}\right)\left(\frac{279}{3139}\right)=\left(\frac{279}{3139}\right)\qquad\text{性质 2-3}$$

$$=-\left(\frac{3139}{279}\right)=-\left(\frac{70}{279}\right)\qquad\text{性质 4-1}$$

$$=-\left(\frac{2}{279}\right)\left(\frac{35}{279}\right)=-\left(\frac{35}{279}\right)\qquad\text{性质 2-3}$$

$$=\left(\frac{279}{35}\right)=\left(\frac{34}{35}\right)\qquad\text{性质 4-1}$$

$$=\left(\frac{2}{35}\right)\left(\frac{17}{35}\right)=-\left(\frac{17}{35}\right)\qquad\text{性质 2-3}$$

$$=-\left(\frac{35}{17}\right)=-\left(\frac{1}{17}\right)\qquad\text{性质 4-1}$$

$$=-1\qquad\text{Legendre 符号的含义}$$

归纳这 4 个性质,可知主要的运算是性质 2 中的取模运算,性质 3 中的 2 的幂次分解运算,最终的运算,若 n 为奇数,$a = 2^e a_1$,其中 a_1 为奇数,有

$$\left(\frac{a}{n}\right) = \left(\frac{2^e}{n}\right)\left(\frac{a_1}{n}\right) = \left(\frac{2}{n}\right)^e \left(\frac{n \bmod a_1}{a_1}\right)(-1)^{(a_1-1)(n-1)/4}$$

于是可以设计一个计算 $\left(\frac{a}{n}\right)$ 的算法,该算法无须分解 n 的因子,由于在计算中使用了二次互反律,故在程序中使用递归实现更加容易。基本思想是 $\text{Jacobi}(a,n) = s \cdot \text{Jacobi}(n \bmod a_1, a_1)$。

算法 8.2 Jacobi 符号(Legendre 符号)的计算。

输入:奇数 $n \geqslant 3$,整数 a,$0 \leqslant a \leqslant n-1$。

输出:Jacobi 符号 $\left(\frac{a}{n}\right)$(当 n 为素数时,等同于 Legendre 符号)。

```
Jacobi(a,n)
{
  If(a=0) Return(0);
  If(a=1) Return(1);
  将 a 表示成 2ᵉa₁              //a 的 2 的幂次分解运算,其中,a₁ 为奇数
  If(IsEvenNumber(e)) s←1;     //性质 2,幂指数 e 为偶数,故幂总为 1
  Else
    {
    If(n=±1 mod 8) s←1;
    If(n=±3 mod 8) s←-1;
    }                          //性质 3
  If (n=3 mod 4) AND (a₁=3 mod 4) s←-s;
  n₁→n mod a₁;
  If(a₁=1) Return(s);
  Else
  Return(s·Jacobi(n₁,a₁));     //递归调用,性质 4
}
```

算法的时间复杂度为 $O((\log_2 n)^2)$。

到此,可以给出 Solovay-Strassen 测试算法,该测试中分别计算 $x \leftarrow \left(\frac{a}{n}\right)$ 和 $y \leftarrow a^{(n-1)/2} \bmod n$,如果 $x = y \bmod n$,则输出素数;否则,输出合数。合数的结论总是正确的(根据 Euler 准则),但输出素数时不一定是素数。

算法 8.3 测试 n 是否为素数。

输入:奇数 n。

输出:"Prime" 或 "Composite"。

```
Solovay-Strassen(n)
{
随机选取整数 a,使得 a∈[1,n-1];
x←(a/n);
If(x=0) Return ("Composite");
```

```
y←a^((n-1)/2) mod n;
If(x=y mod n) Return ("Prime");
Else Return("Composite");
}
```

8.4 Miller-Rabin 测试 *

实际中,通常使用的概率素性测试方法是 Miller-Rabin 测试,也称为强伪素性测试。该测试基于以下思想。

回顾 Fermat 测试,需要计算 $a^{n-1} \bmod n$。若结果为 1 则输出"素数",不为 1 则输出"合数"。一个自然的想法是能不能少计算一点。

下面分析这种可能性:由于 n 是奇数,故 $n-1$ 为偶数,不妨设为 $n-1=2t$,于是 $a^{n-1}=(a^t)^2$,考查如果 $a^t = \pm 1 \bmod n$,就直接输出"素数",没有必要再继续计算了(因为平方后会得到 $a^{n-1}=1 \bmod n$)。这样就节省了计算的时间。

进一步而言,如果 $n-1=2^k t (k \geqslant 0)$,则

$$a^{n-1} = (a^t)^{2^k} = (((a^t)^2)^2)\underbrace{\cdots)^2}_{k次}$$

同前面的分析,如果 $a^t = \pm 1 \bmod n$,则必然有 $a^{n-1}=1 \bmod n$,直接输出"素数",不用继续计算;否则,如果在 $k-1$ 次平方的过程中,有一个为 -1,则最终也有 $a^{n-1}=1 \bmod n$,输出"素数",依次计算 $a^t, (a^t)^2, \cdots, (a^t)^{k-1}$,那么最终使得 $a^{n-1}=1 \bmod n$,输出"素数"的计算序列要么是

$$a^t, (a^t)^2, \cdots, (a^t)^{2^{k-1}}$$
$$\pm 1, 1, \cdots, 1$$

或者

$$a^t, \quad (a^t)^2, \cdots, (a^t)^{i-1}, (a^t)^i, (a^t)^{i+1}, \cdots, (a^t)^{k-1}$$
$$\neq \pm 1, \neq \pm 1, \cdots, \neq \pm 1, \quad -1, \quad 1, \quad \cdots, \quad 1$$

即在第 $i(i=0,1,\cdots,k-1)$ 次平方后,等于 -1。此外,均输出"合数"。

有读者会疑问如果第 i 次平方后等于 1,不也可以使得最后有 $a^{n-1}=1 \bmod n$ 吗?是的,但是这种情况下,$1 \bmod n$ 的平方根不是 ± 1,说明 n 不是素数。因此,只有两种情况。要么开始为 ± 1,要么在第 $i(i=0,1,\cdots,k-1)$ 次平方计算的过程中出现 -1 即可。

根据上面的分析,可以得到算法如下。

算法 8.4 Miller-Rabin 素性测试。

输入:奇数 $n \geqslant 3$。

输出:对 n 素性的判断。

```
Miller-Rabin(n)
{ 把 n-1 写成 n-1=2^k t,其中 t 是一个奇数;
  随机选取整数 a,使得 1≤a≤n-1;
```

```
b←aᵗ mod n;
If b≡1 mod n Return ("Prime");
For i=0 to k-1
{
If b≡-1 mod n Return ("Prime");
Else
b←b² mod n;
}
Return("Composite");
}
```

可以证明 Miller-Rabin 算法的错误概率,即输出"素数"但其实是合数的概率为 1/4,这里不再给出证明。

比较 Fermat 测试,Solovay-Strassen 测试和 Miller-Rabin 测试三者的精确度,有图 8.1 所示的关系。

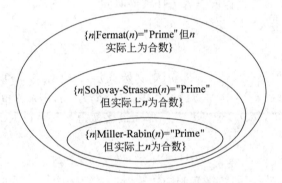

图 8.1　三种测试精确度的比较

可见 Miller-Rabin 精确度最高,错误概率最小。同时计算上也比 Solovay-Strassen 测试简单(Solovay-Strassen 测试需要计算 Jacobi 符号)。

思　考　题

[1] 计算长度为 300bit 的素数大约有多少个?

[2] 利用 Fermat 素数测试法判别整数 3089 可能为素数,并给出其可能的概率。

[3] 利用 Solovary-Strassen 概率判别法判别 3229 可能为素数,并给出其可能的概率。

[4] 利用 Miller-Rabin 概率判别法判别 3689 可能为素数,并给出其可能的概率。

[5] 实现 Miller-Rabin 素数检测算法,测试并找到一个对你而言最大的梅森素数。

[6] 编写 Fermat 测试、Solovay-Strassen 测试、Miller-Rabin 测试,比较它们的效率。

[7] 编写程序产生 2^{200} 左右的大素数。

高级篇

第9章

椭圆曲线群

本章介绍在椭圆曲线上构造的群，并基于这种群构造 DH 密钥协商协议、ElGamal 加密。

本章的重点是椭圆曲线群的构造。难点是 ElGamal 椭圆曲线加密方法和椭圆曲线快速标量点乘算法。

9.1 椭圆曲线群的概念

1. 椭圆曲线的定义

椭圆曲线是指由韦尔斯特拉（Weierstrass）方程，即

$$E: y^2 + axy + by = x^3 + cx^2 + dx + c$$

所确定的平面，其中 a, b, c, d 和 e 属于 F，F 是一个域，可以是有理数域、复数域、有限域，密码学中通常采用有限域。椭圆曲线是其上所有点 (x, y) 的集合，外加一个无限远点 O（该点不在椭圆曲线 E 上，记为 O，称此点为无限远点）。

椭圆曲线上可以提供无数的有限 Abel 群，具有丰富的群结构，不同的参数可得到不同的曲线，形成不同的群。而且易于计算，从而可用来构造密码算法。在密码学中，常采用下列形式的椭圆曲线，即

$$E: y^2 = x^3 + ax + b$$

并要求 $4a^3 + 27b^2 \neq 0$，$E: y^2 = x^3 + ax + b$ 可以构成群。

这个要求的原因是：$\Delta = (a/3)^3 + (b/2)^2 = (4a^3 + 27b^2)/108$ 是方程 $E: y^2 = x^3 + ax + b$ 的判别式，当 $4a^3 + 27b^2 = 0$，则方程有重根，设为 x_0，则点 $Q_0 = (x_0, 0)$ 是方程 $y^2 = x^3 + ax + b$ 的重根。令 $F(x, y) = y^2 - x^3 - ax - b$，则 $\left.\frac{\partial F}{\partial x}\right|_{Q_0} = \left.\frac{\partial F}{\partial y}\right|_{Q_0} = 0$，所以 $\frac{dy}{dx} = -\frac{\partial F}{\partial x} \Big/ \frac{\partial F}{\partial y}$ 在 Q_0 点无定义，即曲线 $E: y^2 = x^3 + ax + b$ 在 Q_0 点的切线无定义，因此在计算 Q_0 点的标量乘法运算时无定义。

2. 有限域 F_p 上的椭圆曲线

密码学中普遍采用的是有限域上的椭圆曲线，就是指椭圆曲线方程定义式中，所有的系数都是某一有限域中的元素。这种有限域可以是 $\mathbf{F}_q$，q 通常为一个素数幂，如最常见的情形是 $q = p$，p 为一个大于 2^{160} 的素数，或者 $q = 2^m (m > 160)$（这里介绍第一种情况，第二种情况可以类推进行定义）。

考虑有限域 $\mathbf{F}_p$ 上的椭圆曲线。常见表达式为 $y^2 \equiv x^3 + ax + b \bmod p$,其中 p 为一个大素数,a, b, x, y 均在有限域 $\mathbf{F}_p$ 中,即从 $\{0, 1, \cdots, p-1\}$ 上取值,且满足 $4a^2 + 27b^2 = 0 \bmod p \neq 0$,这类椭圆曲线通常用 $E_p(a, b)$ 表示,该椭圆曲线只有有限个点数 N(包括无穷远点 O),N 越大,安全性越高(群中元素越多,越能对抗穷举搜索攻击)。于是,一个很自然的问题就是:N 是否足够大。关于 N 的数量有一个估计,即 Hasse 定理。

定理 9.1(Hasse 定理) 如果 E 是有限域 $\mathbf{F}_p$ 上的椭圆曲线,N 是 E 上的点 (x, y)(其中 $x, y \in \mathbf{Z}_p$)的个数,则 $|N - (p+1)| \leqslant 2\sqrt{p}$,即

$$p + 1 - 2\sqrt{p} \leqslant |N| \leqslant p + 1 + 2\sqrt{p}$$

例如,若 $p = 5$,$\mathbf{Z}_5$ 上的椭圆曲线 $y^2 = x^3 + ax + b$ 上的点数为 2~10。

9.2 椭圆曲线群的构造

1. 椭圆曲线群的构造
一般来说,$E_p(a, b)$ 由以下方式产生。

(1) 对每一 x($0 \leqslant x < p$,p 为整数),计算 $t = x^3 + ax + b \bmod p$。

(2) 判定 t 在模 p 下是否为二次剩余(利用 Euler 准则),如果不是,则曲线上没有与这一 x 相对应的点。如果有,则求出两个平方根($t = 0$ 时只有一个平方根)。

例 9.1 $p = 23, a = b = 1$,方程为 $y^2 = x^3 + x + 1$,$4a^3 + 27b^2 = 8 \neq 0$,图形是连续曲线,如图 9.1(a)所示。$p = 11, a = -1, b = 0$,方程为 $y^2 = x^3 - x$,$4a^3 + 27b^2 = -4 \neq 0$,如图 9.1(b)所示。

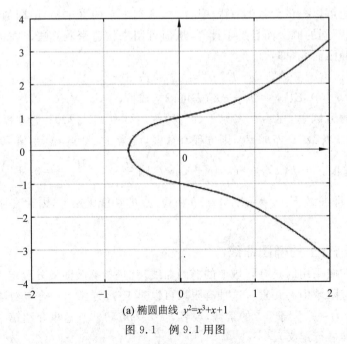

(a) 椭圆曲线 $y^2 = x^3 + x + 1$

图 9.1 例 9.1 用图

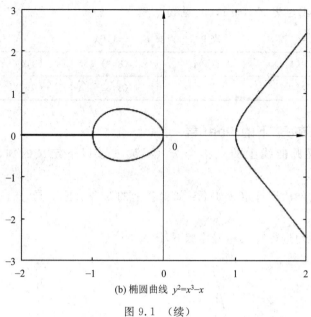

(b) 椭圆曲线　$y^2 = x^3 - x$

图 9.1　（续）

主要对第一象限的整数点感兴趣，用 $E_p(a,b)$ 表示该方程定义的点集 $\{(x,y) \mid 0 \leqslant x < p, 0 \leqslant y < p, x, y \in \mathbf{Z}\} \cup O$。表 9.1 给出了点集 $E_{23}(1,1)$。

表 9.1　点集 $E_{23}(1,1)$

(0,1)	(1,7)	(3,10)	(4,0)	(5,4)	(6,4)	(7,11)
(0,22)	(1,16)	(3,13)		(5,19)	(6,19)	(7,12)
(9,7)	(11,3)	(12,4)	(13,7)	(17,3)	(18,3)	(19,5)
(9,16)	(11,20)	(12,19)	(13,16)	(17,20)	(18,20)	(19,18)

图 9.2 给出了这些点的位置。

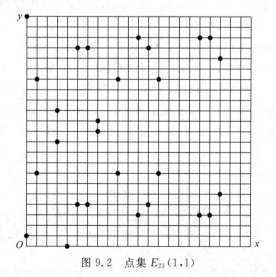

图 9.2　点集 $E_{23}(1,1)$

思考 9.1 给出点集 $E_{11}(-1,0)$，见表 9.2。

表 9.2 点集 $E_{11}(-1,0)$

(1,0)	(4,4)	(6,1)	(8,3)	(9,4)	(10,1)
(0,0)	(4,7)	(6,10)	(8,8)	(9,7)	(10,10)

2. 椭圆曲线在 F_p 下的 Abel 群

定理 9.2 椭圆曲线上的点集合 $E_p(a,b)$ 对于以下定义的加法规则构成一个 Abel 群。

椭圆曲线上的加法运算定义如下：如果其上的 3 个点位于同一直线上，那么它们的和为 O。

从图形上直观地进行定义和解释如下(图 9.3)。

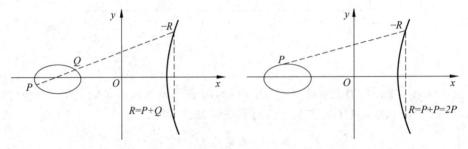

图 9.3 $P+Q$ 的几何意义(左)和 $2P$ 的几何意义(右)示意图

(1) O 是加法单位元，即对于椭圆曲线上任一点 P，其与关于 x 轴的对称点的连线与无穷远点 O 共线。由 $P+(-P)=O$，有 $P+O=P$。

(2) 一条与 X 轴垂直的线和曲线相交于两个点，这两个点的 X 坐标相同，即 $P_1=(x,y)$ 和 $P_2=(x,-y)$。P_1P_2 连线延长到无穷远时，与曲线相交于无穷远点 O，因此 P_1，P_2，O 三点共线，所以 $P_1+P_2+O=O$，$P_1+P_2=O$，即 $P_2=-P_1$，故椭圆曲线的性质决定 P 与其逆元成对在椭圆曲线上。

(3) 横坐标不同的两个点 P 和 Q 相加时，$P+Q$ 的定义如下：先在它们之间画一条直线并求直线与曲线的第三个交点 $-R$，由 $P+Q-R=O$，得到 $P+Q=R$。

(4) 两个相同点 P 相加时，通过该点画一条切线，切线与曲线交于另一点 $-R$，则 $P+P-R=2P-R=O$，于是 $2P=R$。类似地，可以定义 $3Q=Q+Q+Q$ 等。

可以证明，以上方法定义的加法运算可以得到一个 Abel 群，即可以得到以下加法规则。

---

(1) $O+O=O$。

(2) 对所有的点 $P(x,y)\in E_p(a,b)$，有 $P+O=O+P=P$。

(3) 对所有的点 $P(x,y)\in E_p(a,b)$，有 $P+(-P)=O$；即点 P 的逆为 $-P=(x,-y)$。

---

(4) 令 $P=(x_1,y_1)\in E_p(a,b)$，和 $Q=(x_2,y_2)\in E_p(a,b)$，且 $P\neq -Q$，则
$$P+Q=(x_3,y_3)\in E_p(a,b)$$
其中：$x_3=\lambda^2-x_1-x_2$，$y_3=\lambda(x_1-x_3)-y_1$

$$\lambda=\begin{cases}\dfrac{y_2-y_1}{x_2-x_1} & P\neq Q\\[3mm]\dfrac{3x_1^2+a}{2y_1} & P=Q\end{cases}$$

(5) 对于所有的点 P 和 Q，满足加法交换律，即 $P+Q=Q+P$。

(6) 对于所有的点 P、Q 和 R，满足加法结合律，即 $(P+Q)+R=P+(Q+R)$。

由规则(4)知，加法具有封闭性。规则(2)说明存在单位元 O。规则(3)说明任意元素 P 均存在逆元 $-P$。再加上规则(5)加法满足交换律和(6)加法满足结合律，故 $E_p(a,b)$ 对于椭圆曲线加法构成一个 Abel 群。规则(4)的计算在 $GF(p)$ 下进行，即对 p 取模。

例 9.2　椭圆曲线 $E_{23}(1,1)$，设 $P=(3,10)$，$Q=(9,7)$。求 $P+Q$，$2P$。
$$\lambda=(7-10)/(9-3)=-3/6\equiv 11 \bmod 23$$
$$x_3=11^2-3-9=109\equiv 17 \bmod 23$$
$$y_3=11(3-17)-10=-164\equiv 20 \bmod 23$$
于是，$P+Q=(17,20)$，可见其仍为 $E_{23}(1,1)$ 中的点。

下面求 $2P$。
$$\lambda=(3\cdot 3^2+1)/(2\cdot 10)=28/20\equiv 6 \bmod 23$$
$$x_3=6^2-3-3=30\equiv 7 \bmod 23$$
$$y_3=6(3-7)-10=-34\equiv 12 \bmod 23$$
所以 $2P=(7,12)$。

乘法规则如下。

(1) 如果 k 为整数，则对所有的点 $P\in E_p(a,b)$ 而言，有
$$kP=P+P+\cdots+P,k\ \text{个}\ P\ \text{相加}$$

(2) 如果 s 和 t 为整数，则对所有的点 $P\in E_p(a,b)$ 而言，有
$$(s+t)P=sP+tP,s(tP)=(st)P$$

算法 9.1　求椭圆曲线 $E_p(a,b)$ 上点的伪代码。

输入：模 p，横坐标 a，纵坐标 b。

输出：$(x,\pm\sqrt{w})$，其中 $w\equiv y^2$。

```
ECPoints(p,a,b)
{
    x←0;
    While(x<p)
```

```
    {
        w←(x³+ ax+ b)mod p;
        If(w 是 Z_p 中的完全平方)输出(x,√w),(x,-√w);
        x←x+1;
    }
    Return("Prime");
}
```

上述介绍的是基于 $\mathbf{F}_p$ 的椭圆曲线,基于 $\mathbf{F}_{2^n}$ 的椭圆曲线可以类似构造。

3. $\mathbf{F}_{2^n}$ 的椭圆曲线的构造

椭圆曲线群中的计算可以通过 $\mathbf{F}_{2^n}$ 域来定义,这个域中集合的元素是 n 比特字符串,这些字符串可以当作带有 $\mathbf{F}_2$ 中系数的多项式。关于这些元素的加法与乘法与多项式的加法与乘法是相同的。因为域 $\mathbf{F}_{2^n}$ 的特征为 2,则域 $\mathbf{F}_{2^n}$ 上椭圆曲线 E 的普通方程可以写为

$$E: y^2 + xy = x^3 + ax^2 + b$$

其中,$b \neq 0, x, y, a, b$ 的值是代表 n 比特字符串的多项式。

在域 $\mathbf{F}_{2^n}$ 上定义运算规则如下。

设 $P_1 = (x_1, y_1), P_2 = (x_2, y_2)$ 是曲线 E 上的两个点,O 为无穷远点,则

(1) $O + P_1 = P_1 + O$。

(2) $-P_1 = (x_1, x_1 + y_1)$。

(3) 如果 $P_3 = (x_3, y_3) = P_1 + P_2 \neq O$,则 $\begin{cases} x_3 = \lambda^2 + \lambda + x_1 + x_2 + a \\ y_3 = \lambda(x_1 + x_3) + x_3 + y_1 \end{cases}$,其

中 $\begin{cases} \lambda = \dfrac{y_2 + y_1}{x_2 + x_1}, x_1 \neq x_2 \\ \lambda = \dfrac{x_1^2 + y_1}{x_1}, x_1 = x_2 \end{cases}$。

例 9.3 用不可约多项式 $f(x) = x^3 + x + 1$ 选择具有元素 $\{0, 1, g, g^2, g^3, g^4, g^5, g^6\}$ 的 $\mathbf{F}_{2^3}$,这就是说,$g^3 + g + 1 = 0$ 或 $g^3 = g + 1$,因此可算出 g 的其他幂。

记 0 为 000,1 为 001,g 为 010,g^2 为 100,$g^3 = g + 1$ 为 011,$g^4 = g^2 + g$ 为 110,$g^5 = g^2 + g + 1$ 为 111,$g^6 = g^2 + 1$ 为 101。

运用椭圆曲线 $y^2 + xy = x^3 + g^3 x^2 + 1$,有 $a = g^3$ 且 $b = 1$,因此可以求出曲线上的点,如图 9.4 所示。

$(0, 1)$	$(0, 1)$
$(g^2, 1)$	(g^2, g^6)
(g^3, g^2)	(g^3, g^5)
$(g^5, 1)$	(g^5, g^4)
(g^6, g)	(g^6, g^5)

(a) 坐标椭圆上的点

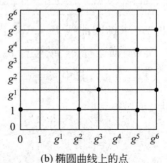

(b) 椭圆曲线上的点

图 9.4 基于 $\mathbf{F}_{2^n}$ 的椭圆曲线上的点($n = 3$)

例 9.4 求 $R = P + Q$,这里 $P = (0, 1)$,$Q = (g^2, 1)$,则 $\lambda = 0$,$R = (g^5, g^4)$。

例 9.5 求 $R = 2P$,这里 $P = (g^2, 1)$,则 $\lambda = g^2 + 1/g^2 = g^2 + g^5 = g + 1$,$R = (g^6, g^5)$。

9.3 椭圆曲线密码

9.3.1 椭圆曲线上的 DH 密钥协商协议

一个直观的类比是:定义在椭圆曲线群 $(E, +)$ 上的加法操作对应于 $\mathbf{Z}_p^*$ 上的模 p 乘法操作,多次加法操作对应于模 p 的指数运算。

1. 椭圆曲线离散对数问题(ECDLP)

设 p 为某个大素数,E 是 $\mathbf{F}_p$ 上的椭圆曲线,设 G 是 E 的一个循环子群,P 是 G 的一个生成元,$Q \in G$。已知 P 和 Q,求满足 $nP = Q$ 的唯一整数 n,$0 \leqslant n \leqslant \text{ord}(P) - 1$,称为椭圆曲线离散对数问题。

ECDLP 其实就是 DLP 的椭圆曲线版本,即将原来的 $\mathbf{Z}_p^*$ 群替换成椭圆曲线上 Abel 群。

2. 椭圆曲线 Diffie-Hellman 问题(ECDHP)

同 ECDLP 一样,ECDHP 问题就是在 DHP 的椭圆曲线版本。

于是可以得到类似于 5.3 节介绍的 DH 密钥交换协议的椭圆曲线版本。描述如下。

(1) 假设 Alice 与 Bob 要在他们之间建立一个共享的密钥。Alice 和 Bob 首先选定公共参数:取某个大素数 p,E 是 $\mathbf{F}_p$ 上的椭圆曲线,E_p 是相应的 Abel 群,G 是 E_p 中具有较大素数阶 n 的点。

(2) Alice 秘密选定一个整数 a:$1 \leqslant a \leqslant n - 1$,并计算 $A = aG$。发送 A 给 Bob。

(3) Bob 秘密选定一个整数 b:$1 \leqslant b \leqslant n - 1$,并计算 $B = bG$。发送 B 给 Alice。

(4) Alice 计算 $k = aB$。

(5) Bob 计算 $k = bA$。

容易看到,Alice 和 Bob 计算得到的 k 是相同的,即

$$aB = a(bG) = (ab)G = b(aG) = bA$$

显然,椭圆曲线上 Diffie-Hellman 密钥交换协议的安全性基于 ECDLP 的困难性。

9.3.2 ElGamal 加密的椭圆曲线版本

一个直接构造椭圆曲线上的公钥密码体制的方法是使用某种编码的方法,将明文编码为椭圆曲线上的一个点,然后利用 ElGamal 的思路,利用 DHP 的困难性,构造一个共享密钥来加密明文(某个椭圆曲线上的点)。

类比 ElGamal 密码体制(运算从模乘变为椭圆曲线群的加),容易给出一种密码体制如下。

(1) 密钥生成算法：

设 E_p 是有限域 $\mathbf{F}_p$ 上的椭圆曲线，G 是 E_p 中具有较大素数阶 n 的一个点。随机选择一个整数 d，使得 $2 \leqslant d \leqslant n-1$，计算 $P = dG$。d 是私钥，(P, G, E, n) 是公钥。

(2) 加密算法：

将明文编码为 E_p 中的元素 P_m（即椭圆曲线上的一个点），再选取随机数 $r : 1 \leqslant r \leqslant n-1$，计算

$$c_1 = r \cdot G = (x_1, y_1)$$
$$c_2 = P_m + r \cdot P = (x_2, y_2)$$

(3) 解密算法：

利用私钥 d，计算出 $P_m = c_2 - d \cdot c_1$。对 P_m 解码得到明文 m。

例 9.6 取 $p = 751$，$E_p(-1, 188)$，即椭圆曲线为 $y^2 = x^3 - x + 188$，$E_{751}(-1, 188)$ 的一个生成元是 $G = (0, 376)$，A 的公钥为 $P = (201, 5)$。假定 B 已将要发送给 A 的消息嵌入到椭圆曲线上，即点 $P_m = (562, 201)$，B 选取随机数 $r = 386$，由 $rG = 386(0, 376) = (676, 558)$，$P_m + rP = (562, 201) + 386(201, 5) = (385, 328)$。得到的密文为 $\{(676, 558), (385, 328)\}$。

9.3.3 椭圆曲线快速标量点乘算法

从密码学应用可以看到，在椭圆曲线群中最重要的运算是标量乘，即对任意正整数 m 及 $E_p(a, b)$ 中非零元 P，计算 $m \cdot P$。计算标量乘的方法有很多种，最常用的方法是倍加法，即将乘子 m 表示成系数为 0 或 1 的 2 的多项式，然后反复进行"倍—加"及不同点加的运算。

例 9.7 $E_{17}(-1, 5)$ 中 $P = (7, 1)$，求 mP。

$$
\begin{aligned}
mP = 15(7, 1) &= 2(2(2(7, 1) + (7, 1)) + (7, 1)) + (7, 1) \\
&= 2(2(11, 13) + (7, 1)) + (7, 1)) + (7, 1) \\
&= 2(2(8, 13) + (7, 1)) + (7, 1) \\
&= 2((14, 7) + (7, 1)) + (7, 1) \\
&= 2(12, 2) + (7, 1) \\
&= (8, 4) + (7, 1) \\
&= (11, 4)
\end{aligned}
$$

计算 $15 \cdot (7, 1)$ 需要进行 3 次"倍—加"和 3 次加运算。如果采用符合二元法（符合二元法是指：将乘子表示成系数为 0，1 或 -1 的 2 的多项式，然后再反复进行"倍—加"及不同点加的一种标量乘方法），则只需要 4 次"倍—加"与 1 次加，即

$$
\begin{aligned}
mP = 15(7, 1) &= (2^4 - 1)(7, 1) \\
&= 2(2(2(2(7, 1)))) - (7, 1)) \\
&= 2(2(2(11, 13))) - (7, 1) \\
&= 2(2(10, 14)) - (7, 1)
\end{aligned}
$$

$$= 2(13,8) - (7,1)$$
$$= (7,16) - (7,1)$$
$$= (7,16) + (7,16)$$
$$= (11,4)$$

思考 9.2　这一算法和 RSA 中用到的计算模幂的"平方-乘"方法是否构成类比。

其实,类比关系十分明显。在模幂运算中,"乘"为基本运算,椭圆曲线标量乘中"加"为基本运算。"平方"为两次"乘","倍"为两次"加"。因此,构成非常明显的类比。

思　考　题

[1] 设 $x^3 + ax^2 + bx + c$ 是根 $\boldsymbol{\alpha}_1$、$\boldsymbol{\alpha}_2$、$\boldsymbol{\alpha}_3$ 的三次多项式,证明:$\boldsymbol{\alpha}_1 + \boldsymbol{\alpha}_2 + \boldsymbol{\alpha}_3 = -a$。

[2] 椭圆曲线 $E_{11}(1,6)$ 表示 $y^2 \equiv x^3 + x + 6 \bmod 11$,求其上的所有点。

[3] 已知点 $G = (2,7)$ 在椭圆曲线 $E_{11}(1,6)$ 上,求 $2G$ 和 $3G$。

[4] $\mathbf{F}_5$ 上的椭圆曲线 $E: y^2 = x^3 - x$ 的有理点集合为 $\{(0,0),(1,0),(2,1),(2,4),(3,2),(3,3),(4,0),O\}$,计算每个点的阶。

[5] 在有理数域上定义椭圆曲线 $E: y^2 = x^3 - 2$,验证 $(3, \pm 5)$ 是椭圆曲线上的点,并求出在这条曲线上的另外一个点。

[6] 证明:如果点 $P(x,0)$ 是椭圆曲线上的点,则 $2P = 0$。

[7] 证明:如果 P, Q, R 是椭圆曲线上的点,那么 $P + Q + R = 0$ 的充分必要条件是 P, Q, R 共线。

[8] 点 $Q = (10,5)$ 是有限域 $\mathbf{F}_{23}$ 上椭圆曲线 $E: y^2 = x^3 + 13x + 22$ 的点,试计算点 Q 的阶以及由 Q 生成的循环子群。

[9] 编写程序实现椭圆曲线快速点乘算法。

[10] 编写程序实现椭圆曲线版本的 ElGamal 加密。

第 10 章

大整数分解算法

对 RSA 最直接的攻击就是因子分解。如果能够分解 n 得到 p 和 q，便可以得到 $\varphi(n)=(p-1)(q-1)$。根据公钥 e 求得私钥 $d\equiv e^{-1} \bmod \varphi(n)$，便完全攻破。因子分解的平凡办法就是试除法，其基本思想是尝试小于 $\sqrt{n}$ 的所有素数去除 n，直到找到一个因子，这种方法当 n 较大时，在现实中是不可行的。

本章的重点是随机平方法，难点是 Pollard $p-1$ 分解算法。

10.1　Pollard Rho 方法

Rho 方法由 Pollard 于 1975 年提出，用于寻找小因子。基于一种在有限集合中寻找碰撞的思想，其基本原理是：设 $f:s\to s$ 是一个随机函数，S 是 n 个元素的有限集。设 x_0 是 S 中的一个随机元素，考查序列 x_0,x_1，其中 $x_{i+1}=f(x_i)(i\geqslant 0)$。由于 S 是有限集，则该序列最终必然出现循环。

例 10.1　函数 $f:\{1,2,\cdots,13\}\to\{1,2,\cdots,13\}$。定义如下：
$$f(1)=4,f(2)=11,f(3)=1,f(4)=6,f(5)=3,f(6)=9,f(7)=3,$$
$$f(8)=11,f(9)=1,f(10)=2,f(11)=10,f(12)=4,f(13)=7$$
容易画出函数图如图 10.1 所示。

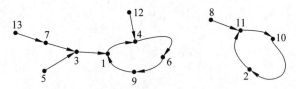

图 10.1　随机映射 f 的函数图

很明显一个问题是：大概多少步之后出现循环，即出现碰撞需要的步数。

设走到循环开始的位置需要 u 步（也称为尾长度），循环的长度为 v 步（称为圈长），因此，发现碰撞需要的步数为 $u+v$（也称为 ρ 长度，ρ 字母的形状就是由尾和圈组成的，ρ 在希腊字母中叫作 Rho）。关于随机映射或者随机图的研究表明，u 的期望是 $\sqrt{\pi n/8}$，圈长度的期望也是 $\sqrt{\pi n/8}$，于是 ρ 长度为 $\sqrt{\pi n/2}$。Rho 方法在解决离散对数问题中也有应用。

下面给出 Pollard 的 Rho 因子分解算法。

算法 10.1　Pollard 的 Rho 因子分解算法。

输入：合数 n，n 不为某个素数的幂。

输出：n 的非平凡因子 d。

```
Rho(n)
{
  a←2,b←2;
  For i=1 To…
  {
  a←a²+1 mod n;
  b←b²+1 mod n,b←b²+1 mod n;
  d=gcd(a-b,n);
  If 1<d<n, Return(d);
  If d=n, Return("Failure");
  }
```

这里的算法在平凡的 Rho 方法的基础上做了一点改进，即计算 (x_i, x_{2i}) 直到发现两者相当，该方法称为 Floyd 循环查找算法，可节省存储的空间。

10.2　Pollard $p-1$ 分解算法

这种方法的思想是：设 p 是要分解的数 n 的一个素数因子，$p-1$ 的因子分解中的素数幂次最大为 q，即 $q \mid p-1$，如果 $q \leqslant B$，那么必有 $(p-1) \mid B!$。例如，假设 $p-1=5280=2^5 \cdot 3 \cdot 5 \cdot 11$，素数的幂次最大为 $2^5=32$，可选择 $B=32$。

由 Fermat 定理，$2^{p-1} \equiv 1 \bmod p$，于是 $2^{B!} \equiv 1 \bmod p$，即 $p \mid (2^{B!}-1)$，又因为 $p \mid n$，所以 $p \mid \gcd(n, 2^{B!}-1)$。于是可以得到一个 n 的非平凡因子 $\gcd(n, 2^{B!}-1)$。

下面给出 Pollard $p-1$ 算法，算法中的 B 是一个猜测值，即对 $p-1$ 中最大素数幂的猜测。

算法 10.2　分解 n 的因子。

输入：要分解的合数 n，对 $p-1$ 的因子分解中的素数幂的最大值的猜测 B。

输出：n 的因子。

```
PollardFactoring(n,B)
{
    a←2;
    For j←2 To B
    {  a←aʲ mod n;
    }
    d←gcd(a-1,n);
    If 1<d<n Return(d);
```

```
    Else
    Return("Failure");
}
```

另外一种方法也可以得到 $p-1$ 的倍数,可能会缩小计算量,这里先引入光滑(smooth)的概念,简单地说,就是素数因子的上界。

定义 10.1 设 B 是一个正整数。当 n 的所有素数因子不大于 B 时,称整数 n 为 B 光滑的(B smooth)。

例如,假设 $p-1=5280=2^5 \cdot 3 \cdot 5 \cdot 11$,则 $p-1$ 是 11 光滑的($B=11$)。

下面考虑如何算出一个数 Q,满足 $(p-1)|Q$ 且计算量较小。一个自然的想法是假设 $p-1$ 是 B 光滑的,那么计算 $Q=\prod_{q\leqslant B}q$,即小于 B 的素数的乘积,但是,该数可能不满足 $(p-1)|Q$,因为没有考虑 $p-1$ 中素因子可能有幂次。于是,要适当放大 Q。考查某个 $p-1$ 的因子 q,其最大的幂次为 $l,q^l\leqslant n$,于是 $l\leqslant\left\lfloor\dfrac{\ln n}{\ln q}\right\rfloor$。这样,令

$$Q=\prod_{q\leqslant B}q^{\left\lfloor\frac{\ln n}{\ln q}\right\rfloor}$$

这样,必然有 $(p-1)|Q$,于是 $p|(2^Q-1)$,$\gcd(2^Q-1,n)$ 即为 n 的非平凡因子。下面给出算法。

算法 10.3 分解 n 的因子。

输入:要分解的合数 n,对 $p-1$ 的素因子的最大值的猜测 B。

输出:n 的因子。

```
PollardFactoring(n,B)
{
    a←2,q←2;
    While(q≤B and q∈Prime)
    {l=⌊lnn/lnq⌋;
    a←a^(q^l) mod n;
    }
    d←gcd(a-1,n);
    If 1<d<n Return(d);
    Else
    Return("Failure");
}
```

可见,计算模乘的时间为 $O(B\ln n/\ln B)$。

10.3　随机平方法

该方法的基本思想是：假如 x 和 y 是整数，且 $x^2 \equiv y^2 \bmod n$，但 $x \neq \pm y \bmod n$。于是 n 整除 $x^2 - y^2 = (x+y)(x-y)$，但是 n 不能整除 $(x-y)$ 或者 $(x+y)$。因此 $\gcd(x+y, n)$（或者说 $\gcd(x-y, n)$）一定是 n 的一个平凡因子。例如，$10^2 \equiv 32^2 \bmod 77$，则 $\gcd(10+32, 77) = 7$ 是 77 的一个因子。

通常的策略是随机找几个数，不妨称为 z_i，这些数的平方模 n 的素数因子都在一个集合内，这个集合称为因子基 B。如果把这些 z_i^2 相乘，发现其相同素数因子的幂次为偶数次，即意味着是一个数 t 的平方。于是找到了两个数 $(\prod(z_i))^2 = t^2$。

例 10.2　假定 $n = 15770708441$，令 $B = 2, 3, 5, 7, 11, 13$。设法找到几个 z_i，使得其平方后取模的因子在这个集合中。考虑 $z_1 = 8340935156, z_2 = 12044942944, z_3 = 2773700011$。

$$z_1^2 = 8340935156^2 = 3 \cdot 7 \bmod n$$

$$z_2^2 = 12044942944^2 = 2 \cdot 7 \cdot 13 \bmod n$$

$$z_3^2 = 2773700011^2 = 2 \cdot 3 \cdot 13 \bmod n$$

把它们相乘，得到 $(z_1 \cdot z_2 \cdot z_3)^2 = (2 \cdot 3 \cdot 7 \cdot 13)^2 \bmod n$，即 $9503435785^2 = 546^2 \bmod n$。然后计算 $\gcd(9503435785 + 546, n)$ 得到 n 的素数因子。

但问题是如何得到这些 z_i，使得它们的素数因子能在集合 B 中。通常集合 B 中的素数因子都不大，这意味着 z_i^2 模 n 比较小，即 z_i^2 和 n 的倍数比较接近。于是一个自然的想法是，令 $z_i = j + \lceil \sqrt{kn} \rceil (j = 0, 1, 2, \cdots; k = 1, 2, \cdots)$。这些数平方后一般是模 n 后大于 0 的。如果取 $z_i = \lfloor \sqrt{kn} \rfloor$，则通常平方模 n 会比 n 小一点。因此，把 -1 也加入到 B 集合中。

例 10.3　假设 $n = 1829$，取 $B = -1, 2, 3, 5, 7, 11, 13$。计算 $\sqrt{n} = 42.8$，$\sqrt{2n} = 60.5$，$\sqrt{3n} = 74.1$，$\sqrt{4n} = 85.5$。假定取 $z = 42, 43, 60, 61, 74, 75, 85, 86$。可得到 $z^2 \bmod n$ 在 B 上的分解。

$$z_1^2 \equiv 42^2 \equiv -65 \equiv (-1) \cdot 5 \cdot 13$$

$$z_2^2 \equiv 43^2 \equiv 20 \equiv 2^2 \cdot 5$$

$$z_3^2 \equiv 61^2 \equiv 63 \equiv 3^2 \cdot 7$$

$$z_4^2 \equiv 74^2 \equiv -11 \equiv (-1) \cdot 11$$

$$z_5^2 \equiv 85^2 \equiv -91 \equiv (-1) \cdot 7 \cdot 13$$

$$z_6^2 \equiv 86^2 \equiv 80 \equiv 2^4 \cdot 5$$

如果将这些分解结果用 B 中元素的奇数或者偶次幂的向量表示，则更加清晰。例如，

$$z_1 = (1,0,0,1,0,0,1), z_2 = (0,0,0,1,0,0,0), z_3 = (0,0,0,0,1,0,0)$$

$$z_4 = (1,0,0,0,0,1,0), z_5 = (1,0,0,0,1,0,1), z_6 = (0,0,0,1,0,0,0)$$

容易观察到 $z_1 \cdot z_2 \cdot z_3 \cdot z_5$ 能够使 B 中元素出现的幂次为偶数，即找到一个平方数

$(42 \cdot 43 \cdot 61 \cdot 85)^2 \equiv (2 \cdot 3 \cdot 5 \cdot 7 \cdot 13)^2 \equiv 901^2 \bmod 1829$。于是 $\gcd(1459+901, 1829) = 59$ 得到一个非平凡因子 59。

前面介绍了 3 种先驱算法。实际中大整数因子分解最有效的算法是 3 种，即 Lenstra 椭圆曲线因子分解法（Pollard $p-1$ 方法用于随机椭圆曲线群）、Pomerance 的二次筛法（quadratic sieve）、Pollard 数域筛法（number field sieve）（两者都来源于随机平方法）。最近发展起来的是数域筛法，其渐进时间比其他两个算法都要小。

思 考 题

编写程序实现三种大数分解算法。

第 11 章

离散对数算法

第 10 章介绍了公钥密码学中一个重要的困难问题——大数分解问题的算法,本章介绍公钥密码学中另一个困难问题——离散对数的算法。

本章的重点是指数演算法,难点是 Pohlig-Hellman 算法。

11.1 小步大步算法

先穷举搜索法。这是一种平凡方法,对任意群有效,即计算 $\alpha^0, \alpha^1, \alpha^2, \cdots$,直到得到 β 为止。该方法要 $O(n)$ 次乘法,这里 n 是 α 的阶,且 n 较大时,该算法的效率很低。

小步大步算法(baby step giant step)

该算法由 Shank 提出,故也叫作 Shank 算法。该算法是通用算法,对任意群有效。假定需求的是在群 G 中的 $x = \log_\alpha \beta$。

如果令 $m = \lceil \sqrt{n} \rceil$,$n$ 为群的阶,则 x 表示为 $x = mj + i$,$(0 \leqslant i, j \leqslant m - 1)$,因此 $\beta = \alpha^x = \alpha^{mj} \alpha^i$,即 $\beta(\alpha^{-i}) = \alpha^{mj}$。

思考 11.1 如何让等式 $\beta(\alpha^{-i}) = \alpha^{mj}$ 成立?

等式中除了 i, j 未知以外,其他量均已知,所以目标是找到 i, j。由于 $0 \leqslant i, j \leqslant m - 1$,且计算 α^{mj} 的计算量较小,于是可以先计算出 m 个值,即

$$1, \alpha^m, (\alpha^m)^2, (\alpha^m)^3, \cdots, (\alpha^m)^{m-1}$$

不妨称这些值为一个查询表,用 L 表示。然后去找 i,办法是计算 $\beta, \beta\alpha^{-1}, \beta\alpha^{-2}, \cdots, \beta\alpha^{-i}, \cdots$。注意,每计算一个数,就和查询表对照,看是否有相等的。如果发现有相等的,即找到 i, j。求出 $x = mj + i$。

一个常见的优化方法是构造有序的查询表,这样在查找时更快一些。查询表的构造需要 $O(n)$ 时间计算 α 的 n 个幂,$O(n \lg n)$ 时间对 n 个元素排序(如快速排序)。如果忽略 $O(\lg n)$,则预先计算的时间为 $O(n)$。预先计算不考虑在计算离散对数问题所耗时间,于是小步大步算法可以在 $O(1)$ 时间内完成对 n 个有序元素的查找需要 $O(\lg n)$ 时间(如二分查找法,不考虑),需要的存储空间为 $O(n)$。这结果比穷举搜索法的计算时间 $O(n)$ 要好,但是穷举搜索需要的空间为 $O(1)$。可见,小步大步算法是用空间代价换取了时间效率。

算法 11.1 Baby Step Giant Step 算法,计算 $\log_\alpha\beta$。

输入:任意循环群 G,阶为 n,α,β。

输出:$\log_\alpha\beta$。

```
Baby-Step-Giant-Step(G,n,α,β)
{
  m←⌈√n⌉;
  For j←0 To m-1;
  computing αᵐʲ;
  save and sort (j,αᵐʲ) (call it L);
  For i←0 To m-1
  y←β(α⁻ⁱ);
  Search y in L If y=αᵐʲ Return (mj+i);
}
```

例 11.1 设在群 $\mathbf{Z}^*_{809}$ 中计算 $\log_3 525$。

809 是素数,3 是 $\mathbf{Z}^*_{809}$ 的生成元,该群的阶为 808。有 $\alpha=3,\beta=525,m=\lceil\sqrt{n}\,\rceil=\lceil\sqrt{808}\,\rceil=29,\alpha^m \bmod 809=3^{29} \bmod 809=99$。

$$(j,99^j \bmod 809)=(j,3^j)=[(1,0),(1,99),(2,93),(3,308),(4,559),$$
$$(5,329),(6,211),(7,664),(8,207),(9,268),(10,644),(11,654),$$
$$(12,26),(13,147),(14,800),(15,727),(16,781),(17,464),$$
$$(18,632),(19,275),(20,528),(21,496),(22,564),(23,15),$$
$$(24,676),(25,586),(26,575),(27,295),(28,81)]$$

计算

$$(i,\beta(\alpha^{-i}))=(i,525\cdot(3^i)^{-1})=[(0,525),(1,175),(2,328),(3,379),$$
$$(4,396),(5,132),(6,44),(7,544),(8,724),(9,511),(10,440),$$
$$(11,686),(12,768),(13,256),(14,355),(15,388),(16,399),$$
$$(17,133),(18,314),(19,644)]$$

发现,$j=10,i=19$ 时,出现相等。于是 $\log_3 525=(29\cdot10+19) \bmod 809=309$。

11.2 Pollard Rho 算法

Rho 方法是可适用于任意群的通用方法。其基本思想是:通过迭代计算一个随机函数 f,构造一个序列 $x_1,x_2,\cdots$。一旦在序列中得到两个元素 x_i,x_j,满足 $x_i=x_j,(i<j)$,就有希望计算出 $\log_\alpha\beta$。为了节省空间,通常寻找碰撞 $x_i=x_{2i}$。

思考 11.2 什么迭代函数能够在找到碰撞后求解 $\log_\alpha\beta$。

考虑群 $\mathbf{Z}^*_p$,p 为素数。形如 $x_i=\alpha^{a_i}\beta^{b_i} \bmod p$ 的随机函数(构成一个随机图)。如果

找到碰撞 $x_{2i} = x_i (i \geqslant 1)$，则 $\alpha^{a_i} \beta^{b_i} = \alpha^{a_{2i}} \beta^{b_{2i}} \bmod p$，于是

$$\alpha^{a_i - a_{2i}} = \beta^{b_{2i} - b_i} \bmod p$$

$$\alpha^{\frac{(a_i - a_{2i})}{(b_{2i} - b_i)}} = \beta \bmod p$$

$$\log_\alpha \beta = (b_{2i} - b_i)^{-1} (a_i - a_{2i}) \bmod n$$

这里 n 是 α 的阶。一般来说，$b_{2i} - b_i = 0$ 的概率可以忽略。先将群中元素均匀分成 3 个集合，x 在不同集合中的迭代方程不同，便于更快地找到碰撞。令

$$x_{i+1} = f(x_i) = \begin{cases} \beta \cdot x_i, & x_i \in S_1 \\ x_i^2, & x_i \in S_2 \\ \alpha \cdot x_i, & x_i \in S_3 \end{cases}$$

为了在迭代中保持 $x_i = \alpha^{a_i} \beta^{b_i}$ 不变，显然 $x_i \in S_1$ 时，$\alpha^{a_{i+1}} \beta^{b_{i+1}} = \beta x_i = \beta \alpha^{a_i} \beta^{b_i} = \alpha^{a_i} \beta^{b_i + 1}$，故有 $a_{i+1} = a_i, b_{i+1} = b_i + 1$。同理，得到关于 a_i, b_i 的递推关系，即

$$a_{i+1} = \begin{cases} a_i, & x_i \in S_1 \\ 2a_i \bmod n, & x_i \in S_2 \\ a_i + 1 \bmod n, & x_i \in S_3 \end{cases} \quad b_{i+1} = \begin{cases} b_i + 1 \bmod n, & x_i \in S_1 \\ 2b_i \bmod n, & x_i \in S_2 \\ b_i, & x_i \in S_3 \end{cases}$$

因此，如果将 (x, a, b) 视为一个三元组，有

$$f(x, a, b) = \begin{cases} (\beta x, a, b+1), & x_i \in S_1 \\ (x^2, 2a, 2b), & x_i \in S_2 \\ (\alpha x, a+1, b), & x_i \in S_3 \end{cases}$$

于是可以得到算法如下。

算法 11.2：计算离散对数的 Pollard Rho 算法。

输入：阶为素数 n 的循环群 G 的一个生成元 α，一个元素 $\beta \in G$。

输出：离散对数 $x = \log_\alpha \beta$。

```
Procedure f(x,a,b)
{
If x∈S₁   f←(β·x,a,(b+1) mod n);
else if x∈S₂   f←(x²,2a mod n, 2b mod n);
else
f←(α·x,(α+1) mod n,b);
Return(f);
}
main()
{
G=S₁∪S₂∪S₃;
(x,a,b)←f(1,0,0);
(x′,a′,b′)←f(x,a,b);
While x≠x′ Do{
(x,a,b)←f(x,a,b);
(x′,a′,b′)←f(x′,a′,b′);
```

```
(x',a',b')←f(x',a',b');
If gcd(b'-b,n)≠1 Return ("Failure");
Else Return ((a-a')(b-b') mod n))};
}
```

例 11.2 整数 $p=809$ 是素数，$\alpha=89$，$\beta=618$，计算 $\log_\alpha\beta$。

将所有数分成三个集合，即

$$S_1=\{x\in \mathbf{Z}_{809}: x\equiv 1 \bmod 3\}$$
$$S_2=\{x\in \mathbf{Z}_{809}: x\equiv 0 \bmod 3\}$$
$$S_3=\{x\in \mathbf{Z}_{809}: x\equiv 2 \bmod 3\}$$

从 $(1,0,0)$ 开始迭代，第一次计算运用迭代算式 1（$x\in S_1$），可以得到表 11.1 所列的计算过程。

表 11.1　例 11.2 的计算过程

i	(x_i,a_i,b_i)	(x_{2i},a_{2i},b_{2i})	i	(x_i,a_i,b_i)	(x_{2i},a_{2i},b_{2i})
1	(618,0,1)	(76,0,2)	6	(488,1,5)	(683,7,11)
2	(76,0,2)	(113,0,4)	7	(555,2,5)	(451,8,12)
3	(46,0,3)	(488,1,5)	8	(605,4,10)	(344,9,13)
4	(113,0,4)	(605,4,10)	9	(451,5,10)	(112,11,13)
5	(349,1,4)	(422,5,11)	10	(422,5,11)	(422,11,15)

可见，发生碰撞是 $x_{10}=x_{20}=422$，$\alpha=89$ 在 $\mathbf{Z}_{809}^*$ 的阶为 101。故

$$\log_\alpha\beta=(15-11)^{-1}(5-11) \bmod 101=6\cdot 4^{-1} \bmod 101=49$$

算法中如果 $\gcd(b'-b,n)>1$，则算法会停止并输出"Failure"，这种情况其实并不是完全不能得到答案，如果 $\gcd(b'-b,n)=d$，可证明同余方程 $c(b'-b)=a-a' \bmod n$，（$c=\log_\alpha\beta$）有 d 个解。假如 d 不是很大，可以直接算出 d 个解进行验证。

最后分析该算法的效率。同前面因子分解问题的 Rho 算法一样，在 n 阶循环群中平均经过 $O(\sqrt{n})$ 次迭代（随机图上行走的圈与尾的长度和的期望值，即 ρ 的期望值），会发生碰撞。

11.3　指数演算法

下面看一个对特殊的群有效的算法。假定 $B=\{p_1,p_2,\cdots,p_B\}$ 是一个"较小"素数的集合（因子基），指数演算法（index calculus）的基本思想利用 $\log_\alpha p_i$，$1\leqslant i\leqslant B$，来计算 $\log_\alpha\beta$。如何计算 $\log_\alpha p_i$，$1\leqslant i\leqslant B$，选取 $1\leqslant x\leqslant n-2$，使得 $\alpha^x \bmod n$ 的素因子都在集合 B 中，考查 $\alpha^x\equiv p_1^{a_1}p_2^{a_2}\cdots p_B^{a_B} \bmod n$，即

$$x\equiv a_1\log_\alpha p_1+a_2\log_\alpha p_2+\cdots+a_B\log_\alpha p_B \bmod (n-1)$$

这个方程中有 B 个未知数 $\log_a p_i (1 \leqslant i \leqslant B)$，因此，随机选取 B 个 x_j，$1 \leqslant x_j \leqslant n-2$，$1 \leqslant j \leqslant B$，可以得到 B 个相互独立的同余方程，即

$$x_j \equiv a_{1j} \log_a p_1 + a_{2j} \log_a p_2 + \cdots + a_{Bj} \log_a p_B \bmod (n-1), \quad 1 \leqslant j \leqslant B$$

由这些方程可以计算出 $\log_a p_i$，$1 \leqslant i \leqslant B$。

下面考虑如何计算 $\log_a \beta$。随机选择 s，$1 \leqslant s \leqslant n-2$，使得 $\beta \alpha^s \bmod n$ 的素数因子都在集合 B 中，于是

$$\beta \alpha^s \equiv p_1^{c_1} p_2^{c_2} \cdots p_B^{c_B} \bmod n$$

即

$$\log_a \beta + s \equiv c_1 \log_a p_1 + c_2 \log_a p_2 + \cdots + c_B \log_a p_B \bmod (n-1)$$

在该式中，除了 $\log_a \beta$ 未知外，其他都是已知的。于是可以求出 $\log_a \beta$。最后再次强调：B 个 x_j，$1 \leqslant x_j \leqslant n-2$，$1 \leqslant j \leqslant B$ 和 s，$1 \leqslant s \leqslant n-2$，都是随机选择的，保留那些满足所有分解后的因子都在因子基 B 中的随机值，否则重试。

例 11.3　设群 $\mathbf{Z}_n^*$，$n = 10007$ 为素数，$\alpha = 5$，$\beta = 9451$，求 $\log_a \beta$。

令 $B = \{2,3,5,7\}$。显然 $\log_5 5 = 1$，故只需要计算 $\log_5 2$，$\log_5 3$，$\log_5 7$。选取 $x = 4063$，5136，9865，计算

$$5^{4063} \bmod 10007 = 42 = 2 \cdot 3 \cdot 7$$
$$5^{5136} \bmod 10007 = 54 = 2 \cdot 3^3$$
$$5^{9865} \bmod 10007 = 189 = 3^3 \cdot 7$$

于是有

$$\log_5 2 + \log_5 3 + \log_5 7 \equiv 4063 \bmod 10006$$
$$\log_5 2 + 3\log_5 3 \equiv 5136 \bmod 10006$$
$$3\log_5 3 + \log_5 7 \equiv 9865 \bmod 10006$$

可以求得 $\log_5 2 = 6578$，$\log_5 3 = 6190$，$\log_5 7 = 1301$。下面计算 $\log_5 9451$。选取 $s = 7736$，计算 $9451 \cdot 5^{7736} \bmod 10007 = 8400 = 2^4 \cdot 3 \cdot 5^2 \cdot 7$。于是有

$$\log_5 9451 = 4\log_5 2 + \log_5 3 + \log_5 7 - s \bmod 10006$$
$$= 4 \cdot 6578 + 6190 + 2 \times 1 + 1301 - 7736 \bmod 10006$$
$$= 6057$$

容易验证，$5^{6057} \bmod 10007 = 9451$。

11.4　Pohlig-Hellman 算法

该算法适用于群 $\mathbf{Z}_n^*$，n 是一个素数，$n-1$ 的素数因子都是小素数的情况。设 $n-1 = q_1^{e_1} q_2^{e_2} \cdots q_k^{e_k}$，其中 q_i 是素数，$1 \leqslant i \leqslant k$。目的是计算 $\log_a \beta$，也就是寻找 a，$0 \leqslant a \leqslant n-2$，使得 $\alpha^a = \beta \bmod n$。如果能求得

$$a \bmod q_i^{e_i} \quad i = 1,2,\cdots,k$$

则根据中国剩余定理，可以求得 $a \bmod (n-1)$，即求得 $\log_a \beta$。

为了求 $a \bmod q_i^{e_i}$，$i = 1,2,\cdots,k$，设

$$a \bmod q_i^{e_i} = a_0 + a_1 q_i + a_2 q_i^2 + \cdots + a_{e_i-1} q_i^{e_i-1}$$

其中,$0 \leqslant a_j < q_i, 0 \leqslant j \leqslant e_i - 1$。下面的目标就是确定 $a_j (0 \leqslant j \leqslant e_i - 1)$。

因 $\beta \equiv \alpha^a \bmod n$,且由 Fermat 定理知,$a^{n-1} \equiv 1 \bmod n$,故

$$
\begin{aligned}
\beta^{(n-1)/q_i} &\equiv \alpha^{a(n-1)/q_i} \bmod n \\
&\equiv \alpha^{(a_0 + a_1 q_i + a_2 q_i^2 + \cdots + a_{e_i-1} q_i^{e_i-1})(n-1)/q_i} \bmod n \\
&\equiv \alpha^{a_0(n-1)/q_i} \bmod n
\end{aligned}
$$

因此,为了确定 a_0,可以通过计算 $\beta^{(n-1)/q_i} \bmod n$,然后穷举 $\alpha^{s(n-1)/q_i} \bmod n (s = 0, 1, 2, \cdots, q_i - 1)$,如果发现两者相等,则此时的 $s = a_0$,从而确定了 a_0。

下面进一步确定 a_1。令 $\beta_1 = \beta^{-a_0}$。因为

$$
\begin{aligned}
\beta_1^{(n-1)/q_i^2} &\equiv \alpha^{(a-a_0)(n-1)/q_i^2} \bmod n \\
&\equiv \alpha^{(a_1 q_i + a_2 q_i^2 + \cdots + a_{e_i-1} q_i^{e_i-1})(n-1)/q_i^2} \bmod n \\
&\equiv \alpha^{a_1(n-1)/q_i} \bmod n
\end{aligned}
$$

同样地,穷举 $\alpha^{s(n-1)/q_i} \bmod n (s = 0, 1, 2, \cdots, q_i - 1)$,如果发现两者相等,则此时的 $s = a_1$。可见,穷举 $\alpha^{s(n-1)/q_i} \bmod n (s = 0, 1, 2, \cdots, q_i - 1)$ 只需要一次,将其保存为一个列表,不妨设为 L。一般地,(使用数学归纳法)假设已经求得 $a_0, a_1, \cdots, a_{j-1}, 1 \leqslant j \leqslant e_i - 1$。令 $\beta_j = \beta \alpha^{-(a_0 + a_1 q_i + \cdots + a_{j-1} q_i^{j-1})}$,因为

$$
\begin{aligned}
\beta_j^{(n-1)/q_i^{j+1}} &\equiv \alpha^{(a - a_0 - a_1 q_i - \cdots - a_{j-1} q_i^{j-1})(n-1)/q_i^{j+1}} \bmod n \\
&\equiv \alpha^{(a_j q_i^j + a_{j+1} q_i^{j+1} + \cdots + a_{e_i-1} q_i^{e_i-1})(n-1)/q_i^{j+1}} \bmod n \\
&\equiv \alpha^{a_j(n-1)/q_i} \bmod n
\end{aligned}
$$

在表 L 中查询满足条件的 $s = a_j$。

如上所述,可以确定 $a_0, a_1, \cdots, a_{e_i-1}$,从而得到 $a \bmod q_i^{e_i}, i = 1, 2, \cdots, k$。再根据中国剩余定理,可以求得 $a \bmod (n-1)$,即求得 $\log_\alpha \beta$。

上述讨论,只有在 $n-1$ 的素数因子是小素数时,才能有效地分解 $n-1$ 求得 $q_i^{e_i}$,这就是 Pohlig-Hellman 算法的适用范围。

例 11.4 设 $n = 29, \alpha = 2, \beta = 18$。计算 $\log_\alpha \beta$。

由于 $n - 1 = 28 = 2^2 \cdot 7^1$。令 $\log_\alpha \beta = a$,下面计算 $a \bmod 2^2 = a_0 + a_1 \cdot 2^1$。首先计算列表 L:

$$\alpha^{0 \cdot (n-1)/2} \bmod 29 = 2^0 \bmod 29 = 1$$

$$\alpha^{1 \cdot (n-1)/2} \bmod 29 = 2^{28/2} \bmod 29 = 28$$

因为 $\beta^{(n-1)/2} \bmod 29 = 18^{28/2} \bmod 29 = 28$,故 $a_0 = 1$。令

$$\beta_1 = \beta \alpha^{-1} \bmod 29 = 18 \cdot 2^{-1} \bmod 29 = 9$$

因为

$$\beta_1^{n-1}/2^2 \bmod 29 = 9^{28/4} \bmod 29 = 28$$

故 $a_1 = 1$。因此,$a \bmod 2^2 = a_0 + a_1 \cdot 2^1 = 3$。

下面计算 $a \bmod 7^1 = a_0$,首先利用公式 $\alpha^{s(n-1)/7} \bmod 29, 0 \leqslant s \leqslant 6$。

计算得到 $1(s=0), 16(s=1), 24(s=2), 7(s=3), 25(s=4), 23(s=5), 20(s=6)$。因为 $\beta^{(n-1)/7} \bmod 29 = 18^{28/7} \bmod 29 = 25$,故 $a_0 = 4$。因此 $a \bmod 7^1 = a_0 = 4$。最后,得到同余

方程组：

$$a \equiv 3 \bmod 2^2$$
$$a \equiv 4 \bmod 7^1$$

根据中国剩余定理，可以求得 $a = 11 \bmod 28$。因此，在 Z_{29} 中 $\log_2 18 = 11$。

算法 11.3　计算 $a_0, a_1, \cdots, a_{e-1}$，用于最终求 $\log_\alpha \beta \bmod n$。

输入：$n-1$ 的因子分解后的素数因子 q，及其幂次 e。

输出：$a_0, a_1, \cdots, a_{e-1}$，即可用其求得 $a \bmod q^e$。

```
Pohlig-Hellman(G,n,α,β,q,e)
{
  j←0;
  βⱼ←β;
  While j≤c-1
  {δ←βⱼⁿ/ᵠʲ⁺¹;
  find i s.t. δ=aⁱⁿ/ᵠ;
  aⱼ←i;
  βⱼ₊₁←βⱼα⁻ᵃⱼqʲ;
  j←j+1};
  Return(a₀,···,a_{c-1});
}
```

算法的时间复杂度是 $O(cq)$，经过观察发现寻找满足 $\delta = \alpha^{in/q}$ 的值 i，可视为解一个特殊的离散对数问题，即 $i = \log_{\alpha^{n/q}} \delta$，元素 $\alpha^{n/q}$ 的阶是 q，所以每个 i 可用 $\sqrt{q}$ 时间计算，这样算法的复杂度可降为 $O(c\sqrt{q})$。

思　考　题

[1] 编写程序实现本章介绍的 4 种离散对数算法，并进行性能比较。

[2] 利用高性能计算机测试计算离散对数问题的 4 种算法。

第 12 章

其他高级应用[*]

本章最后给出一些高级应用，如 GM 公钥密码算法和 CRT 在秘密共享中的应用。本章重点是基于 CRT 的秘密共享，难度是 GM 加密算法。

12.1 平方剩余在 GM 加密中的应用

针对确定性加密存在的问题，1982 年，S. Goldwasser 与 S. Micali 提出了概率公钥密码系统（probabilistic encryption scheme，也有文献称为随机化加密）的概念，简单解释就是加密体制对同一明文进行两次加密得到的密文有可能不同，并提出了一个概率公钥密码系统，称为 Goldwasser-Micali 公钥密码系统。概率公钥密码体制可达到更严格的安全目标，即语义安全（sematic security）。

定义 12.1（多项式安全） 如果一个被动敌手不能在期望的多项式时间内选择两个明文消息 m_1, m_2，且以大于 $1/2$ 的概率正确区分 m_1, m_2 的加密结果。

定理 12.1 一个公钥加密方案是语义安全的，当且仅当它是多项式安全的。

Goldwasser-Micali 加密体制的安全性是基于平方剩余问题的困难性假设。平方剩余问题是指：如果不知道 n 的素数因子分解，那么要确定模 n 的平方剩余是困难的。

该体制是概率加密，即相同的明文，加密得到的密文是不同的。因为在加密的时候引入了随机数，加密的密文和随机数有关（这一概率加密的思想也应用到第 5.4 节 ElGamal 加密方案和第 7.4 节 NTRU 加密方案中）。

Goldwasser-Micali 加密体制如下。

密钥生成：随机选定大素数 p 和 q，计算 $n = pq$。随机选定一个正整数 t 满足：$L(t, p) = L(t, q) = -1$，即 t 是模 p 和 q 的平方非剩余。(n, t) 是公钥，p 和 q 是私钥。这里 $L(t, p)$ 与 $L(t, q)$ 均表示 Legendre 符号。

加密过程：设要加密的明文的二进制表示为 $m = m_1 m_2 \cdots m_s$。对每个明文比特 m_i 随机选择整数 $x_i, 1 \leqslant x_i \leqslant n-1$，计算：

$$c_i \equiv \begin{cases} t x_i^2 \bmod n, & m_i = 1 \\ x_i^2 \bmod n, & m_i = 0 \end{cases}$$

得到密文 $c = (c_1, c_2, \cdots, c_s)$。

　　解密过程：待解密的密文 $c=(c_1,c_2,\cdots,c_s)$。对每个密文项 c_i，先计算出 $L(c_i,p)$ 以及 $L(c_i,q)$ 的值，然后令

$$m_i=\begin{cases}1, & L(c_i,p)=L(c_i,q)=-1\\0, & L(c_i,p)=L(c_i,q)=1\end{cases}$$

得到解密后的明文 $m=m_1m_2\cdots m_s$。

　　例 12.1　假设私钥是 $(5,7)$，即 $p=5,q=7$，选择 $t=3$，且满足其为 p 和 q 的平方非剩余，即 $L(t,p)=L(t,q)=-1$，公钥为 $(35,3)$，明文为 $m=(11010)$，求加密、解密过程。

　　解答

　　加密方法为：$c_i\equiv\begin{cases}tx_i^2\bmod n, & m_i=1\\x_i^2\bmod n, & m_i=0\end{cases}$，明文为 (11010)，$t=3$。

　　加密过程为

$$c_1\equiv 3\cdot 8^2\bmod 35\equiv 17\bmod 35$$
$$c_2\equiv 3\cdot 4^2\bmod 35\equiv 13\bmod 35$$
$$c_3\equiv 3^2\bmod 35\equiv 9\bmod 35$$
$$c_4\equiv 3\cdot 6^2\bmod 35\equiv 3\bmod 35$$
$$c_5\equiv 7^2\bmod 35\equiv 14\bmod 35$$

得到的密文为 $(17,13,9,3,14)$。

　　下面讲解解密过程。

　　利用私钥 $(5,7)$ 和解密算法 $m_i=\begin{cases}1, & L(c_i,p)=L(c_i,q)=-1\\0, & L(c_i,p)=L(c_i,q)=1\end{cases}$。

　　对密文 $(17,13,9,3,14)$ 进行解密：

$$L(c_1,p)=L(17,5)=17^{(5-1)/2}\bmod 5=-1$$
$$L(c_1,q)=L(5,7)=5^{(7-1)/2}\bmod 7=-1$$

故 $m_1=1$。同理可得 $m_2=m_4=1,m_3=m_5=0$，从而明文为 (11010)。

　　讨论：

　　如果在选取随机数的时候，恰为 p 或者 q 的倍数，则在解密时得到的 Legendre 值必有一个为 0，这时解出的明文比特视为 1，即当且仅当 $L(c_i,p)=L(c_i,q)=1$ 时，返回 0；否则为 1。

　　效率：

　　Goldwasser-Micali 的加密方法的主要问题是：由于是逐比特加密，加密后数据扩展了 $\log_2 n$ 倍（从 1 个比特的明文转变为 $\log_2 n$ 长的密文），因此应用该密码体制进行加密时运算量大、速度慢，只适用于单个二进制比特的加密和解密。

　　安全性分析：

　　首先给出几个事实。

　　(1) 设 p 是一个奇素数，a 是 $\mathbf{Z}_p^*$ 的一个生成元，则 $a\in\mathbf{Z}_p^*$ 为模 p 的平方剩余，当且仅当 $a=a^i\bmod p$，其中 i 是一个偶数，因此 $|\mathbf{Q}_p|=(p-1)/2$，$|\overline{\mathbf{Q}}_p|=(p-1)/2$，即 $\mathbf{Z}_p^*$ 中

平方剩余和平方非剩余各占一半。

(2) 设 n 为两个互不相同的素数 p 和 q 的乘积,则 $a \in \mathbf{Z}_n^*$ 是模 n 的平方剩余,当且仅当 $a \in Q_p, a \in Q_q$(这里 Q_p, Q_q 分别表示模 p 和模 q 的平方剩余)。因此,$|Q_n| = |Q_p| \cdot |Q_q| = (p-1)(q-1)/4$,$|\overline{Q_n}| = 3(p-1)(q-1)/4$。

(3) 设 $n \geqslant 3$ 为一个奇整数,并令 $J_n = \left\{ a \in \mathbf{Z}_n^* \mid \left(\dfrac{a}{n} \right) = 1 \right\}$。模 n 的伪平方集定义为 $J_n - Q_n$,以 $\widetilde{Q_n}$ 表示。

(4) 设 $n = pq$ 为两个互不相同的奇素数的乘积,则 $|Q_n| = |\widetilde{Q_n}| = (p-1)(q-1)/4$,即 J_n 中一半元素为平方剩余,一半元素为伪平方。

由于 x 是从 $\mathbf{Z}_n^*$ 中随机选择的,$x^2 \bmod n$ 是模 n 的一个随机平方剩余,tx^2 是模 n 的一个随机伪平方。截获者获取密文 c_i,计算雅克比符号 $\left(\dfrac{c_i}{n} \right) = 1$。但是,不论 $m_i = 0, 1$,均有 $\dfrac{c_i}{n} = 1$,所以截获者得不到关于明文的任何信息,只能猜测。因此,Goldwasser-Micali 方案是语义安全的。

12.2 CRT 在秘密共享中的应用

12.2.1 秘密共享的概念

首先思考两个场景:

(1) 某个银行有三位出纳,他们每天都要开启保险库,为防止每位出纳可能出现的监守自盗行为,银行规定至少有两位出纳在场才能开启保险库。

(2) 核按钮通常掌握在三方手上,总统、国防部长、国防部,只有当三方中的两方在场时才可以是最终控制该按钮。

上述两个问题可以利用秘密共享(secret sharing)方案来实现。秘密分享就是将一个密钥分成许多份额(share,又叫影子 shadow),然后秘密地分配给一些有关人员,使得某些有关人员在同时拿出他们的份额后可以重建密钥,而另外一些有关人员在同时拿出他们的份额后不能重建密钥。

严格地说,秘密共享技术的基本要求是将秘密 k 分成 n 个份额 $s_1, s_2, \cdots, s_n$。

(1) 已知任意 t 个 s_i 易于求出 k。

(2) 已知任意 $t-1$ 个 s_i 或更少的 s_i,不能确定 k。

因此,这种秘密共享也称为 (t, n) 门限(threshold)方案($t \leqslant n$)。

秘密共享的概念是 Adi Shamir 于 1979 年独自给出的,Shamir 提出的方案是根据 Lagrange 插值公式构造了 $(t \leqslant n)$ 门限方案,即为了重构 $t-1$ 次多项式,该多项式有 t 个未知的多项式系数,需要知道 t 个点才能重构多项式曲线。如果只知道 $t-1$ 个点,则完全无法确定多项式系数,其示意图见图 12.1。

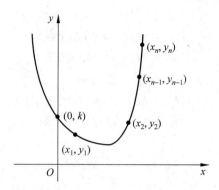

图 12.1　Adi Shamir 秘密共享方案

秘密共享技术提供了密钥抗泄露的可靠性,可以与其他密码学技术融合在一起,提供密码学技术的健壮性(提高抗共谋、容错、容入侵等能力)。秘密共享构成了门限密码学(Threshold Cryptography)的基础。

12.2.2　基于 CRT 的简单门限方案

基于中国剩余定理可以构造 (t,n) 门限方案,因为它有着类似于方程组的结构。

(1) 参数设置。设 $m_1, m_2, \cdots, m_n$ 是 n 个严格递增的大于 1 的整数,且满足 $\gcd(m_i, m_j)=1(\forall i,j, i\neq j)$,以及 $m_n m_{n-1} \cdots m_{n-t+2} < m_1 m_2 \cdots m_t$。这说明,$t-1$ 个 m_i 乘积的最大值,小于 t 个 m_i 乘积的最小值。分发的份额是秘密 k 对这 n 个不同模数的剩余。需要共享的秘密数据 k 满足 $m_n m_{n-1} \cdots m_{n-t+2} < k < m_1 m_2 \cdots m_t$。因此,秘密至少需要 t 个方程才能确定。

(2) 秘密分发。计算 $M = m_1 m_2 \cdots m_n$, $s_i \equiv k \pmod{m_i}(i=1,2,\cdots,n)$。$(s_i, m_i, M)$ 是分发的份额。集合 $\{(s_i, m_i, M)\}_{i=1}^{n}$ 即构成了一个 (t,n) 门限方案的份额集合。

(3) 秘密重构。在 t 个参与者(记为 $i_1, i_2, \cdots, i_t$)中,每个 i_j 计算

$$
\begin{cases}
M_{i_j} = M/m_{i_j} \\
N_{i_j} \equiv M_{i_j}^{-1} \pmod{m_{i_j}} \\
y_{i_j} = s_{i_j} M_{i_j} N_{i_j}
\end{cases}
$$

结合起来,根据中国剩余定理可求得

$$
k = \sum_{j=1}^{t} y_{i_j} \left(\bmod \prod_{j=1}^{t} m_{i_j} \right)
$$

显然,若参与者少于 t 个,则无法求出秘密 k。

例 12.2　设 $t=3, n=5, m_1=97, m_2=98, m_3=99, m_4=101, m_5=103$,秘密数据 $k=671875$,满足 $10403 = m_4 m_5 < k < m_1 m_2 m_3 = 941094$。

计算 $M = m_1 m_2 m_3 m_4 m_5 = 9790200882$, $s_i \equiv k \pmod{m_i}(i=1,2,\cdots,5)$ 得 $s_1=53$, $s_2=85$, $s_3=61$, $s_4=23$, $s_5=6$。5 个份额为 $(53, m_1=97, M=9790200882)$, $(85, 98, 9790200882)$, $(61, 99, 9790200882)$, $(23, 101, 9790200882)$, $(6, 103, 9790200882)$。

现在假定 i_1, i_2, i_3 联合起来计算 s,分别计算

$$\begin{cases} M_1 = M/m_1 = 100929906 \\ N_1 \equiv M_1^{-1} (\bmod\ m_1) \equiv 95 \end{cases}$$

$$\begin{cases} M_2 = M/m_2 = 99900009 \\ N_2 \equiv M_2^{-1} (\bmod\ m_2) \equiv 13 \end{cases}$$

$$\begin{cases} M_3 = M/m_3 = 98890918 \\ N_3 \equiv M_3^{-1} (\bmod\ m_3) \equiv 31 \end{cases}$$

得到

$$\begin{aligned} k &\equiv s_1 M_1 N_1 + s_2 M_2 N_2 + s_3 M_3 N_3 (\bmod\ m_1 m_2 m_3) \\ &\equiv 53 \cdot 100929906 \cdot 95 + 85 \cdot 99900009 \cdot 13 \\ &\quad + 61 \cdot 98890918 \cdot 31 (\bmod\ 97 \cdot 98 \cdot 99) \\ &\equiv 805574312593 (\bmod\ 941094) \\ &\equiv 671875 \end{aligned}$$

秘密正确。现在假定 i_1, i_4, i_5 联合起来计算 s,分别计算

$$\begin{cases} M_1 = M/m_1 = 100929906 \\ N_1 \equiv M_1^{-1} (\bmod\ m_1) \equiv 95 \end{cases}$$

$$\begin{cases} M_4 = M/m_4 = 96932682 \\ N_4 \equiv M_4^{-1} (\bmod\ m_4) \equiv 61 \end{cases}$$

$$\begin{cases} M_5 = M/m_5 = 95050494 \\ N_5 \equiv M_5^{-1} (\bmod\ m_5) \equiv 100 \end{cases}$$

得到

$$\begin{aligned} k &\equiv s_1 M_1 N_1 + s_4 M_4 N_4 + s_5 M_5 N_5 (\bmod\ m_1 m_4 m_5) \\ &\equiv 53 \cdot 100929906 \cdot 95 + 23 \cdot 96932682 \cdot 61 \\ &\quad + 6 \cdot 95050494 \cdot 100 (\bmod\ 97 \cdot 101 \cdot 103) \\ &\equiv 70120825956\ (\bmod\ 1009091) \\ &\equiv 671875 \end{aligned}$$

秘密正确。现在假定 i_1, i_4 联合起来计算 k,分别计算

$$\begin{aligned} k &\equiv s_1 M_1 N_1 + s_4 M_4 N_4 (\bmod\ m_1 m_4) \\ &\equiv 53 \cdot 100929906 \cdot 95 + 23 \cdot 96932682 \cdot 61 (\bmod\ 97 \cdot 101) \\ &\equiv 644178629556 (\bmod\ 9797) \\ &\equiv 5679 \end{aligned}$$

得到的秘密不正确。其实,原因是发生了"折回",即 671875 mod 9797 = 5679。

容易发现这一方案的问题是区间 $[m_n m_{n-1} \cdots m_{n-t+2}, m_1 m_2 \cdots m_t]$ 不够大,可以猜测出 k。于是引出了 12.2.3 节要介绍的方案 Asmuth-Bloom 秘密共享方案。

12.2.3 Asmuth-Bloom 秘密共享方案

有了上一节的铺垫,本节的内容就容易理解了。将上一节的方案进行推广,Asmuth 和 Bloom 于 1980 年提出了基于中国剩余定理 (t, n) 门限方案,同上,份额是由秘密 k 推算

出的数 y 对不同模数 $m_1, m_2, \cdots, m_n$ 的剩余。

（1）参数设置。令 q 是一个大素数，$m_1, m_2, \cdots, m_n$ 是 n 个严格递增的数，且满足下列条件。

① $q > k$。

② $\gcd(m_i, m_j) = 1, \forall i, j, i \neq j$。

③ $\gcd(q, m_i) = 1, i = 1, 2, \cdots, n$。

④ $M = \prod\limits_{i=1}^{t} m_i > q \prod\limits_{j=1}^{t-1} m_{n-j+1}$。

条件①表明秘密 k 必须小于 q；条件②指出 n 个模数两两互素（可构成中国剩余定理的方程）；条件③表示 n 个模数都与 q 互素；条件④指出，$t-1$ 个模数 m_i 之积的最大值，即使乘上 q，也没有 t 个模数 m_i 之积的最小值 M 大。这是 Asmuth-Bloom 秘密共享方案对上一节方案的主要扩展之处。上一节的方案中 $t-1$ 个模数 m_i 之积最大值 $\mathrm{Max}(\prod^{t-1})$ 与 t 个模数 m_i 之积最小值 $\mathrm{Min}(\prod^{t})$ 之间至少可以容纳一个待共享的秘密，而扩展方案则可以容纳更多的待共享的秘密。

（2）秘密分发。

① 首先，随机选取整数 A 满足 $0 \leqslant A \lfloor M/q \rfloor - 1$，并公布 q 和 A。

② 其次，$y = k + Aq$，则有 $y < q + Aq = (A+1)q \leqslant \lfloor M/q \rfloor \cdot q \leqslant M$，即秘密 k 放大了 Aq。

③ 最后，计算 $y_i \equiv y \bmod m_i (i = 1, 2, \cdots, n)$。$(m_i, y_i)$ 即为一个份额，将其分别传送给 n 个用户。

集合 $\{(m_i, y_i) \mid i = 1, 2, \cdots, n\}$ 即构成了一个 (t, n) 门限方案。

（3）秘密重构。当 t 个参与者 $i_1, i_2, \cdots, i_t$ 提供出自己的子份额，由 $\{(m_{i_j}, y_{i_j}) \mid i = 1, 2, \cdots, t\}$ 建立方程组

$$
\begin{cases}
y \equiv y_{i_1} \bmod m_{i_1} \\
y \equiv y_{i_2} \bmod m_{i_2} \\
\quad\quad \vdots \\
y \equiv y_{i_k} \bmod m_{i_k}
\end{cases}
$$

根据中国剩余定理可求得

$$
y \equiv y' \bmod M'
$$

其中，$M' = \prod\limits_{j=1}^{t} m_{i_j} \geqslant M$。然后由 $y' - Aq$ 即得秘密 k。

正确性证明：

因为由 t 个成员的共享计算得到的模满足条件 $y < M \leqslant M'$，所以解出的 y 是唯一的，就是 $y' \bmod M'$。再由 $y' - Aq$ 即得秘密 k。

若仅有 $t-1$ 个参与者提供自己的份额 (m_i, y_i)，条件是 $y'' \equiv y \bmod M''$，但只能求得 $y'' \equiv y \bmod M''$，式中 $M'' = \prod_{j=1}^{k-1} m_{i_j}$，$y$ 发生了"折回"（即 $y > M'$）。由条件④得 $M'' < M/q$，即 $M/M'' > q$。

下面说明这种"折回"至少有 q 次。令 $y = y'' + \alpha M''$，其中 $0 \leqslant \alpha < \dfrac{y}{M''} < \dfrac{M}{M''}$，由于

$M/M'' > q$，$(M'', q) = 1$，当 α 在 $[0, q]$ 之间变化时，$y'' + \alpha M''$ 都是 y 的可能取值，共 $q + 1$ 个，因此无法确定哪个是正确的 y。

例 12.3 设秘密 $k = 4$，要求构建一个 $(3, 5)$ 门限方案。

(1) 参数设置。设选取素数 $q = 7$，5 个模数分别为 $m_1 = 17, m_2 = 19, m_3 = 23, m_4 = 29, m_5 = 31$。容易验证模数满足前 3 个条件。

又因为 $M = m_1 \cdot m_2 \cdot m_3 = 17 \cdot 19 \cdot 23 = 7429 > q \cdot m_4 \cdot m_5 = 7 \cdot 29 \cdot 31 = 6293$，则第 4 个条件也满足。

(2) 秘密分发。在 $\left[0, \left\lfloor \dfrac{7429}{7} \right\rfloor - 1\right] = [0, 1060]$ 之间随机取 $A = 117$，求得 $y = k + Aq = 4 + 117 \cdot 7 = 823$，然后计算

$$y_1 \equiv y \bmod m_1 \equiv 823 \bmod 17 \equiv 7$$
$$y_2 \equiv y \bmod m_2 \equiv 823 \bmod 19 \equiv 6$$
$$y_3 \equiv y \bmod m_3 \equiv 823 \bmod 23 \equiv 18$$
$$y_4 \equiv y \bmod m_4 \equiv 823 \bmod 29 \equiv 11$$
$$y_5 \equiv y \bmod m_5 \equiv 823 \bmod 31 \equiv 17$$

$\{(17, 7), (19, 6), (23, 18), (29, 11), (31, 17)\}$ 即构成一个 $(3, 5)$ 门限方案。

(3) 秘密重构。若第 1、3、5 个成员想恢复秘密，则他们提供自己的份额 $\{(17, 7), (23, 18), (29, 11)\}$，建立方程组

$$\begin{cases} y \equiv 7 \bmod 17 \\ y \equiv 18 \bmod 23 \\ y \equiv 11 \bmod 29 \end{cases}$$

由此得

$$M = 17 \cdot 23 \cdot 29 = 11339$$
$$M_1 = 23 \cdot 29 = 667 \qquad M_1^{-1} = 13$$
$$M_2 = 17 \cdot 29 = 493 \qquad M_2^{-1} = 7$$
$$M_3 = 17 \cdot 23 = 391 \qquad M_3^{-1} = 27$$

由中国剩余定理得

$$y \equiv (7 \cdot 667 \cdot 13 + 18 \cdot 493 \cdot 7 + 11 \cdot 391 \cdot 27) \bmod 11339 \equiv 823$$

所以，恢复秘密为 $k = y - Aq = 823 - 117 \cdot 7 = 4$。

思 考 题

[1] 编写程序实现 Goldwasser-Micali 加密体制。

[2] 编写程序实现 Asmuth-Bloom 秘密共享机制。

参 考 文 献

[1] 陈恭亮.简明信息安全数学基础[M].北京：高等教育出版社,2011.

[2] 陈恭亮.信息安全数学基础[M].北京：清华大学出版社,2004.

[3] 陈恭亮.信息安全数学基础[M].2 版.北京：清华大学出版社,2014.

[4] 裴定一,徐祥.信息安全数学基础[M].北京：人民邮电出版社,2002.

[5] 裴定一,徐祥,董军武.信息安全数学基础[M].2 版.北京：人民邮电出版社,2016.

[6] Yan S Y.计算数论[M].2 版.杨思熳,译.北京：清华大学出版社,2008.

[7] Yan S Y. Computational number theory and modern cryptography(计算数论与现代密码学)[M].
     New York：Wiley.北京：高等教育出版社,2013.

[8] Douglas R. Stinson. 密码学原理与实践[M].冯登国,译.北京：电子工业出版社,2003.

[9] Alfred Menezes.应用密码学手册[M].胡磊,译.北京：电子工业出版社,2005.

[10] 谢敏.信息安全数学基础[M].西安：西安电子科技大学出版社,2006.

[11] 聂旭云,廖永建.信息安全数学基础[M].北京：科学出版社,2013.

[12] 贾春福,钟安鸣,赵源超.信息安全数学基础[M].北京：清华大学出版社,北京交通大学出版
      社,2010.

[13] 罗守山,陈萍,罗群,等.信息安全数学基础[M].北京：国防工业出版社,2011.

[14] 吴晓平,秦艳琳.信息安全数学基础[M].北京：国防工业出版社,2009.

[15] 董丽华,胡予濮,曾勇.数论与有限域[M].北京：机械工业出版社,2010.

[16] 陈鲁生.现代密码学[M].北京：科学出版社,2002.

[17] 裴定一,祝跃飞.算法数论[M].北京：科学出版社,2002.

[18] 谷利泽.现代密码学教程[M].北京：北京邮电大学出版社,2009.

[19] 林东岱.代数学基础与有限域[M].北京：高等教育出版社,2006.

[20] 潘承洞.初等数论[M].北京：北京大学出版社,2003.

[21] 闵嗣鹤,严士健.初等数论[M].3 版.北京：高等教育出版社,2003.

[22] 阮传概,孙伟.近世代数及其应用[M].北京：北京邮电大学出版社,2002.

[23] 沈世镒.近代密码学[M].桂林：广西师范大学出版社,1998.

[24] 王小云,王明强,孟宪萌.公钥密码学的数学基础[M].北京：科学出版社,2013.

[25] 万哲先.代数和编码[M].3 版.北京：高等教育出版社,2007.

[26] 张焕国.椭圆曲线密码学导论[M].北京：清华大学出版社,2003.

[27] 张焕国,刘玉珍.密码学引论[M].武汉：武汉大学出版社,2004.

[28] 潘承洞,潘承彪.简明数论[M].北京：北京大学出版社,1998.

[29] 柯召,孙琦.数论讲义[M].2 版.北京：高等教育出版社,2001.

[30] William Stallings.密码编码学与网络安全——原理与实践[M].4 版.孟庆树,王丽娜,傅建明,等
      译.北京：电子工业出版社,2007.

[31] Trappe W,Washington L C.密码学与编码理论[M].王金龙,译.北京：人民邮电出版社,2008.

[32]   Neal Koblitz. A course in number theory and cryptography[M]. 2nd. New York：Springer,

GTM,1994.

[33]　覃中平,张焕国. 信息安全数学基础[M]. 北京：清华大学出版社,2006.

[34]　Neal Koblitz. Algebraic aspects of cryptography[M]. New York：Springer,1998.

[35]　Yan S Y. Number theory for computing (2nd)[M]. New York：Springer,1998.

[36]　邓胜兰. 抽象代数基础[M]. 北京：机械工业出版社,2011.

[37]　杨子胥. 近世代数[M]. 3 版. 北京：高等教育出版社,2011.